青年技工
问答丛书
QINNIANJIGONG
WENDACONGSHU
7

钣金工
技能问答

主　　编◎张能武　　任志俊
编写人员◎邱立功　　薛国祥　　王　荣　　陈　伟　　任志俊
　　　　　张道霞　　杨小荣　　余玉芳　　张　洁　　胡　俊
　　　　　刘　瑞　　吴　亮　　王春林　　邓　杨　　张茂龙
　　　　　高　佳　　王燕玲　　李端阳　　周小渔　　张婷婷

U0264789

C'S K 湖南科学技术出版社

丛书前言

随着我国科学技术的飞速发展，对工人技术素质的要求越来越高，企业对技术工人的需求也日益迫切。从业人员必须熟练地掌握本行业、本岗位的操作技能，才能胜任本职工作，把工作做好，为社会做出更大的贡献，实现人生应有的价值。然而，技能人才缺乏已是不争的事实，并日趋严重，这已引起全社会的广泛关注。

为满足在职职工和广大青年学习技术，掌握操作本领的需求；社会办学机构、农村举办短期职业培训班的需求；下岗职工转岗、农村劳动力进城务工的需求，我们精心策划组织编写了这套通俗易懂的问答式培训丛书。该套丛书将陆续出版《车工技能问答》、《铣工技能问答》、《钳工技能问答》、《焊工技能问答》、《液压气动技术问答》、《数控机床操作工问答》、《钣金工技能问答》、《维修电工技能问答》等，以飨读者。

本套丛书的编写以企业对高技能人才的需要为导向，以岗位职业技能要求为标准，丛书以一问一答的形式把本岗位工人操作技能和必须掌握的知识点引导出来。

本套丛书主要有以下特点：

（1）标准新。本丛书采用了最新国家标准、法定计算单位和最新名词术语。

（2）图文并茂，浅显易懂。本丛书在写作风格上力求简单明了，以图解的形式配以简明的文字说明具体的操作过程和操作工艺，读者可大大提高阅读效率，并且容易理解、吸收。

（3）内容新颖。本丛书除了讲解传统的内容之外，还加入了一些新技术、新工艺、新设备、新材料等方面的内容。

（4）注重实用。在内容组织和编排上特别强调实践，书中的大量实例来自生产实际和教学实践，实用性强，除了必需的基础知识和专业理论以外，还包括许多典型的加工实例、操作技能及最新技术的应用，兼顾先进性与实用性，尽可能地反映现代新的技术工人应了解的实用技术和应用经验。

本套丛书便于广大技术工人、初学者、技工学校、职业技术院校广大师生实习自学、掌握基础理论知识和实际操作技能；同时，也可用为职业院校、培训中心、企业内部的技能培训教材。我们真诚地希望本套丛书的出版对我国高技能人才的培养起到积极的推动作用，能成为广大读者的"就业指导、创业帮手、立业之本"，同时衷心希望广大读者对这套丛书提出宝贵意见和建议。

丛书编写委员会

前　言

　　钣金工是设备制造、机械加工及各种机器设备检修生产中重要和不可缺少的专业工种，它在机械、建筑、冶金、石化、航空、造船、电子等行业都有广泛的应用。钣金工在焊工、管工和起重工的协助配合下，可以完成各种零部件及机器、设备的加工制造。为了满足钣金工的需要，我们组织编写了本书。

　　本书主要内容包括：基础知识、划线、各种构件的钣金展开、下料、弯曲成形、压制成形和矫正、连接等。本书以一问一答的形式把本岗位工人操作技能和必须掌握的知识点引导出来，书中使用的名词、术语、标准等均贯彻了最新国家标准。本书以实用、够用为原则，突出技能操作，以图解的形式，配以简明的文字说明具体的操作过程与操作工艺，有很强的针对性和实用性，克服了传统培训教材中理论内容偏深、偏多、抽象的弊端，注重操作技能和生产实例，生产实例均来自于生产实际，并吸取一线工人师傅的经验总结。

　　本书内容丰富，浅显易懂，图文并茂，取材实用而精练。本书可供钣金加工人员和生产一线的中高级工人、技师使用，也可供技工学校、职业技术院校广大师生参考学习及农家书屋使用。

　　本书由张能武、任志俊共同主编。参加编写的人员还有：邱立功、薛国祥、王荣、陈伟、刘文花、张道霞、杨小荣、余玉芳、张洁、胡俊、刘瑞、吴亮、王春林、邓杨、张茂龙、高佳、王燕玲、李端阳、周小渔、张婷婷等。我们在编写过程中参考了相关图书出版物，并得到江南大学机械工程学院、江苏省机械学会、无锡机械学会等单位大力支持和帮助，在此表示感谢。

　　由于时间仓促，编者水平有限，书中不妥之处在所难免，敬请广大读者批评指正。

编　者

目　录

第四章　下料

第五章　弯曲成形

第七章　连接

第一章 基础知识

1. 简述金属塑性变形的基本知识有哪些?

答: 钣金、冷作加工中的矫形、弯曲、卷板、冲压等工序,都是利用金属在常温或高温下产生的塑性变形而成为所需的形状。因此,金属的塑性变形是金属成形的基础。

(1) 金属的冷塑性变形:金属在冷状态下受外力作用时,其形状和尺寸将发生变化,这种变化可以是弹性的,也可以是塑性的。当外力解除后,金属能恢复其原来形状和尺寸的,这种变形称为弹性变形。反之,则为塑性变形。

金属是由许多晶粒组成的,金属的塑性变形是金属内部晶粒产生相对滑移的结果。所以,金属最基本的塑性变形方式是滑移。由于金属大都是多晶体,即它们是由方向不同的许多小晶粒组成。所以金属在受到外力作用时,最有利于滑移的那些晶粒首先产生滑移,然后再逐步扩展到其他晶粒。因此,多晶体金属的变形抗力较大,晶粒愈细,其晶界愈多,金属的塑性变形抗力也愈大。

金属在冷塑性变形时,随着滑移的进行,滑移面附近的晶格发生歪曲和畸变,滑移区的晶粒破碎,造成金属进一步滑移的困难,从而使其强度、硬度升高,塑性和韧性降低。这种因金属冷塑性变形引起的金属力学性能的变化,称为冷加工硬化或冷作硬化。

冷作硬化是金属的一种重要性质,它不但使金属进一步成形需消耗更大的能量,造成成形困难,且由于金属的塑性和韧性降低。在成形时可能会产生裂纹和断裂,为防止这种现象的产生,一些冷加工后的工件需进行退火热处理。可见冷作硬化有很重要的实际意义。冷作硬化也有其有用的一面,例如利用加工硬化可提高某些工件的强度。

金属冷塑性变形的另一种后果是产生内应力。这种内应力的存在会削弱金属的强度,而应力若释放后又会造成工件的变形。

(2) 金属的再结晶:金属经过冷塑性变形后加热至较高温度时,由于原子的活动能力增加,畸变和破碎的晶粒原子重新排列,即产生新的晶核和晶核不断长大,一直到金属的冷塑性变形组织完全消失,这一过程称为金属的再结晶。

金属再结晶后强度和硬度显著下降,塑性和韧性大大提高,内应力完全消除,金属回复到原来状态。金属再结晶温度与熔点之间存在如下关系:

$$T_{再}=(0.35\sim0.4)T_{熔}$$

式中　$T_{再}$——再结晶绝对温度（℃）；

　　　$T_{熔}$——熔化的绝对温度（℃）。

（3）金属的热塑性变形：金属在再结晶温度以上进行压力加工，因塑性变形引起的冷作硬化，由于再结晶过程而消除，即金属在再结晶温度以上进行的压力加工称为热加工。

金属在热塑性变形时，金属内部发生加工硬化和再结晶软化两个相反的过程。再结晶过程是边加工边发生的。当变形程度大而加热温度低时，由于变形所引起的强化占优势，金属的强度、硬度增加，塑性和韧性降低。金属的晶格畸变得不到恢复，变形阻力愈来愈大，甚至会造成金属破裂。相反，当变形程度较小而加热温度较高时，由于再结晶和晶粒长大占优势，金属的晶粒愈来愈粗，金属的性能也变差。由此可见，在热加工时应掌握好加热温度与变形程度，使其相互很好地配合。

（4）钢材的热加工温度范围：钢材开始压力加工时的温度称为始锻温度，加工结束时的温度称为终锻温度。始锻温度和终锻温度的范围称为锻造温度范围，即热加工温度范围。钢材的加热温度愈高，则塑性愈好，变形抗力愈小，易于成形。但加热温度过高，会使钢产生过热或过烧，同时使钢的氧化和脱碳更严重。

过热是由于加热温度过高或保温时间过长引起的，过热会使奥氏体晶粒变得粗大，钢的力学性能尤其是塑性降低而影响成形。过烧是由于钢加热到接近熔化温度时，氧气沿晶界渗入，晶界会发生氧化变脆，塑性大大降低，使钢变脆而无法成形。

钢的最高加热温度（即始锻温度），通常要比固相线低 200℃。终锻温度应保证在加工结束时，金属有足够的塑性和获得再结晶组织。对亚共析钢为 AC 3 以上 15℃～30℃，但质量分数在 0.3％以下的钢，由于有足够的塑性，终锻温度可低于 AC 3；对过共析钢可在 A₁ 线以上 50℃～100℃。

有些热加工成形，是在不太高的温度下进行的，如弯头及容器接管口的热冲压翻边为 700℃～750℃；筒节的中温卷圆和矫圆，约 650℃。加工这些零件时，应考虑到钢材的脆化温度区，可能会对其性能产生不良影响。

钢材的热加工温度范围随钢材的成分而确定，常用金属材料的热加工温度范围见表 1-1。

表 1-1　　　　　　常用金属材料的热加工温度范围

材料牌号	热 加 工 温 度（℃）	
	加　热	终止（不低于）
Q235、15、15g、20、20g、22g	900～1050	700

2

续表

材料牌号	热加工温度（℃）	
	加 热	终止（不低于）
16Mn、16MnRE，15MnV，15MnVRE	950～1050	750
15MnTi，14MnMoV	950～1050	750
18MnMoNb，15MnVN	950～1050	750
15MnVNRe	950～1050	750
Cr5Mo，12CrMo，15CrMo	900～1000	750
14MnMoVBRe	1050～1100	850
12MnCrNiMoVCu	1050～1100	850
14MnMoNbB	1000～1100	750
0Cr13，1Cr13	1000～1100	850
1Cr18Ni9Ti，12Cr1MoV	950～1100	850
黄铜 H62，H68	600～700	400
铝及其合金 L2，LF2，LF21	350～450	250
钛	420～560	350
钛合金	600～840	500

钢加热时其颜色也随之变化，所以加热温度的高低一般可根据钢材的颜色作粗略地判断。在暗处观察时，钢的颜色与加热温度的关系见表1-2。

表1-2 钢的颜色与加热温度的关系

颜　色	温度（℃）	颜　色	温度（℃）
暗褐色	530～580	亮红色	830～900
红褐色	580～650	橙色	900～1050
暗红色	650～730	暗黄色	1050～1150
暗樱红色	730～770	亮黄色	1150～1250
樱红色	770～800	眩目白色	1250～1300
亮樱红色	800～830		

2. 金属材料的性能主要有哪些？

答：金属材料的性能主要是指力学性能、物理性能、化学性能和工艺性能等。

3. 什么是材料的力学性能？

答：金属材料的力学性能是指金属材料在外力作用下表现出来的特性，如强度、硬度、塑性和冲击韧性值等，详细见表 1-3。

表 1-3　　　　　　　　　　　金属材料常用力学性能

名　称	表示符号	单位	定　义
正弹性模量	E		正弹性模量，表示材料的刚度，也就是抵抗弹性变形能力的大小。在应力-应变图上，弹性模量是材料在弹性形变部分的斜率
抗拉强度	σ_b		材料受拉力作用，一直到破断时所能承受的最大应力，称为抗拉强度
抗压强度	σ_{bc}		材料受压力作用，一直到破坏时所能承受的最大应力，称为抗压强度
抗弯强度	σ_{bb}		材料受弯曲力作用，一直到破断时所能承受的最大弯曲应力，称为抗弯强度
屈服强度	σ_S	MPa	材料受外力作用，载荷增大到某一数值时外力不再增加，而材料继续产生塑性变形的现象，叫做屈服。材料开始产生屈服时的应力，称为屈服强度
条件屈服强度	$\sigma_{0.2}$		对于无明显屈服现象的材料，技术上规定试样产生 0.2% 永久变形量时的应力，称为条件屈服强度
疲劳强度	σ_l		在变动负荷作用下，零件发生断裂的现象叫做金属疲劳。疲劳曲线的水平部分，称为疲劳极限，它表示材料承受无限次循环变动负荷而不破坏的能力。当最大应力低于 σ_l 时，材料可能承受无限次循环而不断裂，此应力就称为材料的疲劳强度。生产中一般规定 10^7 循环周次而不断裂的最大应力为疲劳极限
比例极限	σ_p		在拉伸图上，应力与伸长成正比关系的最大应力值，即拉伸图上开始偏离直线时的应力，称为比例极限
弹性极限	σ_e		金属开始产生塑性变形时的抗力，称为弹性极限
伸长率	δ	%	试样在断裂时相对伸长的大小，称为伸长率，以百分数表示，即 $\delta = \dfrac{L_1 - L_0}{L_0} \times 100\%$ 式中：L_1——断裂后试样的长度（mm）　L_0——试样原始长度（mm）
断面收缩率	φ		断裂后试样横截面积的减少量 $\Delta F = F_0 - F_k$，与试样原始横截面积 F_0 之比，称为断面收缩率，以百分数表示：$\varphi = \dfrac{F_0 - F_k}{F_0} \times 100\%$
冲击韧度	a_k	J/cm^2	材料抵抗冲击作用而不破坏的能力，称为冲击韧度

4

4. 什么是材料的物理性能?

答： 钢铁材料的物理性能是指金属的密度、熔点、热膨胀、导热性、导电性和磁性等，它们的代号和含义见表1-4和表1-5。

表1-4　　　　　钢铁材料的物理性能的代号和含义

名　　称	含　　义	计量单位
密　度 (ρ)	单位体积金属的质量 $\rho<5$，称为轻金属 $\rho>5$，称为重金属	kg/m³
熔　点	金属或合金的熔化温度。钨、钼、铬、钒等属于难熔金属；锡、铅、锌等属于易熔金属	℃
热膨胀 （线膨胀系数） (α)	金属或合金受热时，体积增大、冷却时收缩的性能。热膨胀大小用线膨胀系数表示，α 大小见表1-5	℃$^{-1}$
导热性（热导率） (λ)	金属材料在加热或冷却时能够传导热能的性质。设导热性最好的银为1，则铜为0.9，铝为0.5，铁为0.15	W/(m·K)
导电性	金属能够传导电流的性能。导电性最好的是银，其次是铜、铝	—
磁　性	金属能导磁的性能，具有导磁能力的金属能被磁铁吸引	—

表1-5　　　　　常用材料的热导率和线膨胀系数

加工材料	热导率 λ[W/(m·K)]	线膨胀系数 α（℃$^{-1}$)
45钢	0.115	12
灰铸铁	0.12	8.7～11.1
黄铜	0.14～0.58	18.2～20.6
紫铜	0.94	19.2
锡青铜	0.14～0.25	17.5～19
铝合金	0.36	24.3
不锈钢	0.039	15.5～16.5

5. 什么是材料的化学性能?

答： 钢铁在常温或高温时抵抗各种化学作用的能力称为化学性能，如耐腐蚀性和热稳定性等，它们的名称和含义见表1-6。

5

表 1-6   钢铁材料化学性能种类和含义

名　称	含　义
耐腐蚀性	钢铁材料抵抗各种介质（如大气、水蒸气、其他有害气体及酸、碱、盐等）侵蚀的能力
抗氧化性	金属材料在高温下抵抗氧化作用的能力
化学稳定性	钢铁材料耐腐蚀性和抗氧化性的总和。钢铁材料在高温下的化学稳定性又称为热稳定性

6. 什么是材料的工艺性能？

答：钢铁材料是否易于加工成形的性能称为工艺性，如铸造性能、锻造性能、焊接性能、可切削加工性能和热处理工艺性能等，它们的名称和含义见表 1-7。

表 1-7   钢铁材料工艺性能的含义

名　称	含　义
铸造性能	钢铁能否用铸造方法制成优良铸件的性能，包括金属的液态流动性，冷却时的收缩率等
锻造性能	钢铁在锻造时的抗氧化性能及氧化皮的性质，以及冷镦性、锻后冷却要求等
焊接性能	钢铁是否容易用一定的焊接方法焊成优良接缝的性能。焊接性好的材料能获得没有裂缝、气孔等缺陷的焊缝，并且焊接接头具有一定的力学性能
可切削加工性能	金属接受切削加工的能力，也是指金属经过加工而成为合乎要求的工件的难易程度。通常可以切削后工件表面的粗糙程度、切削速度和刀具磨损程度来评价
热处理工艺性能	钢铁在热处理时的淬透性、变形、开裂、脆性等

7. 什么是金属材料的热处理？

答：所谓热处理，就是将金属材料加热到一定温度，并在此温度下停留一段时间，然后以适当的冷却速度冷却至一定温度的工艺过程。热处理改变金属内的组织结构，从而改善金属的性能，使其满足各种使用要求。现代工业中使用的各类热处理工艺分为正火、淬火、回火、退火、冷处理、时效、表面淬火及化学热处理等。

8. 什么是正火？

答：将金属材料加热到一定温度，保温后在空气中冷却，以得到较细的珠光体类组织的工艺方法，称为正火。

正火与退火基本上相似，正火的目的是：①提高低碳钢的硬度，改善切削加工性；②细化晶粒，使内部组织均匀，为最后热处理做准备；③消除内应力，并防止淬火中的变形开裂。

正火主要用于低碳钢、中碳钢和低合金钢，而对于高碳钢和高合金钢则不常用。正火与退火比较，正火后钢的强度和硬度都比退火高，正火工艺简单、经济，应用很广，与退火相比成本也较低。

9. 什么是淬火？其目的是什么？

答：淬火是把金属材料加热到相变温度以上，保温后，以大于临界冷却速度的速度急剧冷却，以获得马氏体组织的热处理工艺。淬火是为了得到马氏体组织，再经过回火后，使工件获得良好的使用性能，以充分发挥材料的潜力。

淬火的主要目的是：①提高金属金属材料的力学性能。例如：提高工具、轴承等的硬度和耐磨性，提高弹簧钢的弹性极限，提高轴类零件的综合力学性能，等等。②改善某些特殊钢的力学性能或化学性能。如提高不锈钢的耐蚀性，增加磁钢的永磁性等。

淬火冷却时，除需合理选用淬火介质外，还要有正确的淬火方法。常用的淬火方法，主要有单液淬火、双液淬火、分级淬火、等温淬火、预冷淬火和局部淬火等。

钢材或金属材料零件热处理时选用不同的淬火工艺，其目的除了为使其得到所需要的组织和适当的性能外，淬火工艺还应保证被处理的零件尺寸和几何形状的变化尽可能地小，以保证零件的精度。

10. 什么是回火？回火分为哪几种？其目的各是什么？

答：淬火虽能提高钢件的硬度和强度，但淬火时会产生内应力使钢变脆。因此，淬火后必须进行回火。回火就是将钢件淬硬后，再加热到 AC1 点以下的某一温度，保温一定时间，然后冷却到室温的热处理工艺，以达到消除内应力、提高韧性的目的。根据加热温度的不同，回火一般分为以下三种：

（1）低温回火：加热温度为 150℃～250℃，目的是初步消除内应力，增加钢件的韧性。

（2）中温回火：加热温度为 350℃～450℃，目的是进一步消除内应力，提高钢件的韧性。

（3）高温回火：加热温度为 500℃～680℃，目的是全部消除内应力，使钢件具有很高的硬度、韧性和耐磨性。

11. 什么是退火？其目的是什么？

答：将金属材料加热到较高温度，保持一定时间，然后缓慢冷却，以得到接近于平衡状态组织的工艺方法，称为退火。退火的主要目的是：

①降低硬度，改善加工性能；

②增加塑性和韧性；

③消除内应力;

④改善内部组织,为最终热处理做好准备。

根据退火的目的和工艺特点,可分为完全退火、不完全退火、等温退火、球化退火、去应力退火、再结晶退火和扩散退火共七类;按零件需退火部分的体积可分为整体退火和局部退火;按零件表面状态可分为黑皮退火和光亮退火等。铸铁件的退火主要包括脱碳退火、各种石墨化退火和消除应力退火等;有色金属零件主要有再结晶退火、消除应力退火和铸态的扩散退火等。

12. 什么是冷处理?其目的是什么?

答:冷处理是指将淬火后的金属成材或零件置于0℃以下的低温介质(通常在−150℃至−30℃)中继续冷却,使淬火时的残余奥氏体转变为马氏体组织的操作方法。

冷处理的主要目的是:

①进一步提高淬火件的硬度和耐磨性;

②稳定工件尺寸,防止和使用过程变形;

③提高钢的铁磁性。

冷处理主要用于高合金钢、高碳钢和渗碳钢制造的精密零件。

13. 什么是时效?其目的是什么?

答:时效包括自然时效和人工时效。将工件长期(半年至一年或长时间)放置在室温或露天条件下,不需任何加热的工艺方法,即为自然时效。将工件加热至低温(钢加热到100℃～150℃,铸铁加热到500℃～600℃),经较长时间(一般为8～15h)保温后,缓慢冷却到室温的工艺方法,叫做人工时效。时效主要用于精密工具、量具、模具和滚动轴承,以及其他要求精度高的机械零件。时效的目的是:

①消除内应力,以减少工件加工或使用时的变形;

②稳定尺寸,使工件在长期使用过程中保持几何精度。

14. 什么是表面淬火?

答:在动力载荷及摩擦条件下工作的齿轮、曲轴等零件,要求表面具有高硬度和高耐磨性,而心部又要求具有足够的塑性和韧性,这就需要采用表面热处理的方法来解决。表面淬火属于表面热处理工艺,是通过不同的热源对零件进行快速加热,使零件的表面层(一定厚度)很快地加热到淬火温度,然后迅速冷却,从而使表面层获得具有高硬度的马氏体,而心部仍然保持塑性和韧性较好的原来组织。

根据加热方式的不同,表面淬火又可分为火焰表面淬火、感应加热表面淬火、电接触加热表面淬火、电解液加热表面淬火等。表面淬火后常需进行低温回火以降低应力并部分地恢复表面层的塑性。

15. 什么是化学热处理?

答: (1) 化学热处理是将工件在含有活性元素的介质中加热和保温,使合金元素渗入表面层,以改变表层的化学成分和组织,提高工件的耐磨性、抗蚀性、疲劳抗力或接触疲劳抗力等性能的工艺方法。

(2) 化学热处理包含着分解、吸收、扩散三个基本过程。分解系指化学介质在一定温度下,由于发生化学分解反应,生成能够渗入工件表面的"活性原子";吸收系指分解析出的"活性原子"被吸附在工件表面,然后溶入金属晶格中;扩散系指表面吸附"活性原子"后,使渗入元素的浓度大大提高,这样就形成了表面和内部显著的浓度差,从而获得一定厚度的扩散层。

(3) 根据渗入元素的不同,化学热处理可分为渗碳、渗氮(氮化)、碳氮共渗、软氮化、渗金属等。通常,在进行化学渗(镀)的前后均需施以合适的热处理,以期最大限度地发挥渗(镀)层的潜力,并达到钢件心部与表层在金相组织、应力分布等方面的最佳配合。

(4) 渗碳是化学热处理中最常用的一种,它是向工件表层渗入活性碳原子,提高表层碳浓度的一种操作工艺。渗碳的目的是获得高碳的表面层,提高工件表面的硬度和耐磨性,而心部仍保持原有的高韧性和高塑性,主要用于处理承受交变载荷、冲击载荷、很大接触应力和严重磨损条件工作的机械结构零件,如汽车变速箱及后桥齿轮、发动机活塞销等。此外,根据不同的用途及要求,还有渗氮及碳氮共渗等工艺。

16. 什么是表面热处理?它分为哪两种?在什么情况下采用表面热处理?

答: 表面热处理是仅对工件表层进行热处理以改变其组织和性能的工艺。它可使表层淬硬而心部仍保持材料的原有性能。表面热处理分为两种:一种是表面淬火;另一种是化学热处理(渗碳、渗氮、液体碳氮共渗等)。表面热处理后,为了消除内应力,经常要进行低温回火。

在机械设备中,往往有些零部件(如齿轮、曲轴、凸轮轴、销子等)要求表面与内部具有不同的性能,表面要求有较高的硬度与耐磨性,而其内部只具有一般的硬度和较高的塑性与韧性,在这种情况下通常采用表面热处理。

17. 常用表面清理方法分为哪两种?其用途如何?

答: 常用的表面清理方法有化学除锈法和机械除锈法。

(1) 化学除锈法。化学除锈法一般用酸、碱溶液按一定配方装入槽内,将工件放入浸泡一定时间,然后取出用水冲洗干净,以防止余酸的腐蚀。酸洗法可除去金属表面的氧化皮、锈蚀物、焊接熔渣等污物。碱洗法主要用于去除金属表面的油污。钝化主要作为酸洗后的防锈处理。

表1-8列举了几种常用的化学清洗及钝化配方。

表 1-8　　　　　　　　　　化学清洗及钝化配方

名　称	配方（％）（体积分数）		溶液温度（℃）	浸泡时间（min）	备　注
碳钢去油	氢氧化钠	3～5	70～90	10～30	—
	水玻璃	0.1～3			
	水	余量			
碳钢酸洗去氧化皮	硫酸	5～10	50～60	30～60	需有环保措施
	盐酸	10～15			
	若丁	约0.5			
	水	余量			
不锈钢酸洗	浓硝酸	20	室温	15～30	需有环保措施
	氢氟酸	10			
	水	70			
不锈钢酸洗	硝酸（36 波美度）	100L	60	20	需有环保措施
	氰氟酸（65％）	20L			
	水	900L			
不锈钢酸洗软膏	浓硝酸	20	室温	30～40	需有环保措施
	浓盐酸	80			
	白土或滑石粉调成糊状				
不锈钢钝化	硝酸（密度 1.42）	35	室温	30～40	或加热至40℃～60℃加速钝化
	水	65			
	重铬酸钾	0.5～1	室温	60	
	硝酸	5			
	水	余量			
Cr13 型不锈钢碱、酸联合清洗	（1）碱洗				Cr13 型不锈钢氧化皮十分致密牢固，此法清洗效果较好
	氢氧化钠	65～80	38～55	10～30	
	硝酸	35～20			
	（2）水浸（碱洗后接着水浸）				
	（3）酸洗				
	硫酸	15～18	70～80	1～2	
	食盐	3～5			
铝及其合金碱洗去油	氢氧化钠	5	60～70	2～3	—
	水	95			
铝及其合金酸洗	硝酸	20	室温	数秒	—
	氢氟酸	10～15			
	水	70～65			
铝合金钝化	硝酸	35	室温	呈银白色为止，为2～3min	—
	铬酐	0.5～1.5			
	水	余量			

（2）机械除锈法。机械除锈法的常用方法有喷砂、弹丸或抛丸除锈。

①喷砂法。喷砂是目前广泛用于钢板、钢管、型钢及各种钢制设备的预处理方法，它能清除工件表面的铁锈、氧化皮等各种污物，并使之产生一层均匀的粗糙表面。喷砂设备系统如图1-1所示，压缩空气经导管流经混砂管内的空气喷嘴时，在空气喷嘴前端造成负压，将贮存在砂斗中的砂粒经放砂旋塞吸入与气流混合，然后经软管从喷嘴喷出，冲刷到工件的表面，将铁锈和氧化皮剥离，从而达到除锈目的。

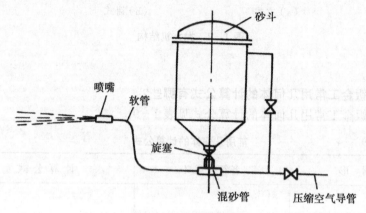

图1-1 喷砂设备系统

压缩空气的压力一般为0.5～0.7MPa。喷嘴采用硬质合金、陶瓷等耐磨材料制成。砂粒采用坚硬的清洁干燥的硅砂，粒度应均匀。喷砂法质量好、效率高，但粉尘大，应在密闭的喷砂室内进行。

②弹丸法。弹丸法是利用压缩空气导管中高速流动的气流，使铁丸冲击金属表面的锈层，达到除锈的目的。弹丸除锈的铁丸直径一般为0.8～1.5mm（厚板可用2.0mm），压缩空气压力一般为0.4～0.5MPa。

弹丸除锈法用于零件或部件的整体除锈，这种除锈法生产率不高，为6～15m²/h。

③抛丸法。抛丸法是利用专门的抛丸机将铁丸或其他磨料高速地抛射到原材料表面上，以除去表面的氧化皮、铁锈和污垢。抛丸机有立式和卧式两种，如图1-2所示。立式抛丸机不易形成连续生产，一般较少应用；卧式抛丸机其表面处理质量比较均匀，可直接用传送辊道输送，应用较广。原材料经喷砂、抛丸除锈后，一般在10～20min范围内，随即进行防护处理，其步骤为：

a. 用经净化过的压缩空气将原材料表面吹净。

b. 涂刷防护底漆或浸入钝化处理槽中作钝化处理，钝化剂可用10%磷酸锰铁水溶液处理10min或用2%亚硝酸钠溶液处理1min。

c. 将涂刷防护底漆后的原材料送入烘干炉中，用加热到70℃的空气进行

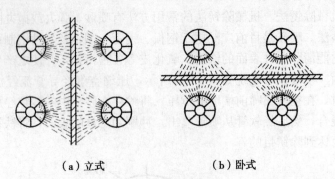

（a）立式　　　　　　　　（b）卧式

图 1-2　抛丸机结构

干燥处理。

18. 钣金工常用几何体的计算公式有哪些?

答：钣金工常用几何体的计算公式见表 1-9。

表 1-9　　　　　　　　常用几何体的计算公式

图　形	各符号意义	计　算　公　式
	（1）立方体 　a——边长 　d——对角线 　S——重心位置	体积 $V=a^3$ 全面积 $A=6a^2$ S 在两对角线的交点上
	（2）正六角柱 　a——边长 　h——高 　S——重心位置 　O——底面对角线交点	底面积 $F=\dfrac{3\sqrt{3}}{2}a^2$ 体积 $V=\dfrac{3\sqrt{3}}{2}a^2h$ $SO=\dfrac{1}{2}h$
	（3）棱锥 　n——侧面组合三角形数 　f——每一组合三角形面积 　F——底面积 　h——高 　S——重心位置	体积 $V=\dfrac{1}{3}hF$ 总面积 $A=nf+F$ 重心 $SP=\dfrac{1}{4}h$

12

续表 1

图　形	各符号意义	计　算　公　式
	（4）棱台 　F_1，F_2——棱台两平行底面的面积 　h——底面间的距离 　f——每一组合梯形的面积 　n——组合梯形数 　S——重心位置	体积 $V = \dfrac{1}{3} h (F_1 + F_2 + \sqrt{F_1 + F_2})$ 总面积 $A = nf + F_1 + F_2$ 重心 $SP = \dfrac{1}{4} h \times$ $\dfrac{F_1 + 2\sqrt{F_1 F_2} + 3F_2}{F_1 + \sqrt{F_1 F_2} + F_2}$
	（5）圆环胎 　D——胎平均直径 　R——胎平均半径 　d——环截面直径 　r——环截面半径	体积 $V = 2\pi^2 R r^2 = \dfrac{\pi^2}{4} D d^2$ 总面积 $A = 4\pi^2 R r$ 重心 S 在环中心
	（6）圆柱体 　r——半径 　h——高 　S——重心位置	体积 $V = \pi r^2 h$ 总面积 $A = 2\pi r (r+h)$ $SO = \dfrac{1}{2} h$
	（7）空间圆柱 　R——外半径 　r——内半径 　h——高 　t——柱壁厚度	体积 $V = \pi h (R^2 - r^2)$ 总面积 $A = 2\pi h (R+r) + 2\pi (R^2 - r^2) = 2\pi(R+r)(h+t)$ $SO = \dfrac{1}{2} h$
	（8）截头圆锥 　r——上底半径 　R——下底半径 　h——高 　S——重心位置	面积 $V = \dfrac{1}{3}\pi h (R^2 + r^2 + Rr)$ 总面积 $A = \pi (R^2 + r^2) + \pi (R+r) \times \sqrt{(R-r)^2 + h^2}$ $SP = \dfrac{1}{4} h \dfrac{R^2 + 2Rr + 3r^2}{R^2 + Rr + r^2}$

13

图　形	各符号意义	计　算　公　式
	(9) 斜截直圆柱 h_1——最大高度 h_2——最小高度 r——底面半径 　α——斜截面与底面之夹角 S——重心位置	体积 $V = \pi r^2 \dfrac{h_1 + h_2}{2}$ 总面积 $A = \pi r(h_1 + h_2) +$ 　　　$\pi r^2 \left(1 + \dfrac{1}{\cos\alpha}\right)$ $SP = \dfrac{1}{4}(h_1 + h_2) + \dfrac{1}{4} \times$ 　　$\dfrac{r^2}{h_1 - h_2}\tan^2\alpha$ $SK = \dfrac{1}{2} \times \dfrac{r^2}{h_1 + h_2}\tan\alpha$
	(10) 圆锥体 r——底面半径 h——高 l——母线 S——重心位置	面积 $V = \dfrac{1}{3}\pi r^2 h$ $l = \sqrt{r^2 + h^2}$ 总面积 $A = \pi r\sqrt{r^2 + h^2} + \pi r^2$ 　　　$= \pi r\left(\sqrt{r^2 + h^2} + r\right)$ $SP = \dfrac{1}{4}h$
	(11) 球体 r——半径	体积 $V = \dfrac{3}{4}\pi r^3$ 面积 $A = 4\pi r^2$ 重心在球心上
	(12) 球截体 r——球半径 h——截体高 S——重心位置	体积 $V = \pi h^2\left(r - \dfrac{h}{3}\right)$ 总面积 $A = \pi h(2r - h) + 2\pi rh$ 　　　$= \pi h(4r - h)$ $SO = \dfrac{3}{4} \times \dfrac{(2r - h)^2}{3r - h}$
	(13) 椭圆球 a——长轴之半 b——短轴之半	体积 $V = \dfrac{3}{4}\pi ab^2$ 重心在长轴与短轴的交点上

19. 钣金工常用平面图形计算公式有哪些?

答: 钣金工常用平面图形计算公式见表 1-10。

表 1-10　　　　　　　　　常用平面图形计算公式

图　形	各符号意义	计　算　公　式
	(1) 三角形 ABC h——高 BD——AC 上的中线 a，b，c——边长 S——重心位置	面积 $A=\dfrac{1}{2}bh=\dfrac{1}{2}ab\sin\alpha$ $=\sqrt{l(l-a)(l-b)(l-c)}$ 半周长 $\dfrac{l}{2}=\dfrac{1}{2}(a+b+c)$ $DS=\dfrac{1}{3}BD$
	(2) 直角三角形 ABC a，b——直角边 c——斜边 S——重心位置	$A=\dfrac{1}{2}ab=\dfrac{1}{4}c^2\sin2\alpha$ $SD=\dfrac{1}{3}DC$
	(3) 平行四边形 $ABCD$ a，b——邻边 h——对边距离 S——重心位置	面积 $A=ah=ab\sin\beta$ $=\dfrac{AC\times BD}{2}\sin\alpha$ 周长 $2l=2(a+b)$ S 为对角线 AC 和 BD 的交点
	(4) 四边形 $ABCD$ d_1，d_2——对角线 α——对角线夹角 h_1——$\triangle ABD$ 之高 h_2——$\triangle BCD$ 之高	面积 $A=\dfrac{1}{2}d_2(h_1+h_2)$ $=\dfrac{1}{2}d_1d_2\sin\alpha$
	(5) 梯形 $ABCD$ a——CD 之长 b——AB 之长 $CE=AB$ $AF=CD$ h——高 S——重心位置	面积 $A=\dfrac{1}{2}h(a+b)$ 取 H 为 CD 之中点 G 为 AB 之中点 $HS=\dfrac{h}{3}\times\dfrac{a+2b}{a+b}$ $GS=\dfrac{h}{3}\times\dfrac{2a+b}{a+b}$
	(6) 正多边形 r——内切圆半径 R——外接圆半径 a——边长 n——边数 α——中心角之半	面积 $A=\dfrac{n}{2}R^2\sin2\alpha$ $=\dfrac{1}{2}nar$ 重心 S 在圆心 O 点上

15

图 形	各符号意义	计 算 公 式
	(7) 菱形 a——边 α——夹角（锐） d_1，d_2——对角线	面积 $A=a^2\sin\alpha=\dfrac{1}{2}d_1d_2$ 重心 S 在对角线的交点
	(8) 圆形 r——半径 d——直径 S——重心位置	面积 $A=\pi r^2=\dfrac{\pi}{4}d^2$ 周长 $P=2\pi r=\pi d$ 重心 S 在圆心上
	(9) 圆环 D——外径 d——内径 S——重心位置	面积 $A=\dfrac{\pi}{4}(D^2-d^2)$ S 在圆心上
	(10) 弓形 r——圆半径 l——弧长 b——弦长 h——高 α——中心角（度数） S——重心位置	面积 $A=\dfrac{1}{2}\left[rl-b(r-h)\right]$ $b=2\sqrt{h(2r-h)}$ $SO=\dfrac{1}{12}\dfrac{b^3}{A}$ $A=\dfrac{1}{2}r^2\left(\dfrac{\alpha\pi}{180}-\sin\alpha\right)$ $h=r-\dfrac{1}{2}\sqrt{4r^2-b^2}$
	(11) 扇形 b——弦长 r——圆半径 l——弧长 α——中心角（度数） S——重心位置	面积 $A=\dfrac{1}{2}rl$ $l=\dfrac{\alpha}{360}\times2\pi r=\dfrac{\alpha}{180}\pi r$ $SO=\dfrac{2}{3}\dfrac{rb}{l}$
	(12) 椭圆形 a——长轴 b——短轴 S——重心位置	面积 $A=\dfrac{1}{4}\pi ab$ 重心位置 S 与 a 和 b 的交点 O 重合

16

续表2

图 形	各符号意义	计 算 公 式
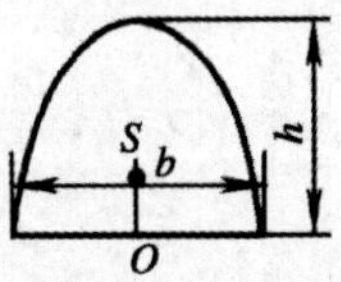	（13）抛物线构成的平面 　　*b*——底 　　*h*——高 　　*S*——重心位置	面积 $A=\dfrac{2}{3}bh$ $SO=\dfrac{2}{5}h$

第二章 划 线

1. 什么是划线？划线有何分类？

答：在毛坯或工件上，用划线工具划出待加工部位的轮廓线或作为基准的点、线，称为划线。

划线分为平面划线和立体划线两种。平面划线是在工件的一个平面上进行划线；立体划线是同时在工件几个互成不同角度（通常是相互垂直）的表面上进行划线。

2. 划线的基本规则有哪些？

答：划线的基本规则如下：

（1）垂直线必须用作图法。

（2）用划针或石笔划线时，应紧靠钢直尺或样板的边沿。

（3）用圆规在钢板上划圆、圆弧或分量尺寸时，应先打上样冲眼，以防圆规脚尖滑动。

3. 划线时应考虑的工艺因素有哪些？

答：划线时应考虑的工艺因素有以下几点：

（1）工件加工成形时如切割、卷圆、热加工等的影响。

（2）装配时板料边缘修正和间隙大小的装配公差的影响。

（3）焊接及火焰矫正的收缩影响。

4. 划线时的注意事项有哪些？

答：划线时的注意事项如下：

（1）检查钢材的牌号、厚度。对重要产品要记录钢材的试样号或炉、批号。

（2）钢材表面应平整。钢板凹凸不平、型钢弯曲不直时，均必须加以矫正后再划线。

（3）钢材表面应无夹灰、麻点、裂纹等缺陷。

（4）为保证所用量具的准确性，所使用的量具、工具应定期检验校正。

5. 平面划线的常用符号有哪些？

答：平面划线时的常用符号见表 2-1。

表 2-1　　　　　　　　划线时的常用符号

名称	符　　号	符　号　说　明
剪断线	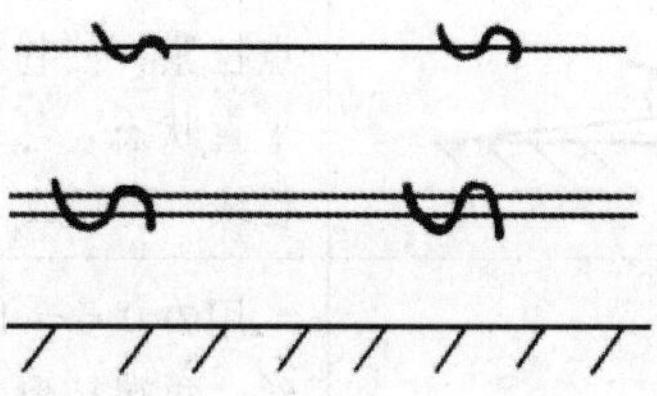	在线上打上錾子印，并注上"S"符号表示剪切线 在双线上均打上錾子印，并注上"S"符号，表示切割线 在线上打上錾子印，并注上斜线符号，表示剪切或切割后斜线一侧为余料
中心线	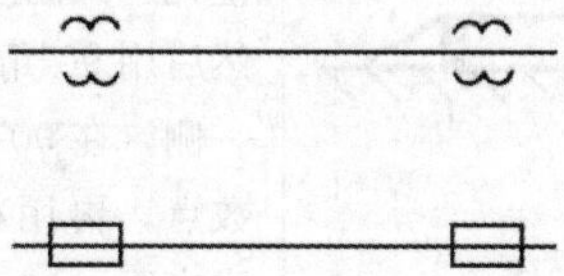	在线的两端打上 3 个样冲眼，并注上符号
对称线 （翻中线）		在线的两端打上 3 个样冲眼，并注上符号，表示零件图形或样板图形与此线左右完全对称
压角线	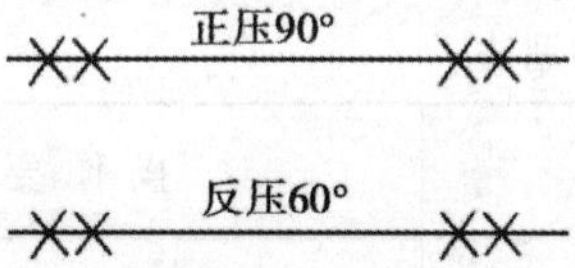 正压90° 反压60°	在线的两端打上 3 个样冲眼，并注上符号，表示钢材弯成（正或反）一定角度或直角
轧圆线	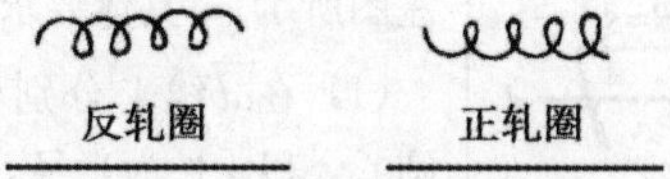 反轧圈　　　正轧圈	在钢板上注上"⌇⌇⌇"反轧圈符号，表示弯成圆筒形后，标记在外侧。注上"⌇⌇⌇"正轧圈符号，表示弯成圆筒形后，标记在筒内侧  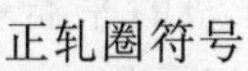
刨边线		在线的两端均打上 3 个样冲眼，并注上符号，表示加工边以此线为准

6. 如何划直线？

答：直线的划法见表 2-2。

表 2-2　　　　　　　　直线的划法

使用工具	适用范围	图　形	操　作　要　点
钢直尺	<1m	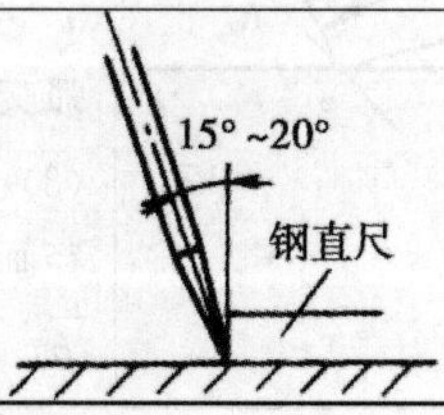 15°~20° 钢直尺	用划针或石笔紧靠钢直尺，在钢直尺的外侧15°～ 20°划线，并向划线方向倾斜

续表

使用工具	适用范围	图 形	操 作 要 点
粉线	<8m		弹粉线时把线对准两端点拉紧,使粉线处于自然平直状态,然后垂直拿起粉线,再轻放
钢丝	>8m	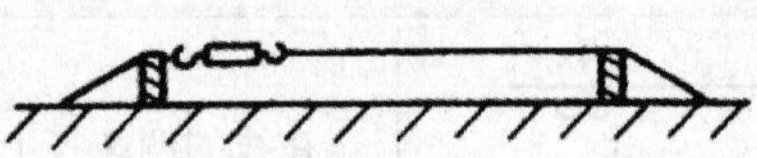	用ϕ 0.5~1.5mm 的钢丝,两端拉紧并用两垫块垫托,其高度尽可能低些,然后用90°角尺靠紧钢丝的一侧,在90°角尺下端定出数点,再用粉线以三点弹成直线

7. 如何划平行线?

答:平行线的划法见表2-3。

表2-3 平行线的划法

作图条件与要求	图 形	操 作 要 点
作$\overline{ab}$的平行线,相距为s	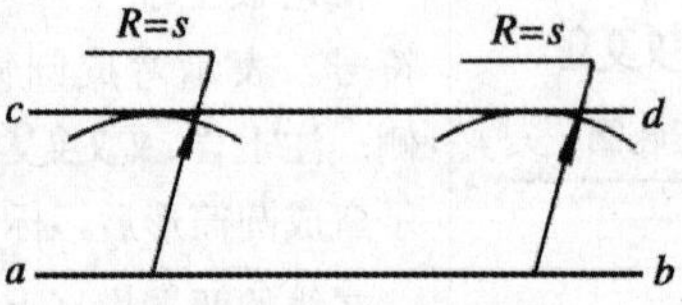	作$\overline{ab}$的平行线,相距为s(如左图所示),具体要求如下: (1)在$\overline{ab}$线上分别任取两点为圆心,以s长为半径,作两圆弧 (2)作两圆弧的切线$\overline{cb}$,则$\overline{cb}//\overline{ab}$
过p点作$\overline{ab}$的平行线	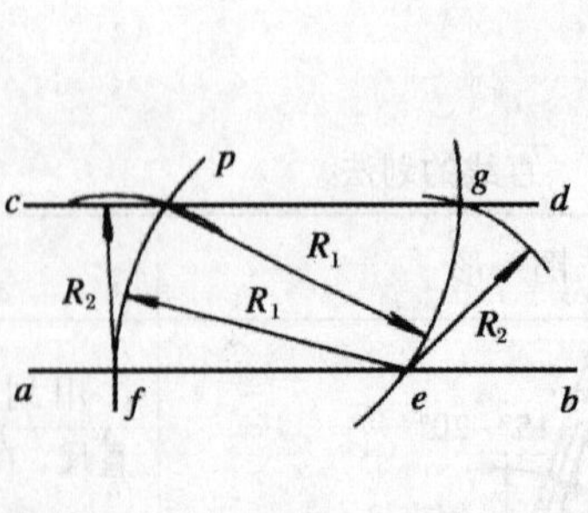	过p点作$\overline{ab}$的平行线(如左图所示),具体要求如下: (1)以已知点p为圆心,取R_1(大于p点到$\overline{ab}$的距离)为半径画弧交$\overline{ab}$于e (2)以e为圆心、R_1为半径画弧交$\overline{ab}$于f (3)以e为圆心,取$R_2=\overline{fp}$为半径画弧交于g,过p、g两点作$\overline{cb}$,则$\overline{cb}//\overline{ab}$

20

8. 如何划垂直线?

答:垂直线的划法见表 2-4。

表 2-4　　　　　　　　　　　　　垂直线的划法

作图条件与要求	图　形	操　作　要　点
作过$\overline{ab}$上定点 p 的垂线	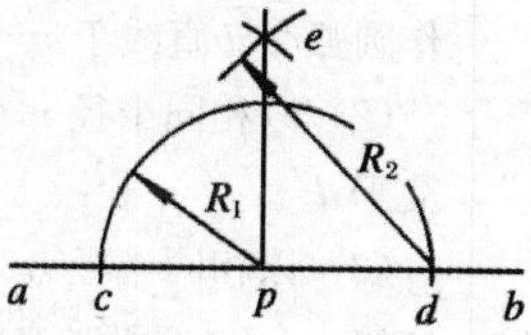 e, R_1, R_2; a c p d b	作过$\overline{ab}$上定点 p 的垂线(如左图所示),具体要求如下: (1)以 p 为圆心,任取适当 R_1 为半径画弧交$\overline{ab}$于 c、d 点 (2)分别以 c、d 点为圆心,取 $R_2(>R_1)$ 为半径画弧得交点 e,连接$\overline{ep}$则$\overline{ep}\perp\overline{ab}$
作过$\overline{ab}$外,任意点 p 的垂线	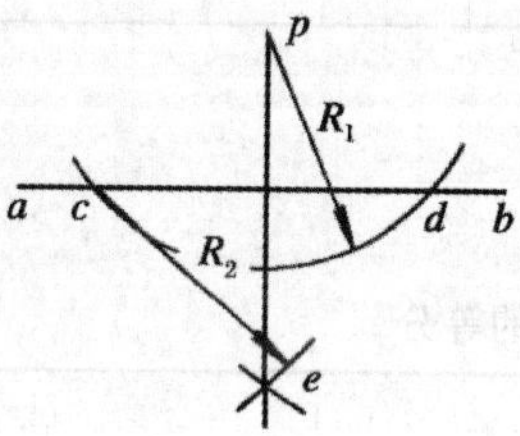 p, R_1; a c d b; R_2, e	作过$\overline{ab}$外,任意点 p 的垂线(如左图所示),具体要求如下: (1)以 p 为圆心,任取适当 R_1 为半径画弧,交$\overline{ab}$于 c、d 点 (2)分别以 c、d 点为圆心,任取 R_2 为半径画弧得交点 e,连接$\overline{ep}$,则$\overline{ep}\perp\overline{ab}$
作过$\overline{ab}$端点外定点 p 的垂线	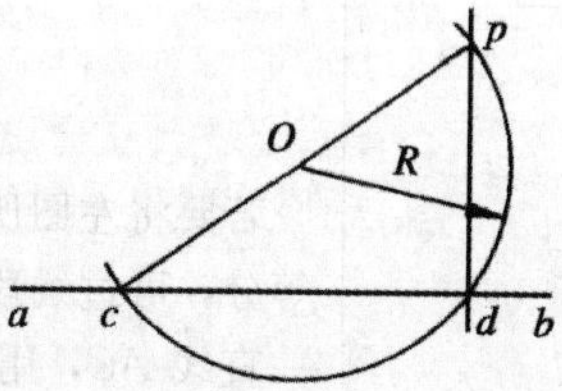 p, O, R; a c d b	作过$\overline{ab}$端点外定点 p 的垂线(如左图所示),具体要求如下: (1)过 p 点作一倾斜线交$\overline{ab}$于 c,取$\overline{cp}$中点为 O (2)以 O 为圆心,取 $R=cO$ 为半径画弧交$\overline{ab}$于 d 点,连接$\overline{dp}$,则$\overline{dp}\perp\overline{ab}$
作过$\overline{ab}$的端点 b 的垂线	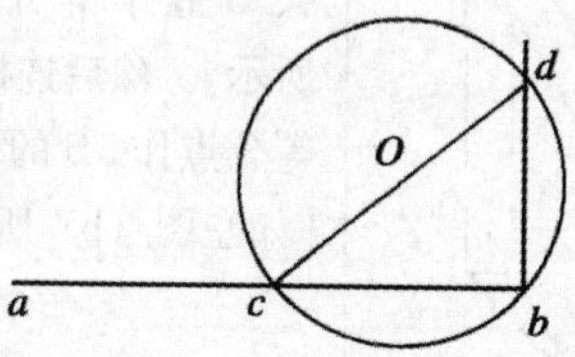 d, O; a c b	作过$\overline{ab}$的端点 b 的垂线(如左图所示),具体要求如下: (1)任取线外一点 O,并以 O 为圆心,取 $R=ob$ 为半径画圆交$\overline{ab}$于 c 点 (2)连接 cO 并延长,交圆周于 d 点,连接$\overline{bd}$,则$\overline{bd}\perp\overline{ab}$
作过$\overline{ab}$的端点 b,用 $3:4:5$ 比例法作垂线	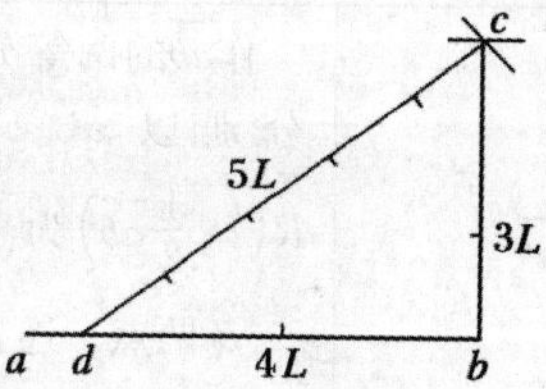 c, $5L$, $3L$; a d $4L$ b	作过$\overline{ab}$的端点 b,用 $3:4:5$ 比例法作垂线(如左图所示),具体要求如下: (1)在$\overline{ab}$上取适当之长为半径 L,然后以 b 为顶点量取$\overline{bd}=4L$ (2)以 d、b 为顶点,分别量取以 $5L$、$3L$ 长作半径交弧得 c 点,连接$\overline{bc}$,则$\overline{bc}\perp\overline{ab}$

作图条件与要求	图　形	操　作　要　点
作过$\overline{ab}$的端点b用斜边两等分法作垂线	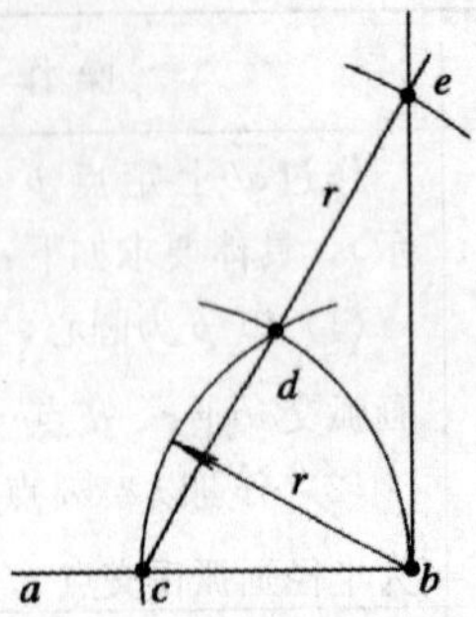	作过$\overline{ab}$的端点b用斜边两等分法作垂线（如左图所示），具体要求如下： （1）取适当长度为半径r，以b为圆心作圆弧交$\overline{ab}$直线于c （2）以相同半径r，c点为圆心作圆弧交于d （3）以相同半径r，d点为圆心作圆弧连接c、d，并延长交圆弧得e点 （4）连接e、b，则$\overline{eb} \perp \overline{ab}$

9. 如何等分线段？

答：线段的等分见表2－5。

表2－5　　　　　　　　　　　线段的等分

作图条件与要求	图　形	操　作　要　点
等分线段一般用平行线作图法	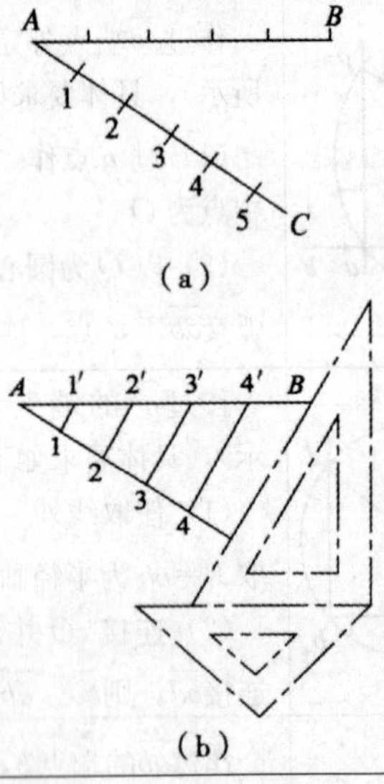 （a） （b）	若要将左图所示中线段AB五等分，可过线段的端点A，任作一直线AC，用划规以适当长度为单位，在其上量得1、2、3、4、5五个等分点［如左图（a）所示］。然后连接5和B，并过各等分点作5B的平行线与AB相交［如左图（b）所示］
作$\overline{ab}$的两等分	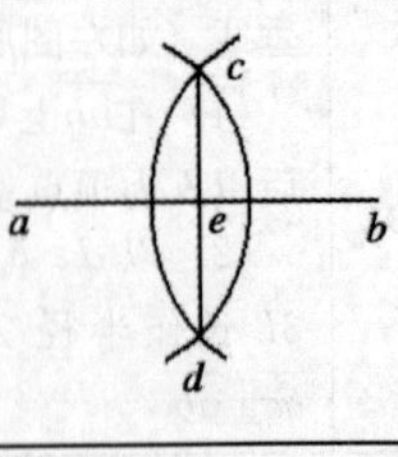	作$\overline{ab}$的两等分（如左图所示），分别以a、b为圆心，任取$R\left(>\frac{1}{2}\overline{ab}\right)$为半径画弧，得交点c、d两点。连接cd并与ab交于e，则$ae=be$，即$cd \perp$平分$\overline{ab}$

10. 如何作角与角度的等分?

答： 作角与角度的等分的作图条件、要求及操作要点见表2-6。

表 2-6   作角与角度的等分

作图条件与要求	图 形	操 作 要 点
$\angle abc$ 两等分	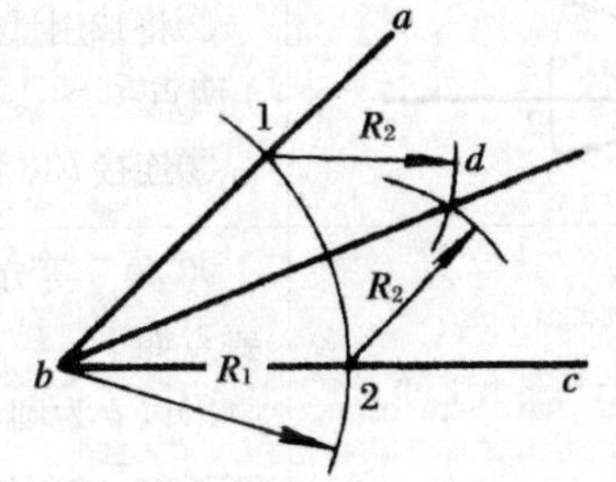	如左图所示为 $\angle abc$ 两等分。操作要点如下： ①以 b 为圆心，适当长 R_1 为半径，画弧交角的两边为1、2两点 ②分别以1、2两点为圆心，任意长 R_2（$>\frac{1}{2}$ 1—2 距离）为半径相交于 d 点 ③连接 $\overline{bd}$，则 $\overline{bd}$ 即为 $\angle abc$ 的角平分线
作无顶点角的角平分线	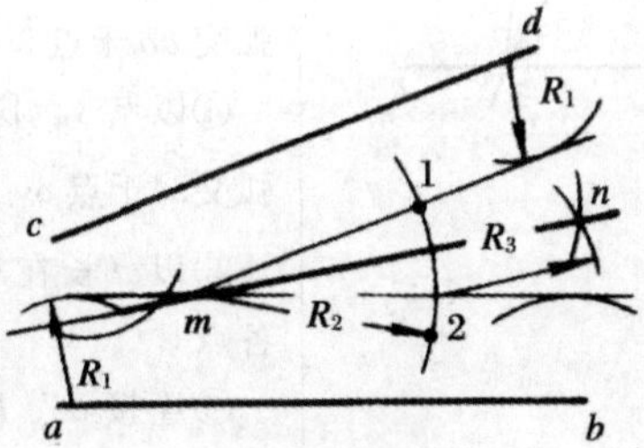	作无顶点角的角平分线如左图所示。操作要点如下： ①取适当长 R_1 为半径，分别作 $\overline{ab}$ 和 $\overline{cd}$ 的平行线交于 m 点 ②以 m 为圆心，适当 R_2 为半径画弧交两平行线于1、2两点 ③以1、2两点为圆心，适当长 R_3 为半径画弧交于 n 点 ④连接 $\overline{mn}$，则 $\overline{mn}$ 即为 $\overline{ab}$ 和 $\overline{cd}$ 两角边的角平分线
$90°$角 $\angle abc$ 3 等分	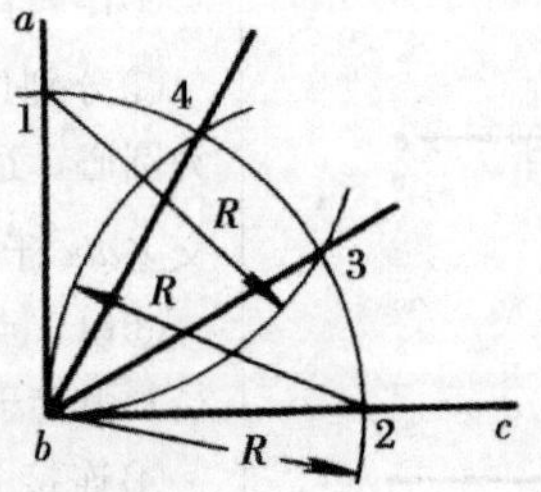	$90°$角 $\angle abc$ 3 等分如图1-22所示。操作要点如下： ①以 b 为圆心，任意长 R 为半径画弧，交两直角边于1、2两点 ②分别以1、2点为圆心，用同样 R 为半径画弧得3、4点 ③连接 $b3$、$b4$ 即为 3 等分 $90°$角

作图条件与要求	图　形	操作要点
∠abc 3 等分	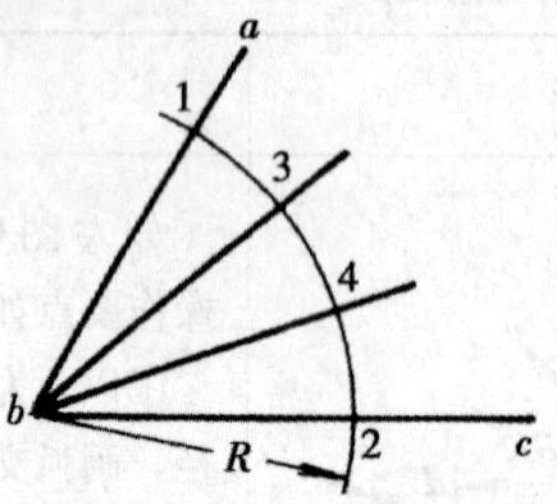	∠abc 3 等分如左图所示。操作要点如下： 　①以 b 为圆心，适当 R 为半径画弧交角边于 1、2 两点 　②将$\overset{\frown}{12}$用量规截取 3 等分为 3、4 两点 　③连接 b3、b4 即为 3 等分∠abc
90°角 5 等分	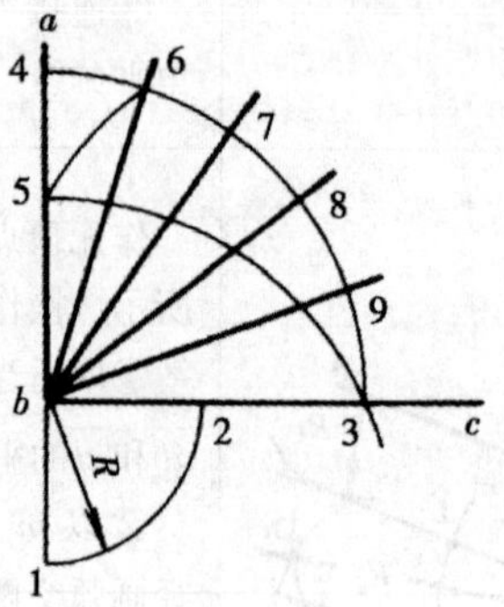	90°角 5 等分如左图所示。操作要点如下： 　①以 b 为圆心，取适当 R 半径画弧交 ab 延长线于点 1 和 bc 于点 2，量取点 3 使 2—3=b—2 　②以 b 为圆心，b—3 为半径画弧交 ab 于点 4 　③以点 1 为圆心 1—3 为半径画弧交 ab 于点 5 　④以点 3 为圆心 3—5 为半径画弧交$\overset{\frown}{34}$于点 6 　⑤以$\overset{\frown}{ab}$长在$\overset{\frown}{34}$上量取 7、8、9 各点 　⑥连接 b6、b7、b8、b9 即为 5 等分 90°角∠abc
作∠a'b'c' 等于已知角∠abc	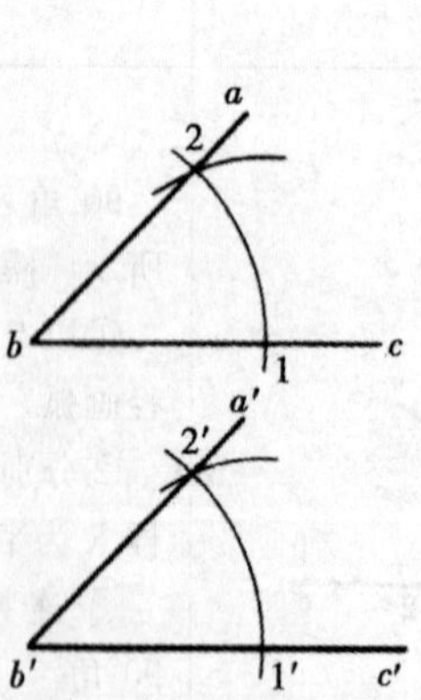	作∠a'b'c' 等于已知角∠abc 如左图所示。操作要点如下： 　①作一直线$\overline{b'c'}$ 　②分别以∠abc 的 b 和$\overline{b'c'}$的 b' 为圆心，适当长 R 为半径画弧，交∠abc 于 1、2 点和$\overline{b'c'}$于点 1' 　③以 1'点为圆心，取 1—2 为半径画弧交于点 2' 　④连接 b'2'并适当延长到 a'，则∠a'b'c'=∠abc

24

续表2

作图条件与要求	图 形	操 作 要 点
用近似法作任意角度（右图中为49°）	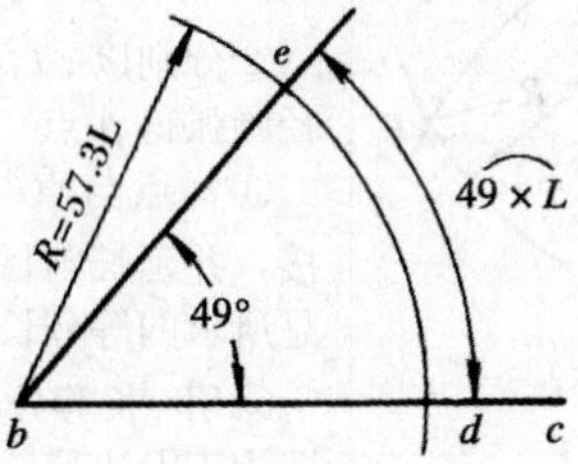	用近似法作任意角度（左图中为49°）如左图所示。操作要点如下： （1）以 b 为圆心，取 $R=57.3L$ 长为半径画弧（L 为适当长度）交 $\overline{bc}$ 于 d （2）由于作49°角，可取49×L 的长度，在所作的圆弧上，从 d 点开始用卷尺量取到 e 点 （3）连接 be，则∠ebd＝49 （4）作任意角度，均可用此方法，只要半径用 57.3×L 以角度数×L 作为弧长（L 是任意适当数）

11. 如何等分圆？

答： 圆的等分如下：

（1）作图法（见表 2-7）。

表 2-7   圆的等分

作图条件与要求	图 形	操 作 要 点
求圆的 3、4、5、6、7、10、12 等分	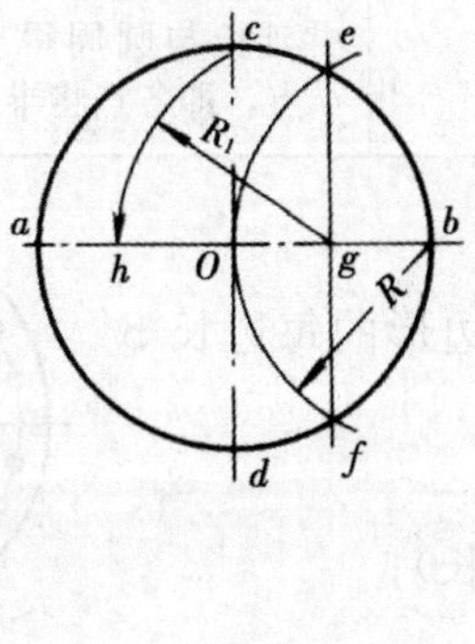	求圆的 3、4、5、6、7、10、12 等分（如左图所示），具体操作如下： ①过圆心 O 作 $\overline{ab}\perp\overline{cd}$ 的两条直径线 ②以 b 为圆心、R 为半径画弧交圆周于 e、f，连接 ef 并交 ab 于 g 点 ③以 g 为圆心，$R_1＝cg$ 为半径画弧 $\overline{ab}$ 交于 h ④则 $\overline{ef}$、$\overline{bc}$、$\overline{ch}$、$\overline{bO}$、$\overline{eg}$、$\overline{hO}$、$\overline{ce}$ 长分别等分该圆周的 3、4、5、6、7、10、12 等分长 ⑤用 $\overline{ef}$、$\overline{bc}$、$\overline{ch}$、$\overline{bO}$、$\overline{eg}$、$\overline{hO}$、$\overline{ce}$ 长等分圆周，然后连接各点，即为该圆周的正 3、4、5、6、7、10、12 边形

25

作图条件与要求	图 形	操 作 要 点
作圆的任意等分（右图中7等分）		作圆的任意等分（图中7等分），如左图所示。具体操作如下： ①把圆的直径 cd 7等分，等分点为 $1'$、$2'$、$3'$、$4'$、$5'$、$6'$ ②分别以 cd 为圆心，取 $R=\overline{cd}$ 为半径画弧得 p 点 ③p 点与直径等分的偶数点 $2'$ 连接，并延长与圆周交于 e 点，则 $\overline{ce}$ 即是所求的等分长 ④用 $\overline{ce}$ 长等分圆周，然后连接各点，即为正七边形
作圆的任意等分（右图中为9等分）		作圆的任意等分（图中为9等分），如左图所示。具体操作如下： ①将圆直径等分，等分数与圆周等分数相同（图中为9等分） ②量取其中三等分之长 a 即可等分圆周（图中为9等分） ③连接各点，得正多边形（图中为正九边形）
作半圆弧的任意等分（右图中5等分）		作半圆弧的任意等分（图中5等分），如左图所示。具体操作如下： ①将直径 ab 分为5等分，等分点为 $1'$、$2'$、$3'$、$4'$ ②分别以 a、b 为圆心，以 $R=ab$ 为半径，画弧交于 p 点 ③分别连接 $p1'$、$p2'$、$p3'$、$p4'$，并延长与圆周得交点为 $1''$、$2''$、$3''$、$4''$点，即各点将半圆弧5等分

（2）计算法。

已知圆的直径和等分数，则正多边形的每边长 S 可按下式计算：

$$S=KD$$

式中　S——边长（等分圆周的弦长）；

　　　D——圆的直径；

　　　K——圆等分数的系数（见表2-8）。

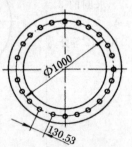

图 2-1　法兰孔距

26

【例2-1】 已知一法兰（如图2-1所示）24孔均布，求其排孔的孔距？

解：$S = KD$

上述：$D = 1000$；K 查表2-9，当 $n = 24$ 时，则得 $K = 0.13053$。

所以：$S = KD = 0.13053 \times 1000 = 130.53$（mm），法兰排孔孔距为130.53mm。

表2-8　　　　　圆内接正多边形边数（n）与系数（K）的值

n	K	n	K	n	K	n	K
1	—	26	0.12054	51	0.06156	76	0.04132
2	—	27	0.11609	52	0.06038	77	0.04079
3	0.86603	28	0.11196	53	0.05924	78	0.04027
4	0.70711	29	0.10812	54	0.05814	79	0.03976
5	0.58779	30	0.10453	55	0.05700	80	0.03926
6	0.50000	31	0.10117	56	0.05607	81	0.03878
7	0.43388	32	0.09802	57	0.05509	82	0.03830
8	0.38268	33	0.09506	58	0.05414	83	0.03784
9	0.34202	34	0.09227	59	0.05322	84	0.03739
10	0.30902	35	0.08964	60	0.05234	85	0.03693
11	0.28173	36	0.08716	61	0.05148	86	0.03652
12	0.25882	37	0.08481	62	0.05065	87	0.03610
13	0.23932	38	0.08258	63	0.04985	88	0.03559
14	0.22252	39	0.08047	64	0.04907	89	0.03529
15	0.20791	40	0.07846	65	0.04831	90	0.03490
16	0.19509	41	0.07655	66	0.04758	91	0.03452
17	0.18375	42	0.07473	67	0.04687	92	0.03414
18	0.17365	43	0.07300	68	0.04618	93	0.03377
19	0.16459	44	0.07134	69	0.04551	94	0.03341
20	0.15643	45	0.05976	70	0.04486	95	0.03306
21	0.14904	46	0.06824	71	0.04423	96	0.03272
22	0.14231	47	0.06679	72	0.04362	97	0.03238
23	0.13617	48	0.06540	73	0.04302	98	0.03205
24	0.13053	49	0.06407	74	0.04244	99	0.03173
25	0.12533	50	0.05279	75	0.04188	100	0.03141

12. 如何作圆的切线？

答：若要过圆上已知点 A 作圆的切线，可连接 O、A 两点并适当延长；再以 A 点为圆心，用适当的半径作弧线，在直线 OA 上得交点 a、b；分别以 a、b

为圆心，用相等的半径作弧线，求得交点 c；连接 cA 即可（如图 2-2 所示）。

13. 如何求圆弧的圆心？

答：若要求一段圆弧的圆心，可先在其上任选三点 A、B、C（如图 2-3 所示）；分别以 A、B 点为圆心，用适当的半径作弧线，得交点 a、b；再分别以 B、C 点为圆心，用适当的半径作弧线，得交点 c、d；连接 ab 和 cd，其交点 O 即为所求圆心。

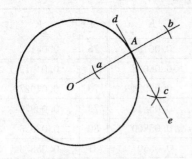 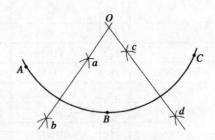

图 2-2　作圆的切线　　　　　　图 2-3　求圆弧的圆心

14. 圆弧连接的划法有哪些类型？

答：圆弧连接有 3 种类型，见表 2-9。

表 2-9　　　　　　　　　　　　圆弧连接的划法

作图条件与要求	图　　形	操 作 要 点
用圆弧连接两已知直线	**（a）锐角** **（b）钝角** **（c）直角**	如左图（a）、（b）所示中，两直线成锐角或钝角，可分别作两已知直线的平行线，其距离为连接圆弧半径 R，将交点 O 定为连接圆弧的圆心，以 R 为半径，即可画出连接弧。如左图（c）所示中，两直线成直角，也可用上述方法。为了使作图更简单，可以两直线的交点为圆心，以 R 为半径画圆弧，与两直线的两交点 k、k' 即为两切点；分别以两切点为圆心，以 R 为半径画两圆弧得交点 O，以 O 为圆心，以 R 为半径，即可画出连接弧

続表1

作图条件与要求	图　形	操　作　要　点

（a）外公切

（b）内公切

用圆弧连接两已知圆弧

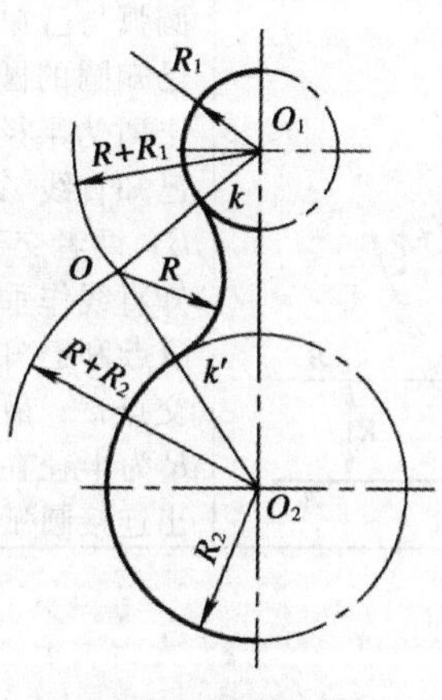

（c）内外公切

　　如左图（a）所示为半径分别是 R_1、R_2 的圆，现要作半径为 R 的外公切圆弧，与两已知圆相切。可先分别以两已知圆弧的圆心 O_1、O_2 为圆心，作半径分别为 $R+R_1$ 和 $R+R_2$ 的两辅助圆弧，求得其交点 O，然后过 O 点分别连接两已知圆弧的圆心 O_1 和 O_2，得交点 k、k'；最后以 O 点为圆心，以 R 为半径在两切点之间画出连接圆弧

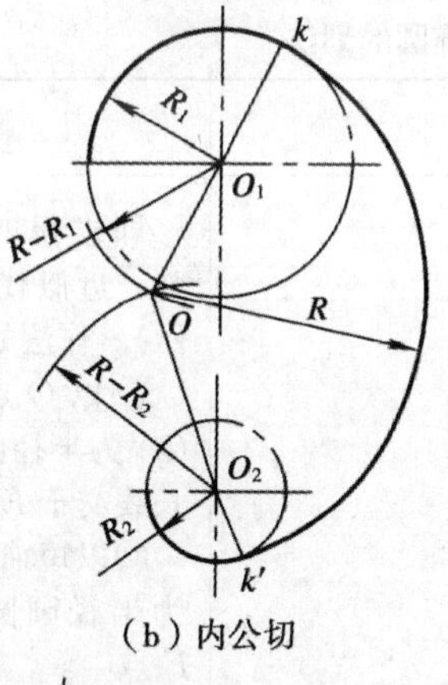

　　如左图（b）所示为半径分别是 R_1、R_2 的圆，现要作半径为 R 的内公切圆弧，与两已知圆相切。可分别以两已知圆弧的圆心 O_1、O_2 为圆心，以 $R-R_1$ 和 $R-R_2$ 为半径作两辅助圆弧，其交点为 O，过 O 点分别连接两已知圆弧的圆心 O_1 和 O_2 并延长，与两已知圆交于点 k、k'；最后以 O 点为圆心，以 R 为半径在两切点之间画出连接圆弧

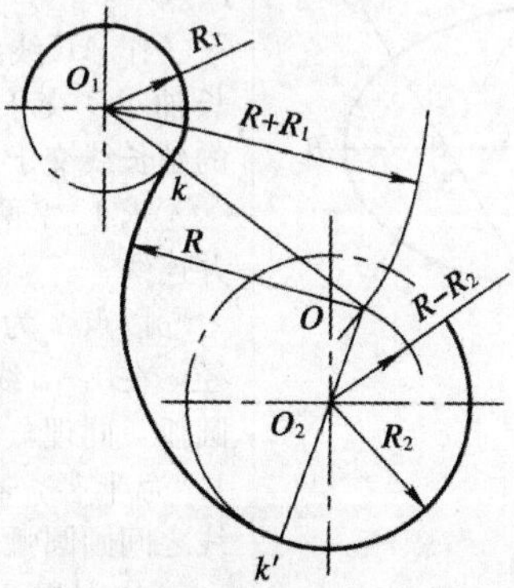

　　如左图（c）所示为半径分别是 R_1、R_2 的圆，现要作半径为 R 的内外公切圆弧，与两已知圆相切。可分别以两已知圆弧的圆心 O_1、O_2 为圆心，作半径分别为 $R+R_1$ 和 $R-R_2$ 的两辅助圆弧，得交点 O。过 O 点分别连接两已知圆的圆心 O_1 和 O_2，得交点 k、k'，最后以 O 点为圆心，以 R 为半径，在两切点 k、k' 之间画出连接圆弧

作图条件与要求	图　形	操　作　要　点
用圆弧连接已知直线和圆弧	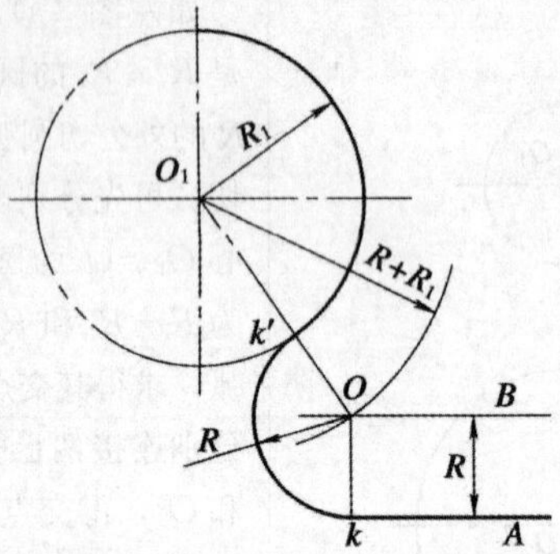	如左图所示中可以看出,连接圆弧与已知圆弧呈外切,故可以已知圆的圆心 O_1 为圆心,以 $R+R_1$ 为半径画辅助圆弧;再作与已知直线 A 距离为 R 的平行线 B;两者交于 O 点,自 O 点向已知直线作垂线得垂足 k,再连接 O 点和已知圆弧的圆心 O_1,得交点 k';最后以 O 点为圆心,以 R 为半径在两切点 k、k' 之间画出连接圆弧

15. 如何划椭圆?

答:椭圆的划法见表 2-10。

表 2-10　　　　　　　　椭圆的划法

作图要求	图　形	操　作　要　点
四心圆法	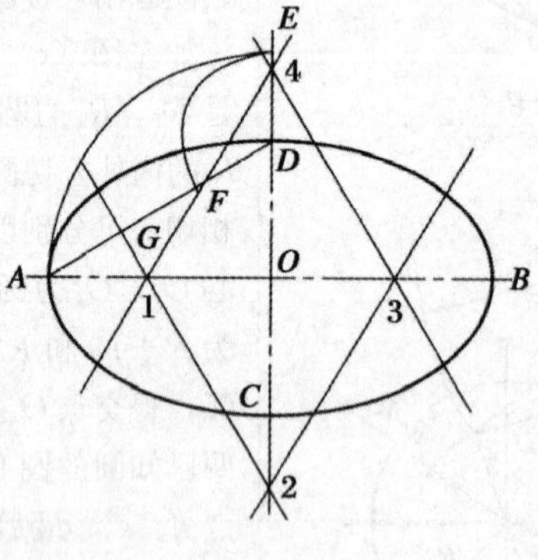	即求得四个圆心,画四段圆弧,近似代替椭圆(如左图所示)。作法如下: ①以 O 点为圆心,以半长轴 OA 为半径画圆弧,与短轴的延长线交于 E 点 ②以短轴 D 点为圆心,以 DE 为半径画圆弧,与 AD 线交于 F 点 ③作 AF 线的垂直平分线,与长轴 AB 交于点 1,与短轴 CD 的延长线交于点 2 ④求 1、2 两点的对称点 3、4,并连线 ⑤以点 2 为圆心,以 $2D$ 为半径,在 1—2 线和 2—3 线之间画圆弧,同理,以点 4 为圆心,以 $4C$ 为半径,在 1—4 线和 4—3 线之间画圆弧 ⑥分别以 1 和 3 为圆心,以 $1A$ 和 $3B$ 为半径画出两段圆弧即成

作图要求	图 形	操 作 要 点
同心圆法	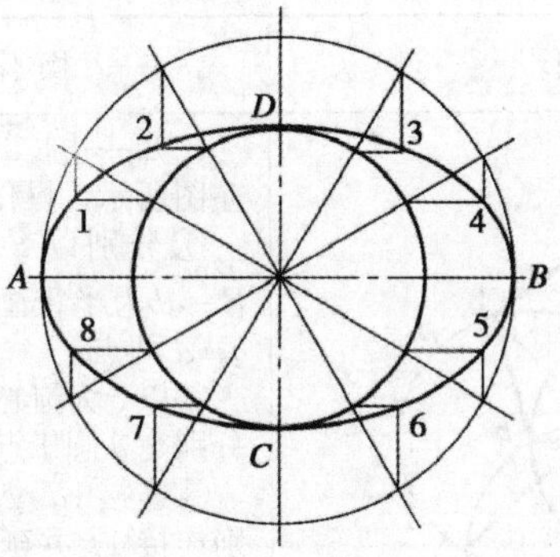	即以长、短轴为直径画两个同心圆，求得椭圆上的数点，依次连接成曲线（如左图所示）。其做法如下： ①以长、短轴为直径画两个同心圆 ②将两圆十二等分（其他等分也可，等分数越多越准确） ③过各等分点作垂线和水平线，得8个交点（1、2、…、8） ④用曲线板依次连接 A、1、2、D、3、4、B、5、6、C、7、8、A 即成

16. 如何划心形圆和蛋形圆？

答：心形圆和蛋形圆的划法见表 $2-11$。

表 $2-11$　　　　　　　　心形圆和蛋形圆的划法

作图条件与要求	图 形	操 作 要 点
已知大小圆半径 R、r，作心形圆	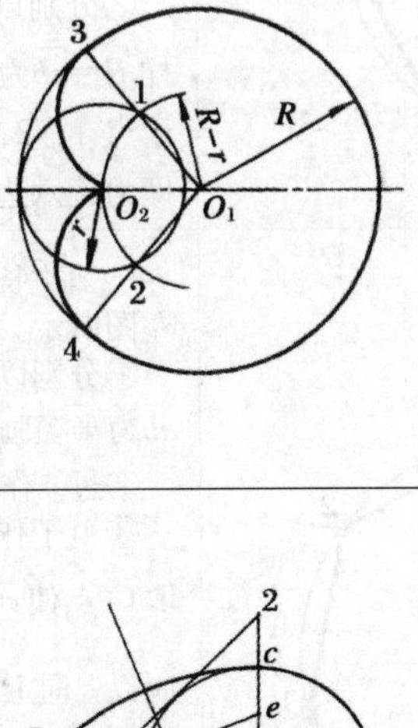	作心形圆，如左图所示。具体操作如下： ①以 O_1 为圆心，取 $R-r$ 为半径画弧交 O_2 于1、2两点 ②连接 $O_1 1$ 和 $O_1 2$ 并延长与圆 O_1 交于3、4两点 ③分别以1和2为圆心，取 r 为半径画弧 $\overset{\frown}{3O_2}$、$\overset{\frown}{4O_2}$，即由 $\overset{\frown}{34}$、$\overset{\frown}{4O_2}$、$\overset{\frown}{3O_2}$ 组成一个心形圆
已知两圆心距 $O_1 O_2$，半径为 r、R 作蛋形圆	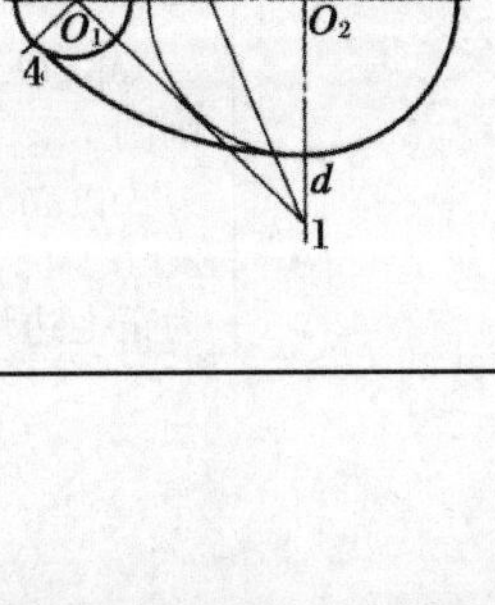	作蛋形圆，如左图所示。具体操作如下： ①过 O_2 作 $O_1 O_2$ 垂线交 O_2 圆周于 c、d 两点 ②截取 $ce=r$，连接 eO_1 并作 eO_1 的垂直平分线交 cd 延长线于点1。同理得点2 ③连接 $1O_1$ 和 $2O_1$ 并延长交圆 O_1 于3、4两点 ④分别以1和2为圆心，取 $\overline{1c}$ 为半径画弧 $\overset{\frown}{3c}$、$\overset{\frown}{4d}$，即得所求蛋形圆

17. 作正多边形的方法有哪些?

答：已知边长，作正多边形的方法，见表 2 - 12。

表 2 - 12   已知边长，作正多边形法

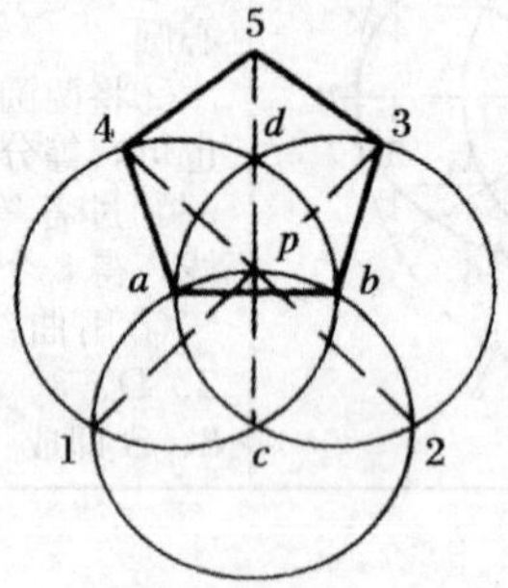

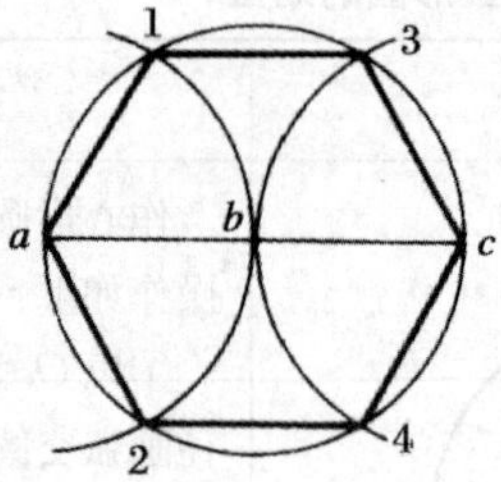

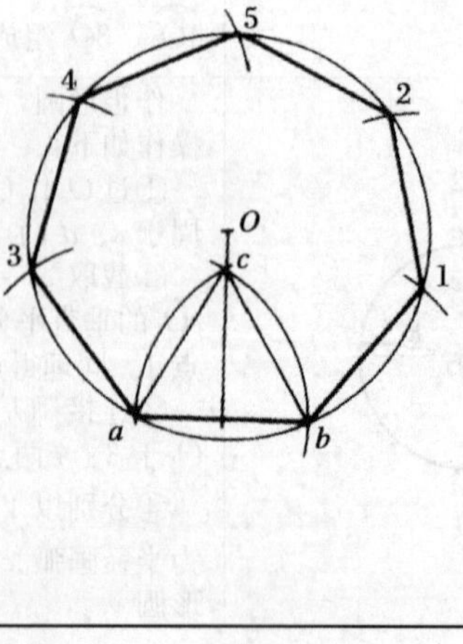

作图条件与要求	图 形	操 作 要 点
已知一边长 $\overline{ab}$，作正五边形		已知一边长 ab，作正五边形如左图所示。操作要点如下： ①分别以 a 和 b 为圆心，取 $R=\overline{ab}$ 为半径画两圆，并相交于 c、d 两点 ②以 c 为圆心，同样半径画圆，分别交 a 圆于点 1、b 圆于点 2 ③连接 cd 交 c 圆于 p 点，分别连接 $1p$ 并延长交 b 圆于点 3，连接 $2p$ 并延长交 a 圆于点 4 ④分别以点 3、4 为圆心，同样 $R=\overline{ab}$ 为半径画弧相交于点 5，连接各点即为正五边形
已知一边长 $\overline{ab}$，作正六边形		已知一边长 $\overline{ab}$，作正六边形如左图所示。操作要点如下： ①延长 $\overline{ab}$ 到 c，使 $ab=bc$ ②以 b 为圆心取 $R=\overline{ab}$ 画圆 ③分别以 a 和 c 为圆心，取同样 $R=\overline{ab}$ 为半径画圆弧，交圆周于点 1、2、3、4 点，连接各点即为正六边形
已知边长 $\overline{ab}$，求作正七边形		已知边长 $\overline{ab}$，求作正七边形如左图所示。操作要点如下： ①分别以 a、b 为圆心，取 $R=\overline{ab}$ 为半径画弧交于 c 点 ②过 c 作 ab 的垂线 ③由于作七边形，可以 c 向上取 O 点使 $cO=\dfrac{ab}{6}$（若作九边形，应以 c 向上取 3 倍 $\dfrac{ab}{6}$ 的长，若五边形可向下取 1 倍 $\dfrac{ab}{6}$ 的长） ④以 O 为圆心，取 Oa 为半径画圆 ⑤以 $\overline{ab}$ 为长，在圆周上量取 1、2、3、4、5 点。则连接各点即为正七边形

作图条件与要求	图　形	操　作　要　点
已知边长 $\overline{ab}$，求作任意正多边形（图中作正九边形）	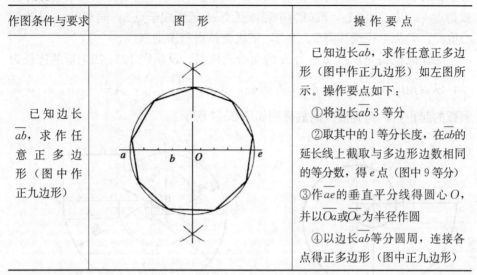	已知边长 $\overline{ab}$，求作任意正多边形（图中作正九边形）如左图所示。操作要点如下： ①将边长 $\overline{ab}$ 3 等分 ②取其中的 1 等分长度，在 $\overline{ab}$ 的延长线上截取与多边形边数相同的等分数，得 e 点（图中 9 等分） ③作 $\overline{ae}$ 的垂直平分线得圆心 O，并以 $\overline{Oa}$ 或 $\overline{Oe}$ 为半径作圆 ④以边长 $\overline{ab}$ 等分圆周，连接各点得正多边形（图中正九边形）

18. 如何划抛物线与涡线？

答：（1）抛物线的划法：

①抛物线的函数式为 $y=x^2$，故在直角坐系中的 X 轴上标出单位长 1 及一动点 x；利用两个相似三角形作出 x^2 的高度，则点（x，x^2）的轨迹就是抛物线 $y=x^2$（如图 2-4 所示）。

②已知抛物线的 1/2 跨度为 $\overline{ad}$，拱高为 $\overline{cd}$，作抛物线（如图 2-5 所示），操作要点如下：

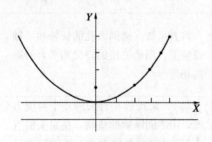

图 2-4　抛物线的划法

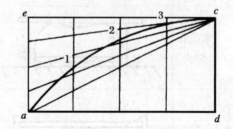

图 2-5　抛物线的 1/2 跨度为 $\overline{ad}$，拱高为 $\overline{cd}$

a. 过 a 和 c 作 $\overline{cd}$ 和 $\overline{ad}$ 平行线得矩形，交点为点 e。

b. 分别将以 $\overline{ad}$、$\overline{ce}$ 和 $\overline{ae}$ 作相同的等分（图中 4 等分）把 $\overline{ad}$ 和 $\overline{ce}$ 上的等分对应相连和从 c 点与 $\overline{ae}$ 上的等分点的连线对应相交于 1、2、3 各点。

c. 用曲线圆滑连接 a、1、2、3、c 各点即得所求抛物线。

（2）涡线的划法：

①已知正方形 $abcd$ 作涡线。已知正方形 $abcd$ 作涡线（如图 2-6 所示）。

33

分别作$\overline{ab}$、$\overline{bc}$、$\overline{cd}$和$\overline{ad}$的延长线，以a为圆心，取ac为半径，自c点起作圆弧得点1；以b为圆心，取$b1$为半径画弧交cb延长线于点2；同理以c、d为圆心取$c2$、$\overline{d3}$为半径画弧得3、4点，依次类推得所求的涡线。

②作风机涡壳出口尺寸为A的曲线放样图。设涡壳1234四边形的边长为$\dfrac{A}{4}$，以四角的顶点1、2、3、4为圆心，取$R_1 = \dfrac{D}{2} + \dfrac{A}{8}$，其中$a$、$b$、$c$、$d$是圆弧的起止点，涡壳曲线的放样图如图2-7所示。

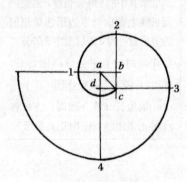
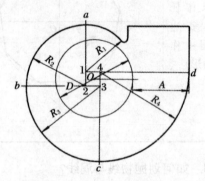

图 2-6　涡线的划法　　　　　图 2-7　涡壳曲线的放样

19. 用立体划线划封头排孔的操作过程有哪些？

答： 封头划线排孔的操作过程，见表2-13。

表 2-13　　　　　　　　　封头划线排孔的过程

名称		简 图	操作要点
校准环缝面	有人孔封头		将直尺放在椭圆人孔的长轴和短轴位置上，用垫块使钢直尺到平台的距离相等
	无人孔封头		将90°角尺放在封头的4个对应方向，用不同厚度的垫块，使封头的直边部位与90°角尺重合，后用钢直尺放在封头顶部的最高处，量取两边a和b的高度，再以$1/2\,(a+b)$作为钢直尺到平台的距离
划直段余量线			以平台为基准，用划线盘划出余量及有孔封头的人孔直段余量线

名称		简 图	操作要点
划4条中心线	有人孔封头	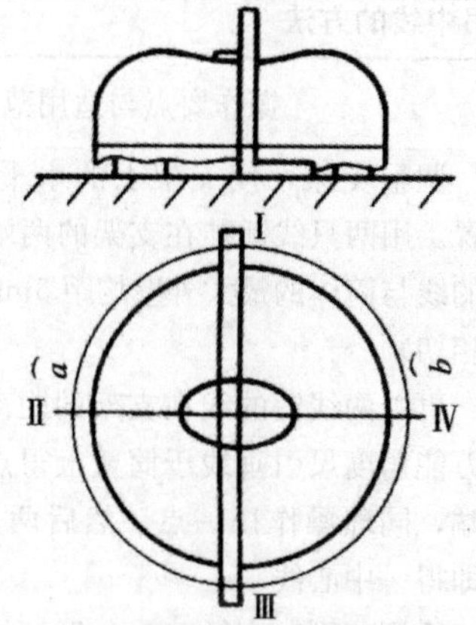	先将钢直尺放在人孔的短轴位置上，使轴线与钢直尺重合（目测），然后用90°角尺在封头的直段上划得Ⅰ、Ⅲ点，用钢卷尺量取Ⅰ、Ⅲ点的左、右面半圆弧$\hat{a}$和$\hat{b}$。以$\frac{(\hat{a}-\hat{b})}{2}$差值，作同方向平移，使$\hat{a}=\hat{b}$，再以等弧长，依次划出Ⅱ、Ⅳ的中心线
	无人孔封头	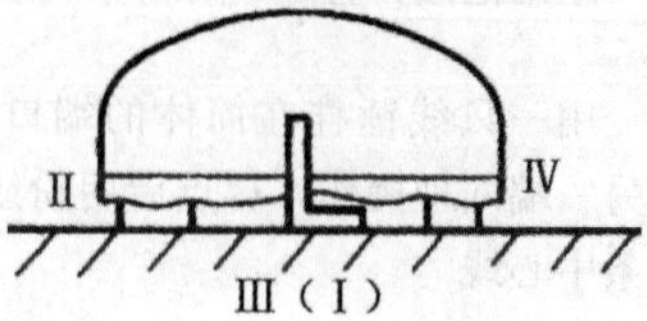	用90°角尺，先定出在有钢印位置下部的Ⅲ中心线，按等弧长，依次划出Ⅰ、Ⅱ和Ⅳ中心线
划十字基准线		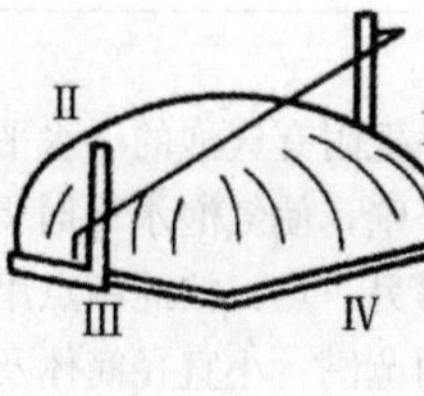	在平台上将两把90°角尺，分别放准在Ⅰ、Ⅲ的中心线上，后用粉线或钢直尺靠在90°角尺上，其一端慢慢向下移动，此时便在封头曲面上会印出一线条或用石笔划出一线条。同理，再用两把90°角尺放在Ⅱ、Ⅳ的中心线上，划出另一线条
排孔		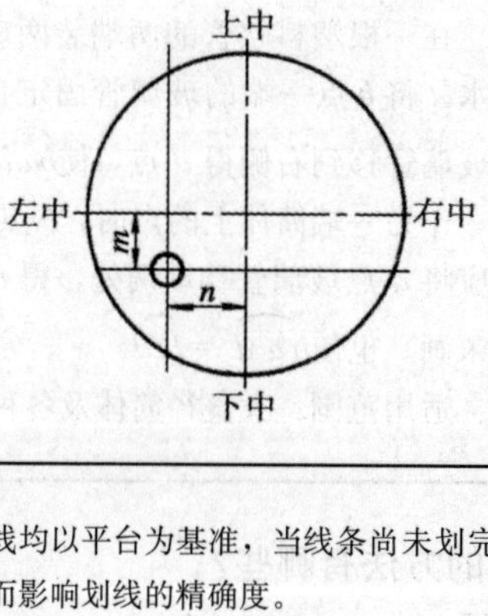	在平台上以上、下中线向左划出n距，以左、右中线划出m距。再用两把90°角尺，放准在划出的m、n点处，用划十字基准线的方法，用粉线弹出十字基准线，交点即是孔的中心位置

注：封头的划线均以平台为基准，当线条尚未划完时，不能在封头上任意打上样冲和钢印，谨防封头移位而影响划线的精确度。

20. 用立体划线划筒体吊中线的方法有哪些？

答：筒体吊中线的方法见表 2-14。

表 2-14   圆筒体吊中线的方法

名 称	简 图	操作要点与适用范围
双垂线法	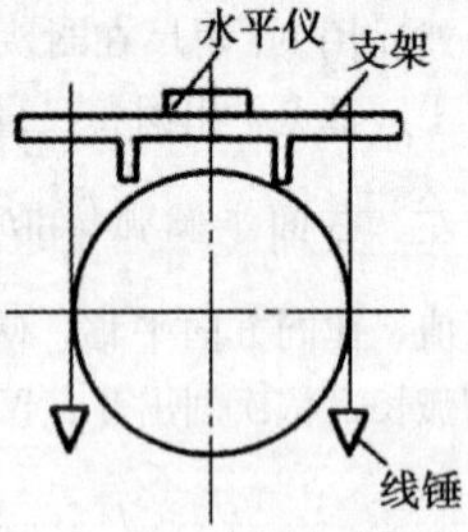	调整支架，使支架上的水平仪处于水平位置。用两只线锤挂在支架的两端，使两只线锤的线与筒体的最大外壁均距 5mm（或线与筒壁相切） 再以两线锤的线在支架的距离的 1/2 处，用万能角度尺引垂线于筒壁上得点。筒体的另一端，同理操作得一点。然后两点用粉线弹出，即得一中心线 适用范围：直径 1000～2000mm 的筒体
单垂线法	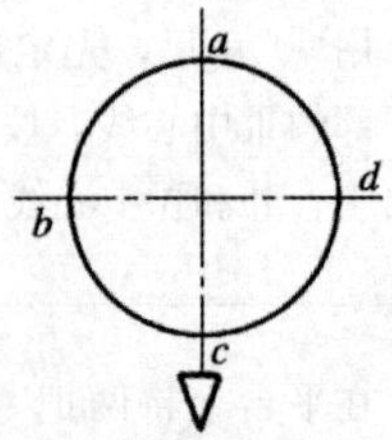	用一只线锤挂在筒体的端口，使 $\overset{\frown}{abc}=\overset{\frown}{adc}$。另一端同理操作，得点后用粉线弹出，即得一条中心线 适用范围：未装封头，有一定刚性的各种直径的筒体
水平角尺法	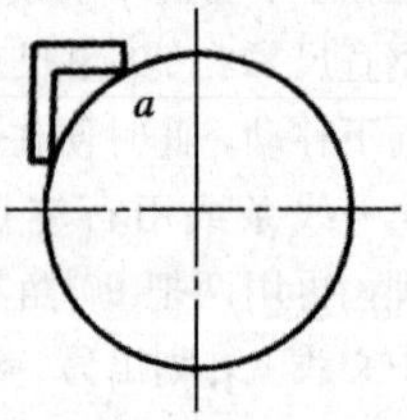	用一把附有气泡的（水平仪）90°角尺，放在筒体外壁，使气泡水平时得 a 点，另一端同理操作得另一点，按此两点用粉线弹出一中心线 适用范围：小直径筒体及大直径钢管
水位法	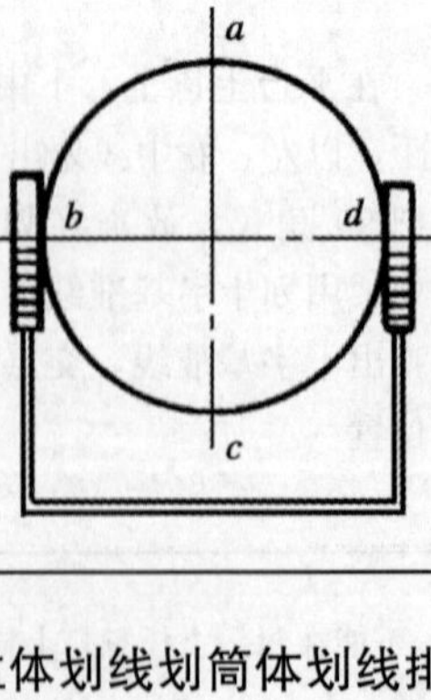	在一根塑料软管的两端装两玻璃管，管内放水。将 b 点一端的玻璃管固定在左侧，另一端玻璃管移到右侧得 d 点，使 $\overset{\frown}{bad}=\overset{\frown}{bcd}$ 作另一端筒体上的点时，b 点玻璃管仍不动，应将 d 点玻璃管移动两处，得 b' 和 d' 点（图中未画）也使 $\overset{\frown}{b'a'd'}=\overset{\frown}{bcd}$ 适用范围：大直径筒体及各种大型安装定位

21. 用立体划线划筒体划线排孔的方法有哪些？

答：筒体划线排孔方法见表 2-15。

表 2 - 15　　　　　　　　　　筒体划线排孔方法

名　称	简　图	操　作　要　点
吊中线	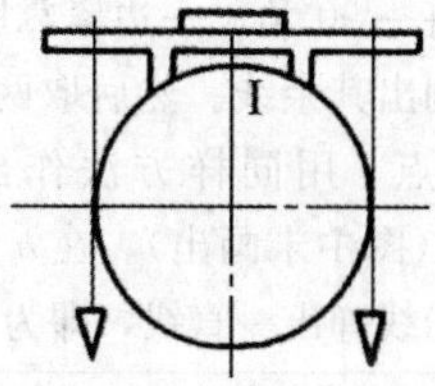	先确定筒体纵向基准中心线的位置，用双锤线法（见表 2 - 14）的要求，划出基准点，在两端基准点间弹出 1 条直线，作为中心线（Ⅰ） 若弹出的中线与图样要求的纵向基准中心线有偏差，可采用同方向平移的方法调整
划纵向 4 条中心线	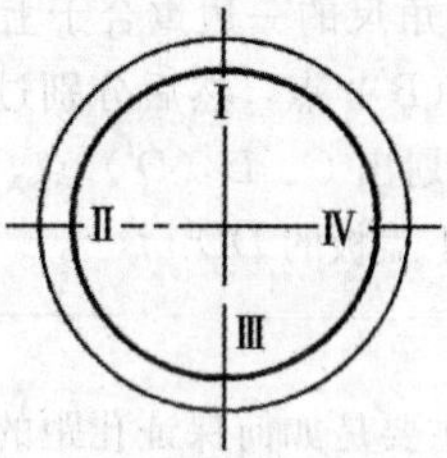	以吊出的Ⅰ中线为基准，以等弧长依次划出Ⅲ中线。再以Ⅰ、Ⅲ中心线为基准，同样以等弧长，依次划出Ⅱ、Ⅳ中心线
划环向基准线	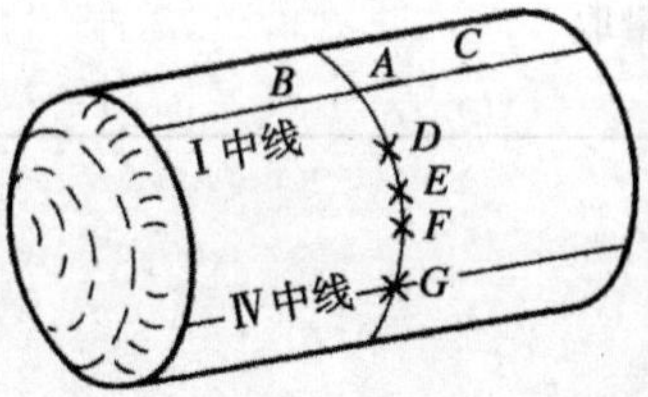	先在Ⅰ中心线上确定环向基准的位置于点 A，用划规以 A 为圆心，作出 B、C 两点，再分别以 B、C 为圆心，依次用不同的半径 R 画弧，得若干交点 D、E、F、G。连接 A、D、E、F、G 各点得曲面上的垂直线。同理可得 D'、E'、F'、G' 点（因点在图后，未画出）。再分别以Ⅳ和Ⅱ两个中心线的 G 和 G' 点，用同法作出垂直线，即完成环向基准线
排孔	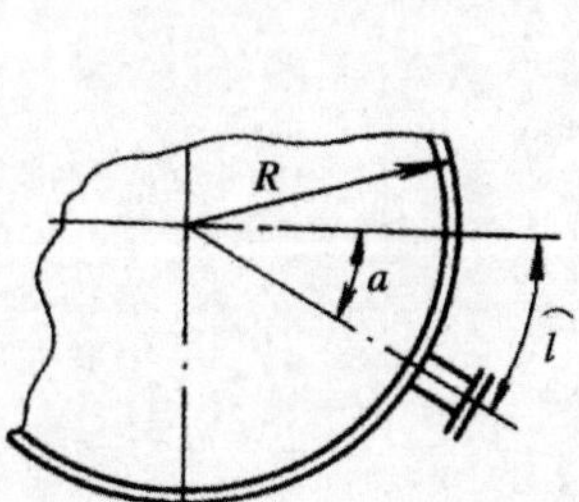	排孔时，图样上管座孔注的尺寸：第一种是注出 α 角度（上图），第二种是注出 h 的距离（下图）。但排孔操作时，环向尺寸是按筒体实际直径，核算对应角的弧长纵向尺寸只要从环向基准上量出即可。为此，排孔操作时，按图样条件求出弧长：公式为： $$\hat{l}=0.01745R\alpha$$

22. 用立体划线划梁柱的划线排孔过程有哪些？

答：梁柱的划线排孔过程见表 2 - 16。

表 2－16 梁柱的划线排孔过程

名 称	简 图	操 作 要 点
划中心 （纵向 中心线）	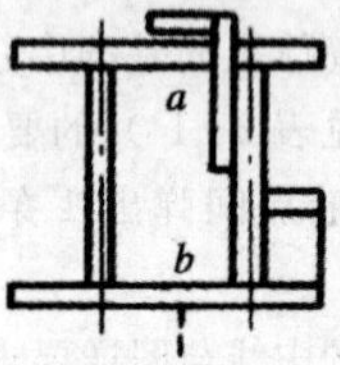	在梁柱端面用90°角尺，以上（下）盖板为基准，将一90°角尺一边紧靠腹板内壁划线，用同法划出其余线。然后取两线之距的一半得 a、b 点。用同样方法作出另一端中点 a'（b'）（图中未画出）。在 a 和 a'（b 和 b'）点间用粉线弹出一直线，即为上（下）中线
划横向 中心	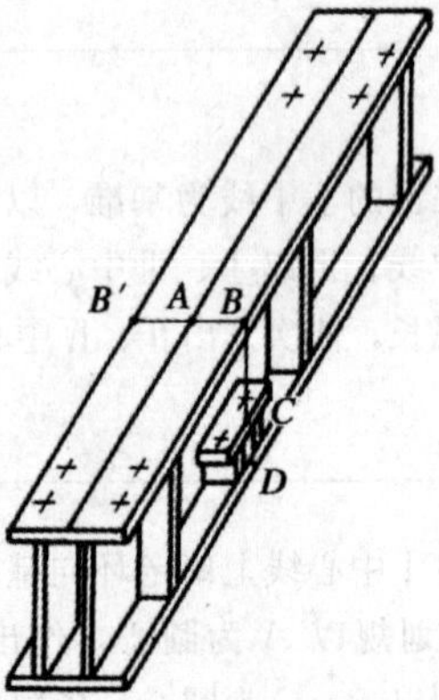	先在上中线上确定横向基准点 A，再过 A 点用90°角尺的一边重合于上中线，另一边划出 B（B'）点，然后分别过 B（B'）点用90°角尺划出 C、D（D'）点，连接 BD（$B'D'$）和下盖板的 DD'
排孔		排孔主要是如何保证孔距的公差，对纵向孔距尺寸，应以横向中线为基准向两边量取横向的孔距，应以纵向中线为基准，向两边量取

第三章 各种构件的钣金展开

1. 投影法有哪些分类?

答: 通常把投影法分为两类,即中心投影法和平行投影法。

中心投影法如图 3-1 所示。如果要把 P 平面外的一段曲线 AB 投影在 P 平面上,则可在 P 平面外选择任何一点 S,并由 S 点向曲线上所有的点引直线并延长,在 P 平面上得到所有线的交点连接起来就得到曲线 AB 在平面 P 上的投影图形曲线 ab。图 3-1 中,S 点称为投影中心,P 平面称为投影面。由 S 点发出,到曲线 AB 上任一点的直线称为投影线,曲线 ab 图形则是曲线 AB 在 P 平面上的中心投影。这种投影的方法就叫做中心投影法。

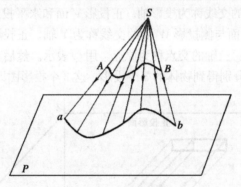

图 3-1 中心投影法

平行投影法如图 3-2 所示。若设想将 S 点移开到离 P 平面外无穷远的地方,这时投射线就如同地面上的太阳光线一样彼此平行,如果将和 P 平面平行的四边形 $ABCD$ 投射到 P 平面上,这样投射面上得到投影的方法就叫做平行投影法。

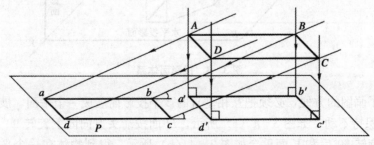

图 3-2 平行投影法

在平行投影法中如果投影线与投影面成直角相交，得到的投影为正投影，叫做正投影法（图 3-2 中右）。这样得到的图形叫做正投影图。图中四边形以 $a'b'c'd'$ 就是四边形 $ABCD$ 的正投影图。这种方法也是钣金图样中最常用的表达方法。如投影线与投影面为不等于 90°的斜角，得到的投影为斜投影，叫做斜投影法（图 3-2 中左边），图中四边形 $abcd$ 就是四边形 $ABCD$ 的斜投影图。

2. 三视图如何形成，投影规律是什么？

答： 在正投影制图时，假设人的视线为投影线，把看见的轮廓线用粗实线表示，看不见的轮廓线用虚线表示，这样在投影面上所得到的投影图称为视图。但仅有一个视图是无法完全表达出物体的形状和大小，必须从不同的方向进行投影，才能完整地反映出物体的真实形状和大小。不同方向投影的视图均叫做基本视图。在常见的工程图中一般采用 3 个视图来表达工件的形状。当 3 个视图还不能表达清楚时可适当增加基本视图或用其他视图来进行表达。

为了表达物体的形状，通常采用互相垂直的 3 个投影面，建立一个三面投影体系。如图 3-3 所示，正立位置的投影面称为正投影面，用 V 表示。水平位置的投影面称为水平投影面，用 H 表示。侧立位置的投影面称为侧投影面，用 W 表示。两投影面的交线称为投影轴。正投影 V 面和水平投影 H 面的交线称为 X 轴。水平投影 H 面与侧投影 W 面的交线称为 Y 轴。正投影 V 面与侧投影 W 面的交线称为 Z 轴。三轴的交点称为原点，用 O 表示。然后在三投影面体系中，用正投影的方法，分别得到物体的 3 个投影，这 3 个投影图即是物体的三视图。

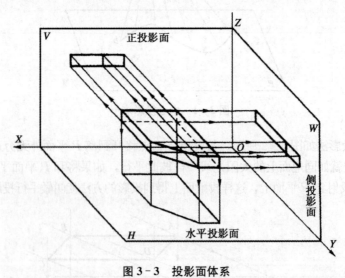

图 3-3　投影面体系

为了画图的方便，必须把互相垂直的 3 个投影面展成一个平面，展开时规定 V 面保持不动，如图 3-4（a）所示，H 面按箭头方向向下旋转 90°，将 W 面向左旋转 90°后和 V 面重合如图 3-4（b）所示，得到物体在一个平面上表示的三视图。V 面称为主视图，H 面称为俯视图，W 面称为左视图。国家标准《机械制图》中规定，按图 3-4（c）所示相对位置配置视图时一律不注视图的名称。

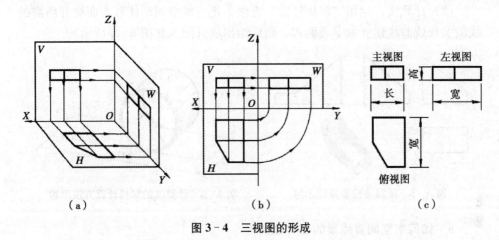

图 3-4 三视图的形成

三视图的 3 个视图在尺寸上是彼此关联的，而且是有一定规律的，所以识读三视图时应以这些规律为依据，找出 3 个视图中相对应的部分才能正确地想象出物体的结构形状。

从图 3-4 三视图的形成中可以看出，主视图反映了物体的高度和长度；俯视图反映了物体的宽度和长度；左视图反映了物体的高度和宽度。也就可以看出，物体的高度由主视图、侧视图同时反映，长度由主视图、俯视图同时反映，宽度由俯视图、侧视图同时反映出来，由此就可得出物体三视图的投影规律：

主视图与俯视图长对正；主视图与左视图高平齐；俯视图与左视图宽相等。

简单记忆可以说：长对正，高平齐，宽相等。而且在三视图中不仅整个物体要符合这个投影规律，就是物体上每个组成部分在三视图中都要符合上述投影规律。

3. 什么叫放样，什么叫展开画法？

答： 把施工图的图形按 1:1 在地板或钢板上画出实际大小的图样叫放样。

放样的第一步是按施工图画出实样；第二步是根据工件形状适当地增添辅助线和去掉施工图与求展开图不必要的部分；第三步是在放样的同时求出工件的结合线，然后求出展开图。把以上的 3 个方面合起来的过程，一般叫做展开画法，简称为展开图法。

4. 作展开图有哪些基本方法？

答： 展开作图实质是求得需展开构件各表面的实形并依次展开，以便考虑板厚处理。展开作图方法有图解法（平行线法、放射线法和三角形法）、计算法、

41

程编公式展开法、软件贴合形体法、经验展开法。图解法和计算法的原理如下：

（1）图解法：运用"投影原理"把三维空间形体各表面实体摊平到一个平面上（如图 3-5 所示）。

（2）计算法：运用"解析计算"方法，把三维空间形体各表面展开所需的线段实长或曲线建立数学表面式，而后绘出展开图（如图 3-6 所示）。

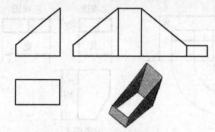 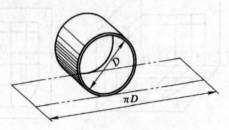

图 3-5　图解法投影原理示意　　　图 3-6　计算法的解析计算方法示意

5. 如何求空间直线段的三种位置？

答：求构件各表面的实形时，往往会遇到需先求出平面各边长的问题。空间直线段的三种位置见表 3-1。

表 3-1　　　　　　　　　　　空间直线段的三种位置

三种位置	投影图	立体图与三视图
一般线——EF 与三投影面都倾斜的空间直线投影特点——三个投影都不反映实长		
平行线——AC 与一个投影面平行的空间直线（与另外投影面倾斜）投影特点——有一个投影反映实长（$a'c'$）		

42

三种位置	投影图	立体图与三视图
垂 直 线——AB 与一个投影面垂直的空间直线（与另外投影面平行） 投影特点——有两个投影反映实长 $a'b'=ab$	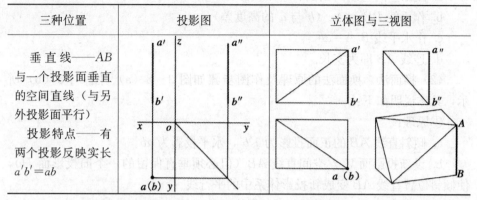	

6. 如何求直线段实长?

答: 图解法中经常会遇到求直线段实长的问题，所以要掌握其方法。由于一般位置直线的三面投影都不反映实长，所以要通过下述投影改造的方法来求。如 V 为垂直面，H 为正投影中水平面，求一般位置线段实长的方法有：直角三角形法、换面法、旋转法和计算法等。其原理和作图步骤如下：

（1）直角三角形法。直角三角形法的原理及作图步骤如图 3-7（a）、图 3-7（b）所示，具体说明如下：

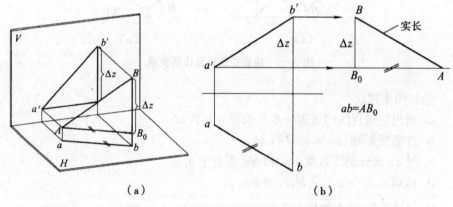

（a）　　　　　　　　　　　（b）

图 3-7　直角三角形法原理及作图步骤

①原理：

a. 倾斜直线 AB〔如图 3-7（a）所示〕的正面投影为 $a'b'$，水平投影为 ab。

b. 空间直角三角形中，斜边为空间直线 AB，底边为 $AB_0=ab$（该直线的水平投影），另一直角边 $BB_0=\Delta z$（B、A 两点的高度差）。

②作图步骤〔如图 3-7（b）所示〕：

a. 画出空间直线的正面、水平投影 $a'b'$ 和 ab。

b. 作垂线 $BB_0=\Delta z$（b' 与 a' 的高度差）。

c. 作水平线 $B_0A=ab$。

d. 连线 AB 即为实长。

（2）换面法。换面法的原理及作图步骤如图 3-8（a）、图 3-8（b）所示，具体说明如下：

①原理：

a. 倾斜直线 AB 的正面投影为 $a'b'$，水平投影为 ab。

b. 设新投影面 V_1 ∥ 空间直线 AB（但必须垂直保留的一个旧投影面 H），使倾斜位置直线 AB 变成新投影体系中的平行线。

c. 空间直线 AB 的新投影 $a_1'b_1'$ 便能反映实长。

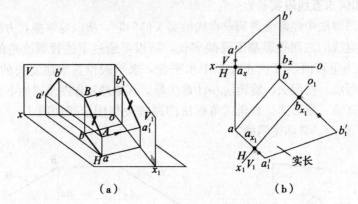

图 3-8　换面法原理及作图步骤

②作图步骤：

a. 画出空间直线的正面、水平投影 $a'b'$ 和 ab。

b. 作新投影轴（o_1x_1）平行 ab。

c. 过 a、b 分别作直线 aa_1' 和 bb_1' 垂直于 o_1x_1。

d. 截取 $a_1'a_{x_1}=a'a_x$；$b_1'b_{x_1}=b'b_x$。

e. 连线 $a_1'b_1'$ 即为实长。

（3）旋转法。旋转法原理及作图步骤如图 3-9（a）、图 3-9（b）所示，具体说明如下：

①原理：

a. 画出倾斜直线 AB 的正面投影为 $a'b'$，水平投影为 ab。

b. 将空间直线 AB 绕 Aa 轴（过 A 点的铅垂线）旋转到与正面投影平行的位置（AB_0）。

c. 正面投影 $a'b_0'$ 即为 AB 实长。

44

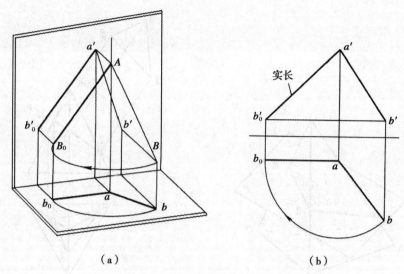

（a） （b）

图 3-9 旋转法原理及作图步骤

②作图步骤：

a. 画出空间直线 AB 的正面、水平投影 $a'b'$ 和 ab。

b. 确定旋转轴（过 A 点的铅垂线）。

c. 以 a 为圆心，以 ab 为半径画圆弧，再过 a 点画水平线 ab_0（∥ox 轴），两者交于 b_0，连线得到新水平投影 ab_0。

d. 过 b_0 作垂线，与过 b' 所作水平线交于 b_0'。

e. 连线 $b_0'a'$ 即为实长。

7. 如何划截交线？

答： 平面与立体表面相交，可以看做是立体表面被平面切割，如图 3-10 所示为平面与立体表面相交，切割立体的平面 P 称为截平面，截平面与立体表面的交线Ⅰ Ⅱ、Ⅱ Ⅲ、Ⅲ Ⅰ为截交线，截交线所围成的平面图形△Ⅰ Ⅱ Ⅲ称为截断面。平面与立体表面相交可以分为以下两种情形。

（1）平面与平面立体相交。这种截交线是由平面折线组成的封闭多边形。折线的各边是平面立体各棱线与截平面的交线，其各点则是平面立体各棱线与截平面的交点。因此，求作平面时，立体的截交线可有两种方法：一种是求各棱面与截平面的交线——棱面法；二种是求各棱线与截平面的交点并依次连接——棱线法。它们的实质都是求立体表面与截平面的共有线、共有点。作图时，两种方法可结合应用。例如求正垂面 P 与正三棱锥相交的截交线（如图 3-11 所示）。P 为正垂面，正面投影 P_V 有积聚性。

①用棱线法直接求出 P 平面与 sa、sb、sc 各棱的交点Ⅰ、Ⅱ、Ⅲ的正面投影 $1'$、$2'$、$3'$。

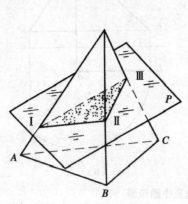

图 3 - 10 平面与立体表面相交　　　图 3 - 11　平面截切三棱锥时截交线的画法

②分别求出各点的水平投影 1、2、3。其中点 Ⅱ 所在的 sb 棱为侧平线，不能直接求出该点的水平投影 2。

③为求得点 Ⅱ 的水平投影，过点 Ⅱ 在 sbc 棱面上作水平辅助线。即引 $2'—2'$ 平行于 $b'c'$，再由 $2''$ 引下垂线与 sc 相交（没注符号）。

④由 sc 交点引与 bc 平行的线交 sb 于 2 点。连接 1—2—3—1 即为所求截交线的水平投影。若截交线所在的表面可见，则截交线可见；反之则不可见。

求截断面△ⅠⅡⅢ的实形，可采用一次换面法。

（2）平面与曲面立体相交。平面与曲面立体相交，其截交线为平面曲线。曲线上的每一点都是平面与曲面立体表面的共有点。所以，要求截交线，就必须找出一系列共有点，然后用光滑曲线把这些点的同名投影连接起来，即得所求截交线的投影。作曲面立体的截交线，有如下两种基本方法：

第一，素线法：在曲面体上取若干素线，求每条素线与截平面的交点，然后依次相连成截交线；

第二，纬线法：在曲面体（一般为回转体）上取若干纬线（一般为平行于投影面的圆），求每条纬线与截平面的交点，然后依次相连成截交线。

常见的曲面基本几何体的截切情况如下：

①柱：平面截切圆柱时，由于平面对圆柱轴线的相对位置不同，其截交线可有三种情况：

a. 圆。截平面与圆柱轴线垂直［如图 3 - 12 （a）所示］。

b. 平行两直线。截平面与圆柱轴线平行［如图 3 - 12 （b）所示］。

c. 椭圆。截平面与圆柱轴线倾斜［如图 3－12（c）所示］。

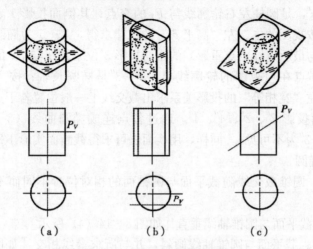

图 3－12　圆柱面的截交线示意

圆柱被正垂面 P 截切时的截交线投影如图 3－13 所示。

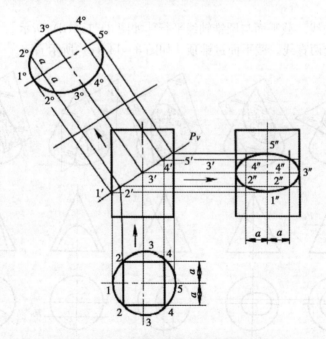

图 3－13　平面截切圆柱时截交线的画法

由于截平面与圆柱轴线倾斜，所以截交线是椭圆。截交线的正面投影积聚于 P_V，水平投影积聚于圆周。侧面投影在一般情况下为一椭圆，需通过取素线求点的方法作出。

47

先求特殊点：截交线的最左点和最右点（同时也是最低点和最高点）的正面投影 $1'$、$5'$，是圆柱左右轮廓线与 P_v 的交点；其侧面投影 $1''$、$5''$ 位于圆柱轴线上，可按视图的主、左"高平齐"的规律求得，$1''—5''$ 为椭圆短轴；截交线的最前点与最后点（两点重影）的正面投影 $3'$ 位于轴线与 P_v 的交点；其侧面投影 $3''$、$3''$ 点在左视图的轮廓线上，$3''—3''$ 是椭圆长轴；按主、左"高平齐"和俯、左"宽相等"的投影关系求出截交线上一般位置若干点的正面投影 $2'$、$4'$ 和侧面投影 $2''$、$2''$、$4''$、$4''$。通过各点连成椭圆曲线（$3''—1''—3''$ 为可见，$3''—5''—3''$ 为不可见）。同样，用换面法可求得截断面实形 $1°2°3°4°5°4°3°2°1°$，也为一椭圆。

②圆锥：圆锥截交线随截平面与圆锥面的相对位置不同而不同，一般有五种。

a. 圆。截平面与圆锥轴线垂直［如图 3-14（a）所示］。

b. 椭圆。截平面与圆锥轴线倾斜，并与所求素线相交［如图 3-14（b）所示］。

c. 抛物线。截平面与圆锥轴线相交且平行一母线［如图 3-14（c）所示］。

d. 双曲线。截平面与圆锥轴线平行［如图 3-14（d）所示］。

e. 相交两直线。截平面过锥顶［如图 3-14（e）所示］。

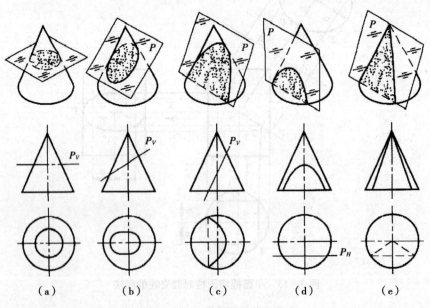

图 3-14　圆锥面的截交线

圆锥被正垂面 P 截切时的截交线的投影和截断面实形如图 3-15 所示。

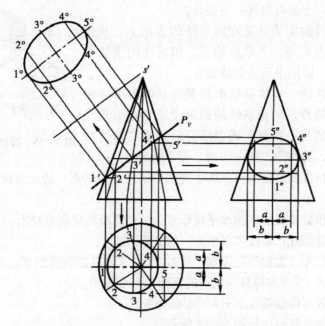

图 3‑15　平面截切圆锥时截交线的画法

截平面 P 与圆锥所有素线相交，截交线为一椭圆。截平面为正垂面，截交线的正面投影积聚于 P_v，而水平投影仍为椭圆。为了找出椭圆上任意点的投影，可用素线或纬线法。

先求特殊点：P 平面与圆锥母线交点的正面投影 1′、5′ 为椭圆长轴的两端点，其水平投影在俯视图水平中心线上，按"长对正"投影关系直接画出为 1、5；短轴为正垂线垂直于正投影面，在 1′—5′ 线的中点 3′，过 3′ 向锥顶引素线，并画出素线的水平投影，则 3′ 点的水平投影必在该素线的水平投影上，可按"长对正"求得短轴两端点的水平投影 3、3；为了画出截交线的水平投影——椭圆，还须求出一般位置若干点的投影，即在主视图截交线，以 3′ 点为中心，左右对称截取 2′、4′ 两点（不在各线段的中点），同样用素线法求出各点的水平投影 2、4，通过各点连成椭圆曲线得截交线的水平投影。

截交线的侧面投影仍为椭圆。可根据截交线的正面投影和水平投影，按"高平齐、宽相等"的投影关系求点画出。

截断面实形为椭圆，可用换面法求得。

8. 如何划相贯线？

答：多个形体互相贯穿交接时，其表面上产生的交线称为相贯线。相贯线的形状各异，但都具有两个特性：一是两形体表面的共有线，也是两形体的分界线；二是封闭的（如图 3‑16 所示）。由于相贯线是相交两形体表面的共有线和分界线，于是可将其一一展开。

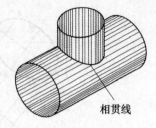

图 3-16　异径正交三通管

求相贯线的实质就是在两形体的表面上，找出一定数量的共有点，并依次连接。相贯线的求法主要有素线法、辅助平面法和球面法。

（1）素线法。本法是依据相贯线是两形体表面共有线这一特性。从相贯线的积聚投影分点引素线求出相贯线的另一投影。现以求异径正交三通管的相贯线为例，其作图步骤（如图 3-17 所示）：

①画出相贯线的最高点（即主视图中的左、右端点）的正面投影 1′、1′和水平投影 1、1。

②画出相贯线最前点的水平投影 3，在支管断面竖直直径上，其正面投影 3′点，可由侧视图上 3″按“高平齐”的关系求出。

③按俯、左“宽相等”原则，通过 2、2 求得其侧面投影 2″、2″。

④根据 2、2″点求得其一般点的正面投影 2′、2′。

⑤连接各点得相贯线 1′—3′—1′即为所求。

相贯线的简便画法如图 3-18 所示。

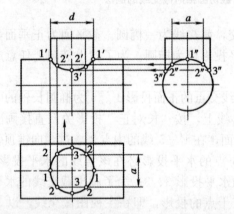

图 3-17　用素线法求异径正交三通管的相贯线

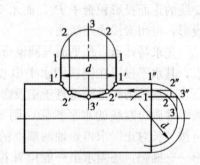

图 3-18　相贯线的简便画法

上述求相贯线的作图方法是通过俯视图支管断面等分点及其对应的侧面投影求出其正面投影。为简化作图过程，实际工作中求这类构件的相贯线多不画出俯视图和左视图，而是在主视图中画出支管 1/2 断面并作若干等分取代俯视图；同时在主管轴线任意端画出两管 1/2 同心断面；再分支管断面为相同等分；将各等分点按主视图支管断面等分点旋转 90°，投影至主管断面圆周上，取代俯、左视图“宽相等”的投影关系。

（2）辅助平面法。其原理也是根据相贯线是相交两形体表面的共有线和分界线这一特性，它适用于截交线为简单几何图形（平行线、三角形、长方形、圆）的情况。

现以求圆管与圆锥管水平相交的相贯线为例，其作图步骤如图 3-19 所示。

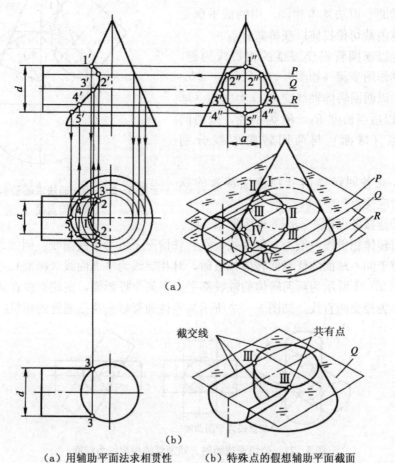

（a）用辅助平面法求相贯性　　（b）特殊点的假想辅助平面截面

图 3-19　用辅助平面法求圆管与圆锥管水平相交的相贯线

①按已知尺寸画出相贯体三面视图，8 等分左视图圆管断面圆周，等分点为 $1''$，$2''$，$3''$，$4''$，$5''$，…，$2''$。

②由等分点引水平线得与主视图轮廓交点，由圆锥母线各交点引下垂线交俯视图水平中心线上各点。

③以 s 为圆心，以它到各交点距离为半径画出三个同心圆，得与圆管断面圆周等分点转向所引素线的水平投影交点为 2、3、4。

④由 2、3、4 点引上垂线，与前所引各水平线（纬线）对应交点 $2'$、$3'$、$4'$ 为相贯线上一般点和最前点的正面投影。

⑤连接各点得相贯线 $1'$—$3'$—$5'$ 即为所求（水平投影 3—1—3 为可见曲

线；3—5—3 为不可见曲线）。

（3）球面法。本法特别适用于求回转体在倾斜相交情况下的相贯线，其基本原理与辅助平面法基本相同，用的截平面是通过球内截切相贯体以获得共有点。

现以求圆管斜交圆锥的相贯线为例，说明其作图步骤（如图 3-20 所示）：

①以两回转体轴线交点 O 为中心（球心），以适当长度 R_1、R_2 为半径，画两同心圆弧（球面）与两回转轮廓线分别相交；

②在各回转体内分别连接各弧的弦线，对应交点为 2、3；

③连接各点得 1—3—4 即为所求。

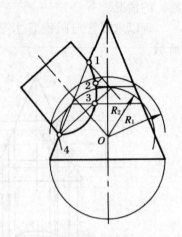

图 3-20　用球面法求圆管斜交圆锥的相贯线

回转体相贯线一般为空间曲线，在特殊情况下可为平面曲线。例如，当两个外切于同一球面的任意回转体相贯时，其相贯线为平面曲线（椭圆）。此时，若如图 3-21 所示为两回转体的轴线都平行于某个投影面，则相贯线在该面上的投影为相交两直线。如图 3-22 所示为等径圆管弯头及三通管的相贯线。

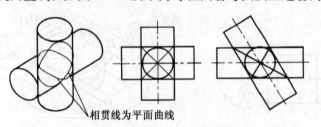

相贯线为平面曲线

图 3-21　公切于球面时，四通管的相贯线为椭圆

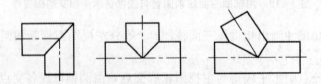

图 3-22　等径圆管弯头及三通管的相贯线为两直线

9. 断面实形的求法有哪些？

答：求取断面实形是展开放样的重要内容之一，它与断面实形图既有联系，又有不同。前者一般是指截平面沿基本形体轴线垂直或平行截切所得图形；而一般所说的断面图，多数指构件的端面视图，它是作构件展开图时确定

周长伸直长度的依据。

通常运用求截交线的投影法求构件的截断面实形，现以求矩形锥筒内四角角钢角度为例说明 [如图 3－23（a）所示]。

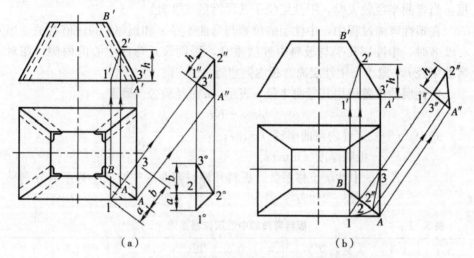

图 3－23　长方锥筒内角角钢角度及其简化求法

由于矩形锥筒内各侧面交线为一般位置线，在各面投影都不反映实长，所以要用二次换面法。作图步骤如下：

（1）按已知尺寸画出主视图和俯视图，由俯视图 AB 线上任意点 2，引 AB 的垂线得与底断面两边交点 1、3，由 1、2、3 点引上垂线，得与主视图底边和 A'B 交点为 1'、2'、3'（A'），令 2'点至底边高度为 h，1'—2'—3'（A'）表示俯视图 A 角两面的局部视图。

（2）用一次换面法求两面交线实长，在俯视图 1—3 延长线上，取 1"（3"）—2"等于主视图 h，由 1"引对 1"—2"的垂线，与由 A 引 AB 的垂线交于 A"，则 2"—A"即为两面交线部分实长。

（3）用二次换面法求两面交角，在 2"—A"延长线上作垂线 2—2°，与由 1"（3"）引与 2"—A"平行线交点为 2，取 1°—2、2—3°等于俯视图 1—2（＝a）、2—3（＝b），得 1°、3°点，连接 1°—2°、2°—3°，则∠1°2°3° 即为所求相邻两面交角，也就是角钢两面应有的角度，若在俯视图中取 2—2°等于夹角实形图 2—2°，则△12°3 与△1°2°3"全等。

为简化作图步骤，实际工作中只需通过一次换面法便可在俯视图中求出两面交角 [如图 3－23（b）所示]。

10．什么是板厚处理？

答：当板厚大于 1.5mm、零件尺寸要求精确时，作展开图就要对板厚进行处理，其主要内容是构件的展开长度、高度及相贯构件的接口等。

11. 板厚处理时，板料弯曲中性层位置是如何确定的？

答：板料或型材弯曲时，在外层伸长与内层缩短的层面之间，存在一个长度保持不变的中性层。根据这一特点，就可以用它来作为计算展开长度的依据。当弯曲半径较大时，中性层位于其厚度的1/2处。

在塑性弯曲过程中，中性层的位置与弯曲半径 r 和板厚 t 的比值有关。当 $r/t>8$ 时，中性层几乎与板料中性层重合，否则靠近弯曲中心的内侧。相对弯曲半径 r/t 愈小，中性层离弯板内侧愈近。

中性层的位置可用其弯曲半径 ρ 表示，ρ 由经验公式确定：

$$\rho=r+Kt$$

式中　r——工件内弯曲半径（mm）；

　　　t——板料厚度（mm）；

　　　K——中性层位移系数，板料和棒料弯曲的中性层位移系数分别见
　　　　　表3-2和表3-3。

表3-2　　　　　　　　　　板料弯曲的中性层位移系数

r/t	0.1	0.2	0.3	0.4	0.5	0.6	0.7	0.8	1.0	1.2
K	0.21	0.22	0.23	0.24	0.25	0.26	0.28	0.30	0.32	0.33
r/t	1.3	1.5	2.0	2.5	3.0	4.0	5.0	6.0	7.0	$\geqslant 8.0$
K	0.34	0.36	0.38	0.39	0.40	0.42	0.44	0.46	0.48	0.50

表3-3　　　　　　　　　　棒料弯曲的中性层位移系数

r/d	$\geqslant 1.5$	1.0	0.5	0.25
K	0.50	0.51	0.53	0.55

12. 单件板厚的处理方法有哪些？

答：单件的板厚处理主要考虑展开长度及制件的高度，其处理方法见表3-4。

表3-4　　　　　　　　　不同形状的构件板厚处理方法

名称	零件图	放样图	处理方法
圆管类			①断面为曲线形状，其展开以中径（d_1）为准计算（$R/\delta<4$除外），放样图画出中径即可 ②其高度 H 不变 ③展开长度 $L=\pi d_1$

续表

名称	零件图	放样图	处理方法
矩形管类	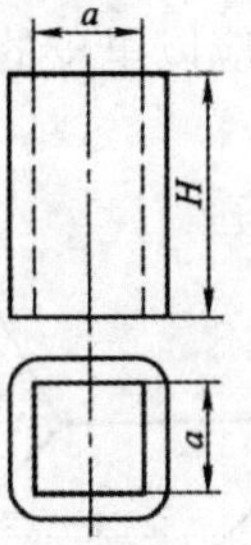	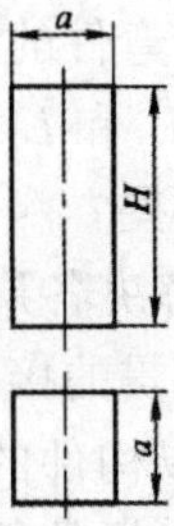	①断面为折线形状，其展开以里皮为准计算，放样图画出里皮即可 ②其高度 H 不变
圆锥台类	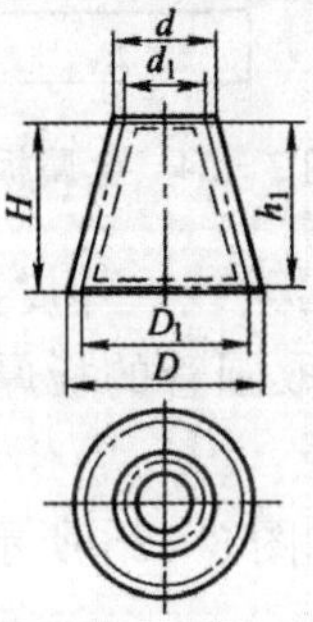	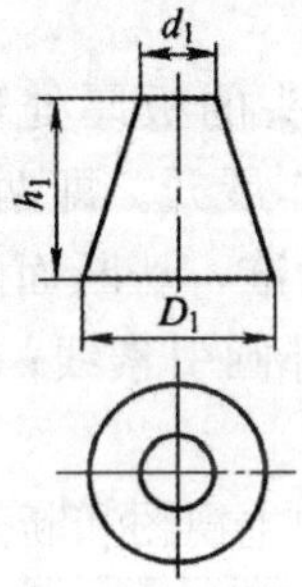	①上下口断面均为曲线状，其放样图上、下口均以中径（d_1、D_1）为准 ②因侧表而倾斜，其高度以 h_1 为准
棱锥台类	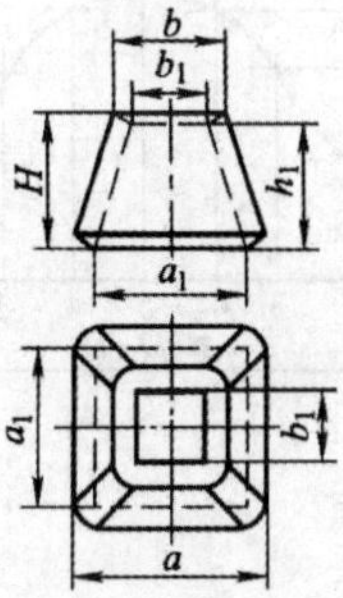	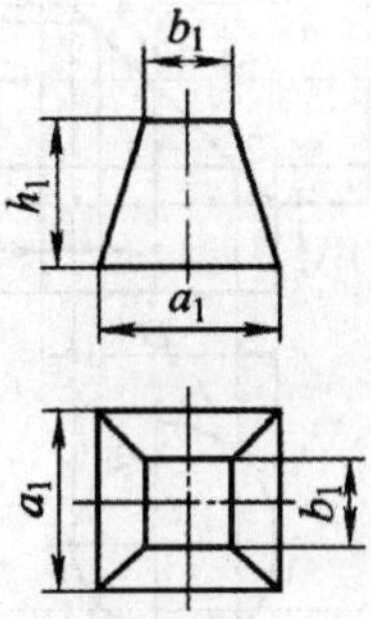	①上、下口断面均为折线状，其放样图上、下口均应以里皮（a_1、b_1）为准 ②因侧表面倾斜，其高度以 h_1 作为放样基准线
上圆下方类	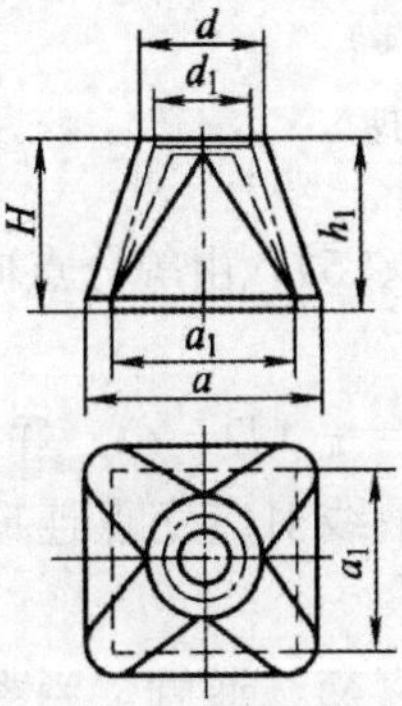	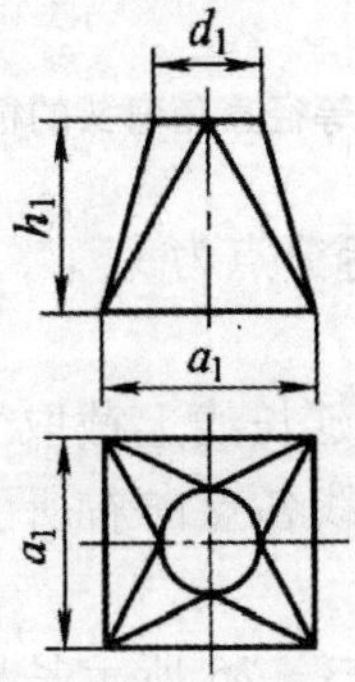	①上口断面为曲线状，放样图应取中径（d_1），下口断面为折线状，故放样图应以里皮（a_1）为准 ②因侧表面倾斜，其高度应以 h_1 作为放样的基准线

55

13. 弯折件的板厚处理方法是什么？

答：金属板弯折时（断面为折线状）的变形与弯曲成弧状的变形是不相同的。弯折时（半径很小，接近于零），板料的里皮长度变化不大，板料的中心层和外皮都发生较大伸长。因此，折弯件的展开长度，应以里皮的展开长度为准（如图 3-24 所示）。展开长度为 L_1 和 L_2 之和。

14. 相贯件的板厚处理方法有哪些？

答：相贯件的板厚处理，除需解决各形体展开尺寸的问题外，还要处理好形体相贯的接口线。板厚处理的一般原则是：展开长度以构件的中性层尺寸为准，展开图中曲线高度是以构件接触处的高度为准。

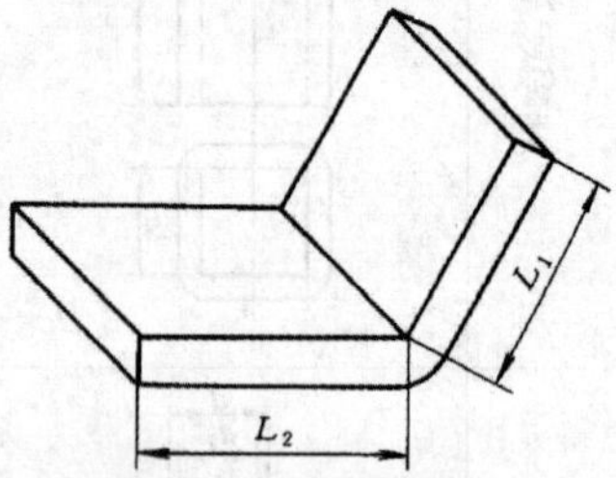

（1）等径直角弯头。圆管弯头的板厚处理，应分别从断面的内、外圆引素线作展开。即两管

图 3-24　金属板的折弯

里皮接触部分，以圆管里皮高度为准，从断面的内圆引素线；外皮接触部分，以圆管外皮高度为准，从断面的外圆引素线；中间则取圆管的板厚中性层高度。作图步骤如下：

①据已知尺寸画出两节弯头的主视图和断面图（如图 3-25 所示）。

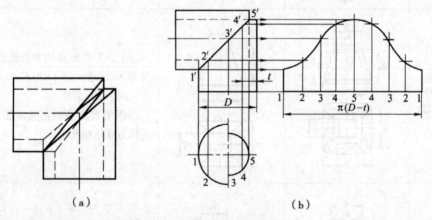

图 3-25　等径直角弯头的板厚处理

②4 等分内外断面半圆周（等分点为 1、2、3、4、5），由等分点向上引垂线，得与结合线 $1'$—$5'$ 交点。

③作展开图，在主视图底口延长线上截取 $1—1 = \pi(D - t)$，并 8 等分，由等分点向上引垂线，与由结合线各点向右所引水平线对应交点连成光滑曲线，即得弯头展开图。

（2）异径直交三通管。如图 3-26 所示是异径直交三通管。当考虑板厚

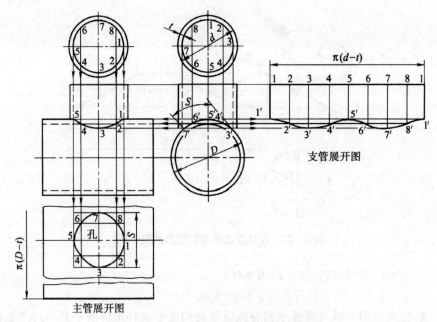

图 3 - 26　异径直交三通管的板厚处理

时，由左视图可知，支管的里皮与主管的外皮相接触，所以支管展开图中各素线长以里皮高度为准；主管孔的展开长度以主管接触部分的中性层尺寸为准；大小圆管的展开长度均按各管的平均直径计算。

15. 被平面斜截后圆柱管构件的计算公式有哪些？

答：圆柱面被平面斜截后的截面形状是平面椭圆，而被斜截后的圆柱面椭圆截面的展开线是以圆柱展开周长为周期，以截面在轴线位置上 r 为振幅的正弦曲线，如图 3 - 27 所示。

这种形体在钣金展开放样中经常遇到，下面介绍这种形体的程编计算展开通用计算公式和专用计算公式，并在部分例题中代入具体数值算出展开实长线尺寸。这种形体的展开只要求出截面与圆柱轴线垂面的夹角后就可用计算公式程编计算展开，如能熟练掌握程编运算过程，此种方法应是圆柱管构件展开中最实用而又快速准确的展开方法。

（1）通用计算公式。被平面斜截圆柱管的展开计算通用公式：

$$x_n = \tan\alpha\left(L - R\cos\frac{180°l_n}{\pi r}\right) \tag{3-1}$$

式中　x_n——圆周 l_n 值对应素线实长值；

　　　α——截面和圆柱管轴线的垂面间的夹角；

　　　L——截面和圆柱管轴线的垂面的交线到圆柱管轴线的距离；

　　　R——圆柱管放样图半径；

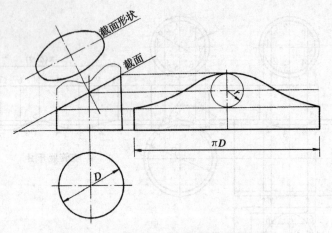

图 3-27　圆柱面被平面斜截后的展开图

r——圆柱管展开图用半径；

l_n——圆周展开长度、运算变量（$0\sim2\pi r$）。

此公式通用于圆柱管被平面斜截后各种构件中这种形体的展开，对于放样半径和展开半径是否相同都不必考虑，直接套用公式就可计算圆周展开的各素线实长值。而且在计算时直接用 $l_n=\pi r$ 或 $l_n=2\pi r/3$ 的值输入运算就可得出半圆周和 2/3 圆周等中心线位置的素线实长值，使作图十分方便。公式示意如图 3-28 所示。

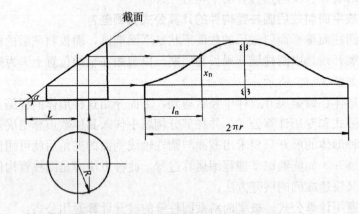

图 3-28　平面斜截圆柱管的展开示意图

（2）专用计算公式。以上介绍的通用计算公式一般可以适合这种形体在各种构件中的展开计算，在展开运算时不必考虑放样半径和展开半径的不同会在做展开图时带来错误，尤其对施工中习惯求出圆周展开时 4 个中心线的位置也十分方便。但在一般书籍和现场施工中仍习惯用等分圆周或等分角度的做法，

所以对这两种作法也列出计算公式，供读者参考。而且它们也只是前面公式的
演变，也较适合特殊情况的使用，我们将在后面题型中讨论。公式示意如图3
-29所示。

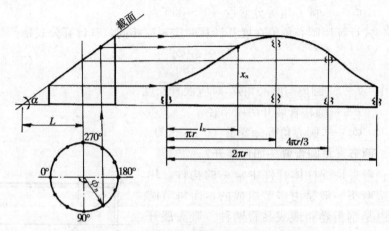

图3-29 平面斜截圆柱管的展开示意图

①斜截圆柱管的圆周等分展开计算公式：

$$x_n = \tan\alpha\left(L - R\cos\frac{180°n_x}{n}\right) \qquad (3-2)$$

式中　x_n——圆周 n_x 等分点对应素线实长值；

　　　α——截面和圆柱管轴线的垂面间夹角；

　　　L——截面和圆柱管轴线垂面的交线到圆柱管轴线的距离；

　　　R——圆柱管放样图半径；

　　　n——圆柱管半圆周等分数；

　　　n_x——等分变量（0～2n）。

此公式计算展开用周长等分点距离应和展开计算时的等分相同，其计算公
式是：

$$l_n = \frac{\pi r n_x}{n} \qquad (3-3)$$

式中　l_n——圆周等分数 n_x 对应展开长度；

　　　r——圆柱管展开图用半径；

　　　n——圆柱管半圆周等分数；

　　　n_x——等分变量（0～2n）。

②斜截圆柱管的角度等分展开计算公式：

$$x_n = \tan\alpha \, (L - R\cos\phi_n) \qquad (3-4)$$

式中　x_n——角度 ϕ_n 等分对应素线实长值；

α——截面和圆柱管轴线的垂面间夹角；

L——截面和圆柱管轴线的垂面的交线到圆柱管轴线的距离；

R——圆柱管放样图半径；

ϕ_n——圆心角等分变量（$0°\sim360°$）。

此公式计算用圆心角值在展开计算时应对应相同，其计算公式是：

$$l_n = \frac{\pi r \phi_n}{180} \qquad\qquad (3-5)$$

式中　l_n——圆周与圆心角ϕ_n对应展开长度；

r——圆柱管展开图用半径；

ϕ_n——圆心角等分变量（$0°\sim360°$）。

16. 两节直角圆管弯头如何展开？

答：弯头是圆柱体管件中常见的构件。用圆管制造弯头一般是由多节组成的，而每节圆管又可以是钢板卷制或成品管两种。弯头展开放样中必须考虑相贯线的板厚关系。如图3-30所示为钢板卷制的两节直角圆管弯头。

（1）用程编计算公式法展开：为便于说明展开方法，我们将构件代入具体数值。

如图3-30所示，设$D=1000$mm，$\delta=10$mm，$H=1000$mm，$n=16$，采用式（3-2）和式（3-3）计算：

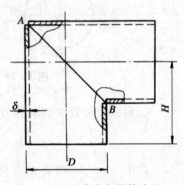

图3-30　两节直角圆管弯头

$$x_n = \tan\alpha \left(L - R\cos\frac{180° n_x}{n} \right)$$

$$l_n = \frac{\pi r n_x}{n}$$

式中　$\alpha = 45°$；

$L = H\tan\alpha = 1000\text{mm} \times \tan 45° = 1000\text{mm}$；

$R = \dfrac{D}{2} = \dfrac{1000\text{mm}}{2} = 500\text{mm}$（用于$n_x = 0\sim8$等分时）；

$R' = \dfrac{D}{2} - \delta = \dfrac{1000\text{mm}}{2} - 10\text{mm} = 490\text{mm}$（用于$n_x = 8\sim16$等分时）

$n = 16$（圆周展开$\pi(D-\delta) = 3110$mm）

$r = \dfrac{D-\delta}{2} = \dfrac{1000-10}{2}\text{mm} = 495\text{mm}$

将以上数据代入公式得：

$$x_n = \tan 45° \times \left(1000\text{mm} - 500\text{mm} \times \cos\frac{180° n_x}{16} \right) \quad (n_x = 0\sim8 \text{ 时})，$$

$$x_n = \tan 45° \times (1000\text{mm} - 490\text{mm} \times \cos \frac{180°n_x}{16}) \quad (n_x = 8\sim16 \text{ 时})$$

$$l_n = \frac{495\text{mm}\,\pi n_x}{16}$$

因构件展开图形是对称图形，所以只要做半圆周 16 等分展开计算就可以做出全部展开图形。为了作展开图时的方便，根据 l_n 的值可做出 32 等分的全部展开图形，同时也可输入 n_x 的几个等分点对 x_n 的值进行检验或全部算出，因程编运算可十分方便地得出结果，故使作展开图形时更加方便。现将上面三个计算式进行程编运算，所得结果见表 3-5。

表 3-5　　　　　　　　　　　　两节直角圆管弯头的展开计算值

变量 n_x 值	对应 l_n 值（mm）	对应 x_n 值（mm）（R=500mm）	对应 x_n 值（mm）（R=490mm）	变量 n_x 值	对应 l_n 值（mm）	对应 x_n 值（mm）（R=500mm）	对应 x_n 值（mm）（R=490mm）
0	0	500	—	17	1652.3	—	1480.6
1	97.2	509.6	—	18	1749.5	—	1457.7
2	194.4	538.1	—	19	1846.7	—	1407.4
3	291.6	584.3	—	20	1943.9	—	1346.5
4	388.3	646.4	—	21	2041.1	—	1272.2
5	486	722.2	—	22	2138.2	—	1187.5
6	583.2	808.7	—	23	2235.4	—	1095.6
7	680.4	907.5	—	24	2332.6	1000	1000
8	777.5	1000	1000	25	2430	907.5	—
9	874.4	—	1095.6	26	2527	808.7	—
10	971.9	—	1187.5	27	2624.2	722.2	—
11	1069.1	—	1272.2	28	2721	646.4	—
12	1166.3	—	1346.5	29	2818.6	584.3	—
13	1263.5	—	1407.4	30	2915.8	538.1	—
14	1360.7	—	1457.7	31	3013	509.6	—
15	1457.9	—	1480.6	32	3110.2	500	—
16	1555.1	—	1490	—	—	—	—

展开图形作法：取线段长度为 3110.2，并将线段按表 3-5 中 l_n 的数值进行 32 等分取点，过各点作线段的垂线，在各垂线上按表 3-5 中 32 等分的各对应 x_n 值取点，然后光滑连接各点就可得到全部展开图，如图 3-31 所示。

圆管的展开等分数一般施工中以 50～100 作等分较合适。本节中图解法展开时，为使图线清楚一般采用 12 等分，实际施工时可根据管径大小来决定等分数。在计算法展开的例题中均采用 50～100mm 长度范围作展开等分，此例展开长度为 3110.2mm，所以用 32 等分。

（2）用图解法展开。此构件在接点 A 处是内壁相交，在接点 B 处是外壁

61

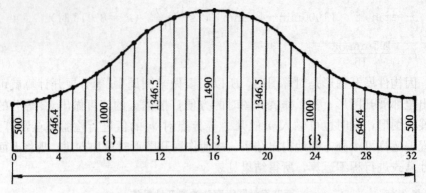

图 3-31　两节直角圆管弯头的计算展开图

相交，所以需以接点 A 的内壁点和接点 B 的外壁点至圆管中心点为基准来做弯头展开曲线，因此圆管放样图分别各以 $D/2$ 和 $D/2-\delta$ 为半径来作图，如图 3-32 所示。因为直角弯头构件的两节圆管完全相同，所以仅做一节圆管的展开就可以了。

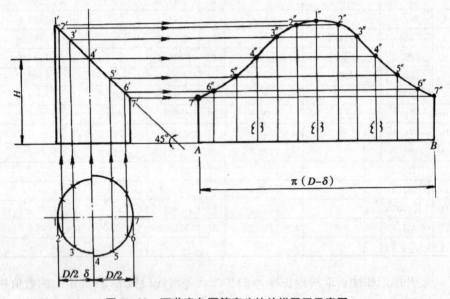

图 3-32　两节直角圆管弯头的放样展开示意图

此构件用平行线法展开。将两个半圆在平面图中各作六等分得 1，2，3…6，7 各点，由各点上引轴线的平行线交相贯线得 $1'$，$2'$，$3'$…$6'$，$7'$ 各点，沿正视图底边作水平线，在线上截取线段等于展开周长 $\pi\ (D-\delta)$，并 12 等分，过各等分点作垂线与过 $1'$，$2'$，$3'$…$6'$，$7'$ 所做水平线交于 $1''$，$2''$，$3''$…$6''$，$7''$ 各点。光滑连接各点即得到构件的全部展开图形。

17. 四节圆管弯头如何展开？

答：如图 3-33 所示为四节圆管弯头的投影图。本例用程编计算公式法展开。

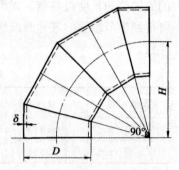

图 3-33 四节圆管弯头示意

（1）形体分析。和三节弯头相同，如果将 90°角分为 6 等分，即得到 6 个相同的圆管部分，只要计算作出一部分的展开图就可得到全部的展开图。设 $D=377$mm、$\delta=10$mm、$H=350$mm，已知 90°角 6 等分后每等分为 15°。此圆管件因焊接的条件要求结合处均作外坡口处理，这样结合处就均是内壁接触，所以放样图半径即应是 $R=178.5$mm，而如用成品管制造时画线样板的展开半径即应是 $r=189.5$mm，并且展开是对称图形，作半圆周展开计算即可。

（2）作计算和展用草图。如图 3-34 所示，为提高展开精确度，计算时半圆周作 12 等分计算，而在样板制作时可根据曲线情况选用。

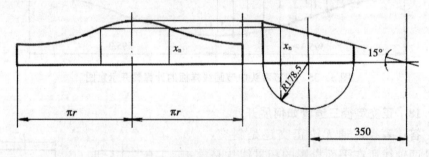

图 3-34 四节圆管弯头计算放样草图

（3）选用展开计算公式（3-2）和公式（3-3）计算。

$$x_n = \tan\alpha\left(L - R\cos\frac{180°n_x}{n}\right)$$

$$l_n = \frac{\pi r n_x}{n}$$

式中已知：$\alpha=15°$，$L=H=250$mm，$R=178.5$mm，$r=189.5$mm，$n=12$。

代入公式得：$x_n = \tan 15°\left(350 - 178.5 \times \cos\frac{180°n_x}{12}\right)$；

$$l_n = \frac{189.5\pi n_x}{12}$$

以 n_x 为变量程编计算得到的 x_n 和 l_n 的对应计算值见表 3-6。

（4）圆管画线样板作法。如图 3-35 所示，取线段长等于 595.3mm，在线段上作 12 等分。过各等分点作线段的垂线，在各垂线上分别截取 x_n 所对应

63

的 l_n 的值的长度得各点。光滑连接各点即得到半圆周的展开曲线，对称作图就可得到半节圆管的展开画线样板。再对称作图就可得到中间节的展开画线整体样板。

表 3-6　　　　　　　　　四节圆管弯头展开计算值

变量 n_x 值	0	1	2	3	4	5	6	7	8	9	10	11	12
对应 l_n 值（mm）	0	49.6	99.2	148.8	198.4	248	297.7	347.3	396.8	446.5	496	545.7	595.3
对应 x_n 值（mm）	46	47.6	52.4	60	69.8	81.4	93.8	106.2	117.7	127.6	135.2	140	141.6

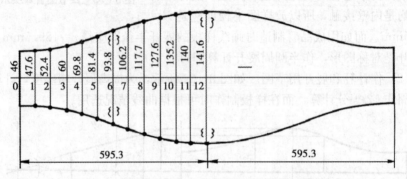

图 3-35　四节弯头中节画线样板的计算展开示意图

18. 正交等径三通管如何展开？

答：等径三通无论正交还是斜交，相交两轴线所在平面投影的相贯线均是直线，并且平分两轴线夹角，同时也是圆柱体被平面斜截后的截面部分投影，所以三通的展开仍可以利用平面斜截圆柱管的展开计算公式来进行计算展开。如图 3-36 所示为正交等径三通的投影图。

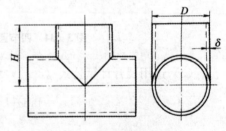

图 3-36　正交等径三通管

从图 3-36 所示中可以看出，两条相贯线相同并且同为 1/4 圆周部分相贯线的重叠投影。相交两管的展开在相贯线部分为曲线，而且由 4 条相同曲线组成，管截面在曲线以外部分的展开是一个矩形，对于这种形体的展开可以用斜截圆柱管的角度等分计算公式来进行程编计算展开，用计算法展开此构件的计算公式是式（3-4）和式（3-5）。

$$x_n = \tan\alpha\,(L - R\cos\phi_n) \quad \text{和} \quad l_n = \frac{\pi r \phi_n}{180}$$

当 $R = L$ 时，式（3-4）就变成下面公式：

$$x_n = R\tan\alpha\ (1-\cos\phi_n) \tag{3-6}$$

用式（3-6）计算的结果就是没有了圆管的直段部分，需要在展开作图时加上直段部分，此公式的示意图如图3-37所示。用程编计算公式法展开。

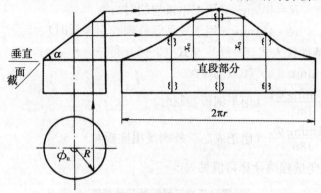

图3-37 平面斜截圆柱管的展开图

（1）从如图3-36所示的投影图中可以看出，此构件的相贯线处是外壁接触，在没有加工坡口要求的情况时就应以圆管外径画出放样图，为展开计算设 D =820mm、δ=10mm、H=710mm，因是同径又均是外径作放样图，所以 α=45°。

（2）根据以上分析画出计算用展开草图，如图3-38所示。因是部分投影展开，并且展开半径和放样半径都不相同，所以 ϕ_n 在 1/4 圆周部分应取 0°～90°范围值，半圆周 πr=1272mm，如展开时取 12 等分，$l/4$ 时为 6 等分，90°分 6 等分每等分为 15°，所以 ϕ_n 可以取 15°为一次变量值。

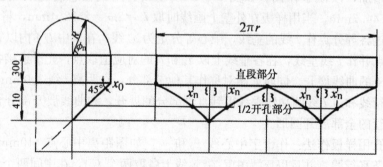

图3-38 等径正交三通管计算展开草图

（3）展开计算时，如用钢板卷制则 r=405mm，当用成品钢管外画线时 r=411mm，因主管的开孔画线一般用样板外壁画线，因此本例算出供参考。选用展开计算公式为式（3-5）和式（3-6）：

$$l_n = \frac{\pi r \phi_n}{180}\ 和\ x_n = R\tan\alpha\ (1-\cos\phi_n)$$

式中已知：$\alpha = 45°$；

$$R = \frac{D}{2} = \frac{820\text{mm}}{2} = 410\text{mm}；$$

$R = 405\text{mm}$（用于钢板卷制时）；

$R = 411\text{mm}$（用于成品管外画线用样板时）。

将已知条件代入式（3-6）和式（3-5）得：

$$x_n = 410\text{mm}\tan 45°(1-\cos\phi_n)$$

$$l_{n_1} = \frac{405\text{mm}\pi\phi_n}{180}$$（用于钢板卷制时）

$$l_{n_2} = \frac{411\text{mm}\pi\phi_n}{180}$$（用于成品管外画线用样板时）

以 ϕ_n 为变量程编计算得值见表 3-7。

表 3-7　　　　　　　　　　**等径正交三通管展开计算值**

变量 ϕ_n 值	0°	15°	30°	45°	60°	75°	90°
对应 x_n 值（mm）	0	14	54.9	120.1	205	303.9	410
对应 l_{n_1}（mm）（$r=405$mm 时）	0	106	212	318.1	424.1	530.1	636.2
对应 l_{n_2} 值（mm）（$r=411$mm 时）	0	107.6	215.2	322.8	430.4	538	645.2

（4）展开图形和样板作法：作图时在实际施工中如曲线连接不够光滑或要求精度较高时可增加 ϕ_n 的数量，可以不按等分增加，但 x_n 值和 l_n 值计算时都应同时增加，以便于作图。如图 3-39 所示，当用钢板卷制时取线段 $l_1 = 2\pi r = 2544.7$mm，当用样板在外壁上画线时取 $l_2 = 2\pi r = 2582.4$mm，将线段 4 等分，过各等分点作 l 线的垂线，中心等分定为 x_0 线，在其中 $l/4$ 内以 l_n 的计算值取点并作 l 线垂线，在各垂线上以 x_n 和 l_n 的对应值取点，光滑连接各点即得到 $1/4$ 的曲线展开。同时如图对称作其他三部分，在距离 l 线 300mm 处作 l 线的平行线和过 l 线两端作垂线得到直管部分的展开，和曲线展开部分合起来就是插管的全部展开图形。

开孔用样板作法：作十字中心线 x_0 和 y_0，如图距离中心点 410mm 作 y_0 线的两条平行线，并且以 x_0 为中心在 y_0 线上各取两个 $l/4$，在中间两个 $l/4$ 部分以 l_{n_2} 值为长度取点，过各点作 y_0 线的垂线，以 x_0 为中心在四个 $l/4$ 部分内各以（x_n，l_n）为坐标取点，光滑连接各点，中间部分即为主管的开孔图形。开孔画线时应以 x_0 线和主管轴线平行，y_0 线和插管垂直线对正。

19. 交叉直角四节蛇形圆柱弯管如何展开？

答：如图 3-40 所示为交叉直角四节蛇形弯管的投影图。此构件每相邻三管的轴线都不在同一平面上，需要求出管Ⅱ和管Ⅲ间相贯线所在平面和轴线夹

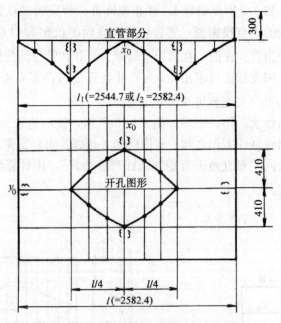

图 3‐39　正交等径三通管的计算展开图

角大小。管Ⅰ和管Ⅱ与管Ⅱ和管Ⅲ间相贯线的投影和轴线的夹角大小都相等,
而且可在投影图中反映实形大小, 本例板厚处理参考前面例中板厚处理规律仍
以中径作放样和展开图。

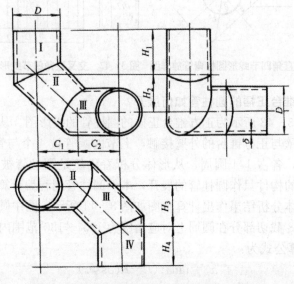

图 3‐40　交叉直角四节蛇形圆柱弯管示意图

（1）放样图作法: 如图 3‐41 所示, 先作出管件轴线的正视图和俯视图,

在视图中夹角 α 和 β 分别反映管Ⅰ、管Ⅱ和管Ⅲ、管Ⅳ间的真实夹角。在俯视图中作管Ⅲ轴线的垂直投影面，管Ⅲ轴线在该面的投影为 O 点。以 O 点为圆心，以圆管中径为直径作圆，在圆周上 $\overset{\frown}{ab}$ 即为管Ⅱ和管Ⅲ间的错心差，角 θ 为错心角，在图上用支线法可求出角 ϕ 为管Ⅱ和管Ⅲ的真实夹角。利用角 α、角 β、角 ϕ 以及错心差 $\overset{\frown}{ab}$ 长度就可作展开图形。

（2）展开图作法：作一矩形如图 3－42 所示，使一边长为圆管展开周长，另一边为四节圆管轴线实长之和，利用已知各相邻管间真实夹角和错心差作出展开图形，作法同"双直角五节蛇形圆柱弯管展开"，用计算法展开。图中 L 为错心差 $\overset{\frown}{ab}$ 长度。

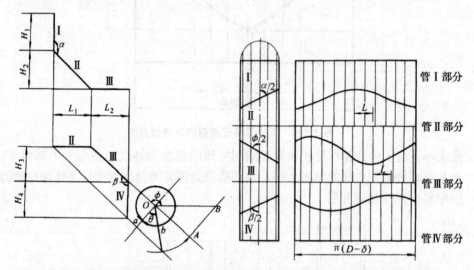

图3－41　交叉直角四节蛇形圆柱弯管放样图　图3－42　交叉直角四节蛇形圆柱弯管展开图

20. 正方锥台正插的圆柱管如何展开？

答： 如图 3－43 所示为正方锥台正插的圆柱管的投影图。从正视图中可以看出，圆管内壁与正方锥台的外壁接触，上节的圆管被 4 个与管轴线成 45°的平面同时截切，各占 1/4 圆周，从形体分析看仍然是圆柱管被平面截切的形体。此类形体的构件只作圆柱管的展开，本例圆柱管用程编计算公式法展开。

（1）从形体分析结果作出计算草图如图 3－44 所示，图中圆柱管用内径画出，而且每 1/8 截切部分在圆周上对应角度为 135°～180°范围内，对称作图得 1/4 圆周。计算公式为：

$$x_n = \tan\alpha\ (L - R\cos\phi_n)$$

$$l_n = \frac{\pi r \phi_n}{180}$$

式中已知：$\alpha = 45°$，$L = 1000\text{mm}\tan45° = 1000\text{mm}$，$R = 490\text{mm}$（内径），

68

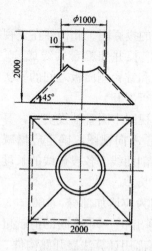

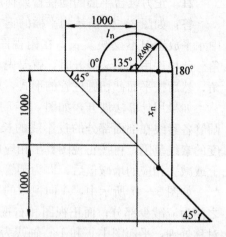

图 3-43　圆管正插正方锥台示意图　　　　图 3-44　正方锥台正插的圆管展开计算草图

$r = 495\text{mm}$（中径）。

将已知条件代入公式，以 ϕ_n 为变量求得展开计算值，见表 3-8。为作图方便可将 l_n 值全部求出。

表 3-8　　　　　　　　　　正插方锥台圆管计算展开值

变量 ϕ_n 值	135°	150°	165°	180°
对应 x_n 值（mm）	1346.5	1424.4	1473.3	1490
对应 l_n（mm）	9805.6	1295.9	1425.5	1555.1

（2）展开作图法：取线段长为圆管中径展开周长 3110.2，将线段 4 等分，以中间等分为 180°展开计算对应线，用表中 l_n 值取点，过各点作线段的垂线，在垂线取 l_n 对应 x_n 值取点，并对称作图即得到圆周 1/4 的展开图形，再对称作出其他三部分即得到圆管全部展开图形，如图 3-45 所示。

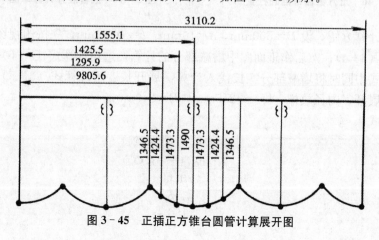

图 3-45　正插正方锥台圆管计算展开图

21. 正方锥台平插的圆柱管如何展开?

答: 如图 3-46 所示为平插的正方锥台圆柱管的投影图。此构件在正视图中水平放置但不反映实长,在俯视图中轴线反映实长并和锥台轴线成 60°夹角。此构件用作图法展开时,就要先求出圆管轴线和锥台侧面板之间的真实夹角,然后按平面截切圆柱管的形式,用平行线法进行展开。

如果用计算法展开,如图 3-47 所示,先按剖视图中圆管轴线实长,算出圆管各素线在剖面部分的投影线的长度。然后作出 A 向视图,确定应增减长度的素线范围,再按正视图算出相应的增减值。将剖面线上各投影线的长度加上或减去相应的增减值后,即为圆管各条素线的实长。

如图 3-47 所示中,A 向视图的 0°~180°之间为应增加部分,180°~360°之间为应减少部分;而正视图和右视图中只要计算出 0°~90°之间的值就可以对称处理,平面图中 0°和 180°轴线为不增减点。下面用计算法展开此构件。

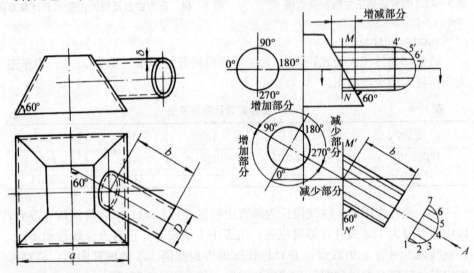

图 3-46　正方锥台平插圆柱管　　　　图 3-47　圆管展开计算草图

为计算方便,设 $D=500mm$,$\delta=10mm$,$b=1000mm$,先按俯视图计算,选用式 (3-4);然后作正面图中增减部分的计算,选用计算式 (3-6),并且在计算式中同时将增减部分实长代入计算,展开长度用计算式 (3-5) 计算。用中径展开,内径放样,即 $r=245mm$,$R=240mm$。

公式:

$$x_{n_1} = \tan\alpha(L - R\cos\phi_n)$$

$$x_{n_2} = \frac{R\tan\alpha(1 - \cos\phi_n)}{\sin 60°}$$

$$l_n = \frac{\pi r \phi_n}{180}$$

70

式中已知：$\alpha = 30°$，$R = 240\text{mm}$，$r = 245\text{mm}$，$L = b/\tan30° = 1000\text{mm}/\tan30° = 1732.1\text{mm}$。

将已知数值代入公式分别程编计算，得到 x_{n_1}、x_{n_2} 和 l_n 的值，见表 3-9 和表3-10。计算变量 ϕ_n 以 30 等分。

表 3-9　　　　　　　　　　圆管平面图中素线计算值

变量 ϕ_n 值	0°	30°	60°	90°	120°	150°	180°	210°	240°	270°	300°	330°	360°
对应 x_{n_1} 值（mm）	861.5	880	930.7	1000	1069.3	1120	1138.6	1120	1069.3	1000	930.7	880	861.5
对应 l_n 值（mm）	0	128.3	256.6	384.9	513.1	641.4	769.7	898	1026.3	1154.5	1282.8	1411.1	1539.4

表 3-10　　　　　　　　　　圆管增减算值

变量 ϕ_n 值	0°	30°	60°	90°
对应 x_{n_2} 值（mm）	0	21.5	80	160

按图 3-46 所示中顺序对增加和减少部分以表 3-9 和表 3-10 中 x_{n_1} 和 x_{n_2} 值进行增减得到的值即为圆管素线实长数值，见表 3-11。

表 3-11　　　　　　　　　　圆管展开计算值

l_n 值（mm）	0	128.3	256.6	384.9	513.1	641.4	769.7	898	1026.3	1154.5	1282.8	1411.1	1539.4
x_n 值（mm）	861.5	901.5	1010.7	1160	1149.3	1141.5	1138.6	1098.5	989	840	850.7	858.5	861.5

22. 被圆柱面截切后的圆柱管构件展开计算公式有哪些？

答：被圆柱面截切后的圆柱管展开也是工程中常遇到的一种形体展开。本书中将介绍这种形体的程编计算公式，只要在计算器进行程序编排时将已知量用寄存器编入程序中，在使用中改变寄存器中主管、支管的半径值等就可快速得出各种半径管互相交接的展开实长线值。就是说各种不同半径的三通管的展开只要一次编程就可以多次使用，而且计算器可随身携带十分方便。

（1）正交异径三通圆管支管展开（如图 3-48 所示）通用计算公式如下：

$$x_n = H - \sqrt{R^2 - \left(r\sin\frac{180°l_n}{\pi r_1}\right)^2} \qquad (3-7)$$

式中　H——两管轴线的交点到支管上端面的距离；

　　　R——放样图主管半径；

　　　r——放样图支管半径；

　　　r_1——展开图支管半径，即支管中径；

71

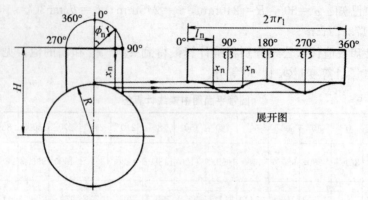

图 3‑48　正交异径三通支管展开示意图

l_n——支管展开对应圆心角 ϕ_n 的弧长值;

x_n——支管素线对应 l_n 的实长值。

此公式适用于正交异径三通不用等分的展开计算,可用圆周展开的任意位置值直接求得对应素线实长,使作展开图形所需的计算十分方便,但计算时一般先求出 $r_1\pi/2$、$r_1\pi$、$3\pi r_1/4$、$2\pi r_1$ 四点对应的素线实长值,这四点是展开曲线的交点,同时也是圆管素线在 $0°$、$90°$、$180°$、$360°$ 处的习惯装配中心线。

(2)正交异径圆管三通支管等分展开计算公式如下:

$$x_n = H - \sqrt{R^2 - (r\sin\phi_n)^2} \qquad (3-8)$$

式中　R——放样图主管半径;

r——放样图支管半径;

H——两管轴线的交点到支管上端面的距离;

ϕ_n——支管展开 l_n 值对应圆心角值;

x_n——支管素线对应 ϕ_n 的实长值。

此公式适用于支管用等分的展开计算,如圆周分为 24 等分时,即每等分就是 $\phi_n=15°$,如 12 等分时,每等分就是 $\phi_n=30°$。

(3)斜交异径圆管三通支管展开。斜交异径圆管三通支管展开(如图 3‑49 所示)计算公式如下:

$$x_n = H - \frac{\sqrt{R^2 - (r\sin\phi_n)^2}}{\sin\alpha} - \frac{r\cos\phi_n}{\tan\alpha} \qquad (3-9)$$

式中　H——支管上端面到两管轴线交点的距离;

R——放样图主管半径;

r——放样图支管半径;

α——两管轴线间夹角;

ϕ_n——支管展开 l_n 对应圆心角的值;

72

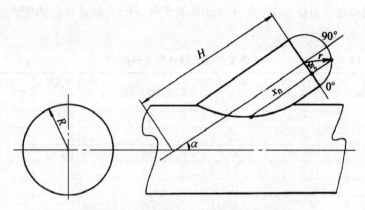

图 3‑49 斜交异径三通支管展开示意图

x_n——支管展开对应ϕ_n的实长值。

23. 正交异径圆管三通应如何展开？

答：如图 3‑50 所示为较大直径的正交异径圆管三通的施工图。本例因直径较大，在施工中用图解法放样作图工作量十分大，故本例用程编计算公式法展开。公式如下：

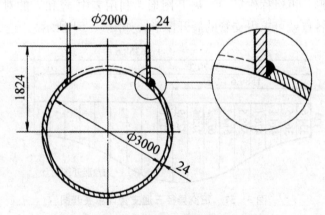

图 3‑50 正交异径圆管三通施工图

$$x_n = H - \sqrt{R^2 - (r\sin\phi_n)^2}$$

$$l_n = \frac{\pi r_1 \phi_n}{180}$$

式中已知：$H = 1824\text{mm}$；

$R = 1500\text{mm}$（放样图主管取内径）；

$r = 1024\text{mm}$（放样图支管取外径）；

$r_1 = 1012\text{mm}$（支管展开取中径）。

将已知数据代入公式进行程编运算，因圆管半径较大，所以圆周取 36 等分，即圆周每等分$\phi_n = 10°$来分别计算周长展开值l_n和其对应圆管素线实长值x_n，见表3-12。

表3-12   正交异径三通计算展开值

变量ϕ_n值	对应x_n值（mm）	对应l_n值（mm）	变量ϕ_n值	对应x_n值（mm）	对应l_n值（mm）
0°	324	0	100°	713.6	1766.3
10°	334.6	176.6	110°	673.3	1942.9
20°	365.5	353.3	120°	614.2	2119.5
30°	414.1	529.9	130°	545.5	2296.2
40°	476.1	706.5	140°	476.1	2472.8
50°	545.5	883.1	150°	414.1	2649.4
60°	614.2	1059.8	160°	365.5	2826
70°	673.3	1236.4	170°	334.6	3002.7
80°	713.6	1413	180°	324	3179.3
90°	727.9	1589.6	190°	334.6	3355.9

因是对称图形，从表3-12中可以看出只要作出90°以内值就可以知道90°~180°的对称x_n值。为展开作图的方便，一般求得180°以内值就可以作出一半展开图形，再对称作另一半展开图形。利用表中x_n和l_n的对应数值取点并光滑连接各点就可求得支管的展开图形，如图3-51所示。

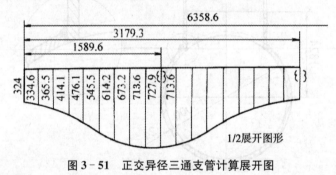

图3-51   正交异径三通支管计算展开图

主管的开孔：为避免较复杂的作图在施工中对支管直径较小的情况一般以支管的实物在主管上画线开孔，既简单又实用。本例中支管直径较大，在圆管上直接开孔就较困难，尤其是为节省材料，主管在下料时先行开孔并需要钢板拼接时，就必须先作出开孔图。主管的开孔也可用程编计算展开。本例用作图法结合计算展开，如图3-52所示，将相贯线投影$\overgroup{ab}$作6等分，过等分点作垂线交俯视图支管圆周上各点，作ab线的沿长线，在线上取线段l等于弧$\overgroup{ab}$的展开长度，$l=0.017453Ra$，$\alpha = 2\arcsin(r/R)$。同样作6等分，过各等分点作垂线，和俯视图中对应各点的水平线交于o'、d'、c'、b'各点，光滑连接各点得到开孔图。

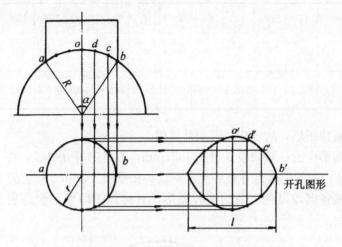

图 3‑52 正交异径三通主管的开孔

24. 斜交异径圆管三通如何展开？

答：如图 3‑53 所示为常见塔设备填料孔接管的截面图。此构件是斜交异径三通形体，支管插入设备筒体内 15mm、塔体内径 $D=2400$mm、厚度为 28mm，接管为 $D530 \times 14$ 钢管，轴线中心长度为 246mm、两轴交线为 60°。根据图形用计算法展开，塔体用内径，接管用外径进行计算。公式如下：

$$x_n = H - \frac{\sqrt{R^2 - (r\sin\phi_n)^2}}{\sin\alpha} - \frac{r\cos\phi_n}{\tan\alpha}$$

$$l_n = \frac{\pi r_1 \phi_n}{180}$$

式中已知：

$H = 1228$mm$/\sin60° + 246$mm
  $= 1664$mm，

$R = 1200$mm $- 15$mm $= 1185$mm，

$r = 530$mm$/2 = 265$mm，

$r_1 = (530-12)$mm$/2 = 259$mm。

将以上数值代入公式，以 15°为单位等分圆周，分别计算得 l_n 和 x_n 的对应值，见表 3‑13。

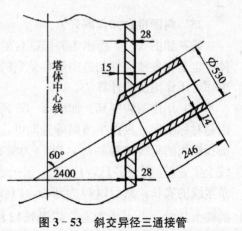

图 3‑53 斜交异径三通接管

表 3 - 13　　　　　　　　　斜交异径三通支管计算展开值

变量 ϕ_n 值	0°	15°	30°	45°	60°	75°	90°	105°	120°	135°	150°	165°	180°
对应 x_n 值（mm）	142.7	150.2	171.8	204.7	245	288.4	330	367.6	398	406.2	437	445.7	449
对应 l_n（mm）	0	67.5	135	202.6	270	337.5	405.3	472.8	540	607.9	675	743	810.5

因是对称图形，故仅作半圆周计算值。

展开图形作法：取线段长等于 1621mm，并且四等分线段，在 1/2 等分内以表 3 - 13 内 l_n 的值取点并过各点作垂线，在垂线上以和 l_n 对应的 x_n 的值取点并光滑连接各点即得到 1/2 的展开图形，对称作图即得到全部展开图，如图 3 - 54 所示。

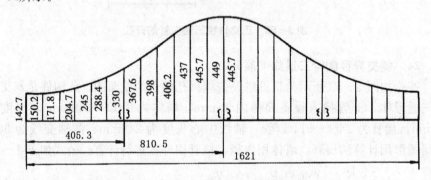

图 3 - 54　斜交异径三通支管计算展开图

25. 斜圆锥台如何展开？

答：如图 3 - 55 所示为斜圆锥台的展开。此种形体是上下底均为圆形的形体，也是在各种构件制造中经常见到的形体，一般是用放射线法展开，实长的求作可用作图法或计算法。

（1）用作图法展开。如图 3 - 55 所示，在放样图中将斜圆锥底圆周等分，因是对称图形，只作半圆周等分即可，得到 1，2，3…等各点，以锥顶点作底圆投影线的垂线得垂足 O'，以 O' 为圆心以 $O'1$，$O'2$…为半径画弧交于底圆 $O'7$ 线上 $1'$，$2'$，$3'$…各点，$1'$，$2'$，$3'$…各点到锥顶的连线即为旋转法求得的各条素线的实长。然后以 O 为圆心，以各素线实长为半径画弧，在以 $O1$ 为半径的弧上任取一点 $1''$ 为圆心，以弧长 $\overset{\frown}{12}$ 为半径画弧交 $O2'$ 为半径的圆弧于 $2''$ 点，再以 $2''$ 点为圆心依次截取 $2''3''$，$3''4''$，$4''5''$…等于弧长 $\overset{\frown}{12}$。光滑连接 $1''$，$2''$…$7''$ 各点，即得到下底的一半展开曲线。连接 $O1'$，$O2'$…$O7$，分别与上底的投影线交于 a，b，c…g 各点。再分别以 Oa，Ob 等为半径，以 O 为圆心画弧交 $O1''$，$O2''$，$O3''$…各线于 a'，b'，c'…等各点，光滑连接 a'，b'…g' 各点即得到

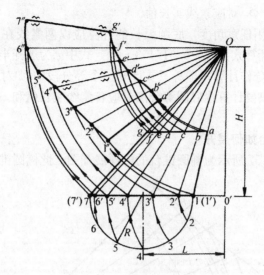

图 3-55 斜圆锥台的展开

1/2 斜圆锥的展开图形。

（2）计算展开法。计算展开法是用计算公式求出每条素线的实长值 x_n 和底圆每等分的弧长 l_n 直接作展开图形。求取斜圆锥素线实长的计算公式如下，公式示意如图 3-56 所示。

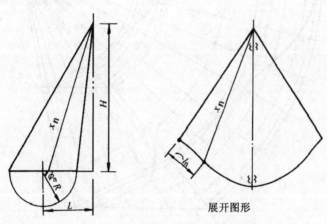

展开图形

图 3-56 斜圆锥计算展开示意图

$$x_n = \sqrt{H^2 + L^2 + R^2 - 2LR\cos\phi_n}$$

式中　　H——斜圆锥高度；

　　　　L——圆锥顶点在底面的投影到底圆圆心的距离；

　　　　R——底圆放样半径；

　　　　ϕ_n——每条素线在底圆上对应圆心角；

x_n——ϕ_n 对应素线实长值。

计算时ϕ_n可用任意角度，底圆弧长的计算应以两素线在底圆上对应的圆心角度来计算，计算式为$l_n = 0.017453 \, r\phi_n$，式中 r 为展开半径。为作图方便ϕ_n一般按底圆等分作计算，即 l_n 只要计算一个等分段的ϕ_n对应的弧长值就可以。展开计算时只要计算出底圆等分点对应各素线实长值和一个等分段对应展开弧长。

26. 椭圆锥台如何展开？

答：如图 3-57 所示为椭圆锥台的放样展开图。此椭圆锥台是正圆锥面被

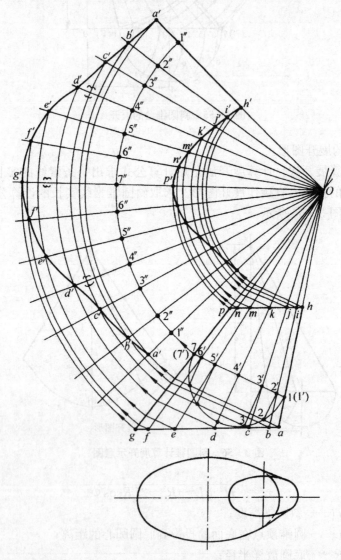

图 3-57 椭圆锥台的展开示意图

78

两平行平面截切后形成上下口均为椭圆形的形体。这种形体和前面几种形体一样，也是在各类构件中常见的形体，它的展开仍是用放射线法。

（1）实长线的求法。在锥点的中部取线段 $O7$ 等于线段 $O1$，直线 17 为圆锥的正截面投影线，以其为直径画半圆周并作 6 等分，过各等分点作直径的垂线交于 $1'$，$2'\cdots$，$7'$各点，再将 $O1'$，$O2'$，$\cdots$，$O7'$各线延长，和锥台上下口投影线交于 a，b，$\cdots$，p 各点，ah，bi，cj，$\cdots$，gp 等各条线即是各条素线的投影线，再过上下口各条素线的端点作 17 线的平行线，与轮廓线 Og 交于各点，各点到 O 的长度即为对应各条素线的实长。

（2）展开图的做法。以 O 为圆心，以 $O7$ 为半径画弧，在弧上截取弧长为截面圆周长并作同样等分得 $1''$，$2''$，$3''$，$\cdots$各点，作 $1''$，$2''$，$\cdots$，$7''$各点和锥顶 O 的连线。再以 O 为圆心，分别以椭圆锥台上下口的各素线实长为半径画弧，和 $O1''$，$O2''$，$\cdots$，$O7''$各线及其延长线对应交于 a，b，$\cdots$，p 各点，光滑连接各点即得到椭圆锥台的全部展开图形。

27. 两节任意角度圆柱圆锥弯管如何展开？

答： 如图 3-58 所示为两节任意角度圆柱圆锥弯管的投影图。此构件由轴线夹角为 α 的圆柱和圆锥管组成，板厚仍以双面坡口处理，用中径作出放样和展开图。本例仅作圆锥管的放样图说明。

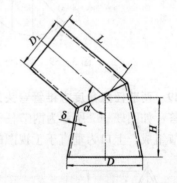

（1）放样图作法。如图 3-59 所示，取 17 线段等于 $D-\delta$，并过中点 O 作垂线，在垂线上取 $O'O$ 等于 H。以 O' 为圆心以（$D_1-\delta$）/2 为半径画圆，

图 3-58　两节任意角度圆柱圆锥弯管

并过 O' 点作线段 $O_1O'=L$，使 O_1O' 和线段 OO' 间夹角为角度 α。过 1 点和 7 点作圆的切线，过 O_1 作 O_1O' 的垂线并以 O' 为中心取线段 CD 长度等于（$D_1-\delta$），过 C 和 D 点作圆的切线分别和锥体部分切线交于 M 和 N 点，MN 即为圆柱和圆锥的相贯线投影。

（2）展开图作法。展开图作法参见上例用正圆锥面的放射线法作出展开图形。

28. 正四棱锥如何展开？

答： 如图 3-60 所示为四棱锥的正视图和俯视图。用内壁作出正视图，如图 3-61 所示，底边 AB 反映实长，OB 为四棱锥面其中一面的高的实长，而且四面均为相同的三角形，以 OB 为高作三角形，使底边 $A'B'=AB$，则 OB' 为棱线实长。用放射线法展开，以 O 为圆心以 OB' 为半径画弧，在弧上用 L 长度作弦长依次截得 a、b、c、d、a 点，再将 O 点与各点连接，得到的四个

79

相同三角形为四棱锥的展开图。

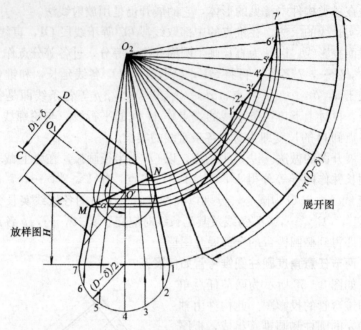

图 3－59　两节任意角度圆柱圆锥放样展开图

29．两节任意角度方锥管弯头如何展开？

答： 如图 3－62 所示为两节任意角度方锥管的二面投影图。此构件由上、下两节组成，上口为垂直于正视图的方形口，下口为水平位置的方形口，两节

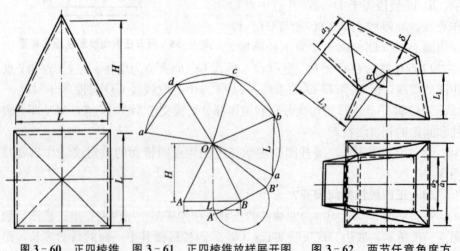

图 3－60　正四棱锥　图 3－61　正四棱锥放样展开图　图 3－62　两节任意角度方
锥管弯头

锥管从正视图看两侧面板均为平面梯形板，而上节和下节的前后面板均由两个三角形组成。放样和展开图形全部用内径作出。

展开图形作法：用内径作出弯头的正视图和俯视图，如图 3-63（a）所示。在正视图的各边线 l_1、l_2、l_3 和 l_4 即是两侧面 4 个梯形展开的高度，在俯视图中利用 a_1、a_2 和 a_3 的实长为底边，以 l_1、l_2、l_3、l_4 为高的 4 个等腰梯形即是 4 个侧面板的展开图形，如图 3-63（b）所示。在正视图中上节和下节管的相贯线 l_5 反映实长，利用在图 3-63（b）中求出的各棱线实长 l_5、l_6、l_7 和 l_8，用两面实角 α_1 和 l_2 可求出折线实长，再用三角形法可作出上节管和下节管前后面折板的展开图形，如图 3-63（c）和图 3-63（d）所示。

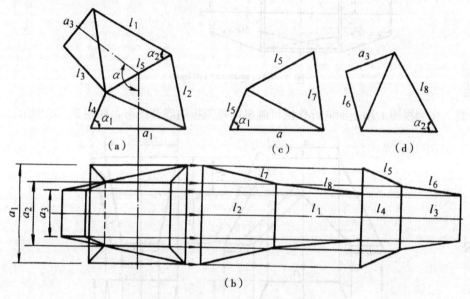

图 3-63　弯头的放样展开示意图

30. 裤形方口三通管如何展开？

答：如图 3-64 所示为裤形方口三通的三面投影图。此三通构件的前后面的形状相同，左右两侧的内外侧板的形状也分别相同，所以展开其中的一件就可以。上口是水平位置的大方形口，下口是两个水平位置的小方形口。全部用内径作放样和展开图样。

展开图形作法：如图 3-65 所示，用内径作出正视图和侧视图。在侧视图中 h_1 和 h_2 反映了正视图中 H_1 和 H 的展开图形实际高度，将正视图中心轴线延长，在上面截取 h_1 和 h_2 的长度得 O_1、O_2 和 O_3 点，过这三点作水平线，过正视图中各棱线和端面线交点下引垂线和三条水平线对应得各交点，用直线连接各点得到裤形三通前后面板的展开图形。

在正视图中两侧面板的投影棱线长 h_3 和 h_4 反映内外侧板展开等腰梯形的

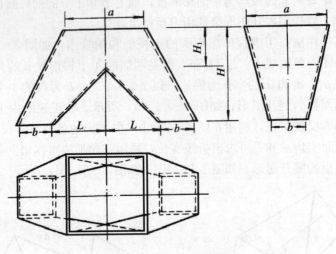

图 3－64　裤形方口三通管

高。在侧视图上用上面同样作法可画出内外侧板的展开图形，如图 3－65 所示。

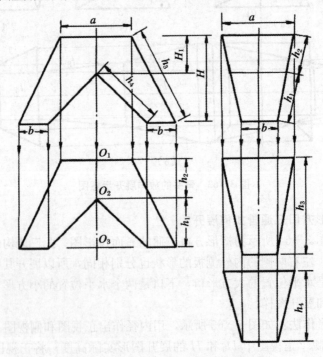

图 3－65　裤形三通管放样展开示意图

31．球体表面如何作近似的展开？

答：球体是典型的不可展曲面，它在两个方向都弯曲，所以不能自然地展

82

开成为平面，只能作近似的展开。将球体表面分割成若干小的曲面，每一个曲面看做是单向弯曲，这样便能作出每一小块曲面的展开图。将各小块下料成形后，可拼接成完整的球体。由于分割方式的不同，也就有不同的展开方法。

(1) 球体的分瓣展开。分瓣展开时应注意两个问题：一是分瓣的多少。分瓣的多少不仅要考虑展开的需要，还要考虑的是下料的问题。分瓣的大小应根据球的大小而定。一般来说，瓣的最宽处不要大于板料的宽度。二是两极小圆板的大小。一般来说，焊接结构忌讳多条焊缝集中于一点，故这个小圆板不宜过小，在不用拼接的情况下尽量取大。

球体的分瓣展开是球体展开的一种形式，如图 3 - 66 所示。展开步骤见如下：

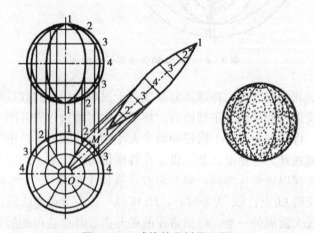

图 3 - 66   球体的分瓣展开图

①分瓣。先将俯视图圆周分成 12 等分。各等分点与中心 O 相连，各线即为分瓣的结合线在俯视图上的投影。

②求主视图投影。用辅助圆的方法求出各结合线在主视图上的投影。即分别在主视图上量取 2、3 点到垂直轴线的距离，在俯视图上画圆，再将各圆与分瓣线的交点投到主视图，得到各个点；用平滑的曲线将各点连接起来，即得出分瓣在主视图上的投影。

③展开。由于分瓣大小相同，所以只要展开一个分瓣即可。在俯视图上取等分段中点 M，在 OM 延长线上量取主视图上的半圆周长得 1，2，3，4，…，1 各点。过各点作垂线，并量取分瓣各处弧长，用曲线连接各点后得分瓣（球体展开图的 1/12）的展开图。

④两极处理。为避免 12 条接缝汇交于一点，在球的两端用小圆板连接。

(2) 球体的分带展开。球体的分带展开是球体展开的另一种形式，如图 3 - 67所示。具体展开方法如下：

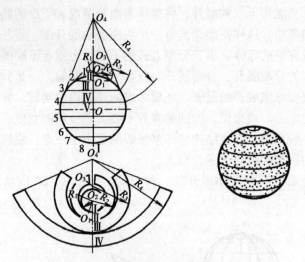

图 3-67　球体的分带展开示意图

①分带展开处理方法。将球体分割成若干横带，横带的数量根据球的大小而定，每节横带近似看做为正圆锥台，然后用放射线法作展开图。

②分带。将圆周分成 7 个横带和两个大小相等的圆板 I。中间一个横带 V 为圆柱形，其展开为一矩形。II、III、IV 各横带为圆锥形。

③展开。现以横带 IV 为例，展开时在主视图上连接 4、3 两点并延长与垂直中心线相交得 O_4 点。取 O_4 为圆心，R_4 和 O_4—3 为半径作圆弧，由中点向两边各量取 IV 段大圆周的一半，得横带 IV 的展开图，其余各段的展开图也用同样方法求得。

④两极处理。这种展开方法的两极就是两块小圆板，量取两极上小圆的半径画圆即可。

这种展开方法对材料要求较高，一般的板材都保证不了尺寸。因此，这种展开方法应用很少。

（3）球体的分块展开。大直径球体由于受原材料尺寸和压力机吨位的限制以及材料供货尺寸的限制，常采用分块展开下料的方法制造，即联合应用分瓣和分带的方法，将球体表面分成若干小块。各块接缝一般为错开布置。展开方法如下：

①分块方法：

a. 分带。如图 3-68 所示为半只球体的分块方法。在主视图中将半圆周三等分得等分点 A、B、C、D。连接 A、C 和 B、D，则半球分上、中、下三个球带。

b. 分块。把 A、B、C、D 点向下作投影至水平中心并作圆，各圆周作 8 等分，为使接缝交错布置，等分点应错开，各等分点与中心点 O 引连线，得

84

各块在俯视图中的投影。然后根据俯视图中的接缝线向主视图投影,作得主视图中接缝的投影。

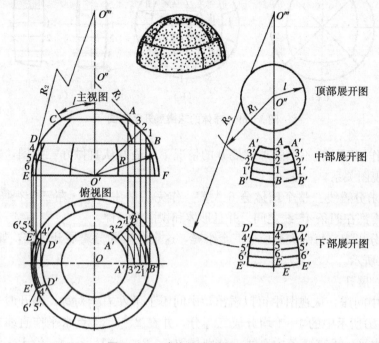

图 3-68　球体的分块展开示意图

②展开。在同一球带中,各块大小相同,但顶部、中部和下部三块的大小不同;应分别作展开图。

a. 顶部。顶部展开为一圆板,圆的半径即是弧长 l。

b. 中部。将主视图中 AB 三等分,得等分点 1、2、3。在俯视图中作圆弧。主视图中过 AB 的中点 2 作 O'—2 线的垂线得 O' 点。在展开图中以 O'—2 的长 R_1 为半径作圆弧。以 2 为基点,将 AB 弧展开在垂直中心线上。并以 O' 为圆心,过各点作同心圆弧。在各圆弧上分别量取俯视图中各段弧长。得 B'、$1'$、$2'$、$3'$ 和 A' 点,用曲线连接后得中部分块的展开图。

③下部。方法与中部相同。将 ED 弧三等分,得等分点 4、5、6。作 O'—5 的垂线,得 O'' 点。展开图中以 O'' 为圆心,O''—5 的长 R_2 为半径作圆弧。以点 5 为基准,把 ED 展开在垂直中心线上,过各点作圆弧,并量取俯视图中各圆弧长得各交点,连接后得下部分块的展开图。

(4) 球体表面的球瓣展开。球瓣展开与前三种展开方法不同,既有瓣展对材料的宽度要求不高的优势,又有块展容易压制成形的特点。具体展开方法如图 3-69 所示,展开说明如下:

①作视图并分瓣:

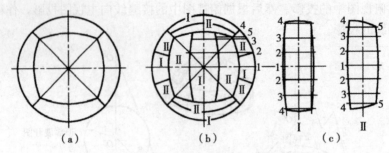

图 3-69 球体的球瓣展开示意图

　　a. 作视图。在不熟悉球瓣展开的情况下，最好认真做好三视图，以了解各瓣的视图关系。

　　b. 求分瓣线。整个球体分 6 大瓣，作完后的主、俯、左三个视图相同，都应每瓣都在四条 45°线之间。并且形体和视图都一样。

　　c. 分小瓣。每一大瓣应分三个小瓣，这个分瓣同分瓣展开一样，如图 3-69（b）所示。

　　（2）展开：

　　a. 中间瓣。从视图中可以看出，中间瓣上下左右全对称。展开时先将图 3-69（b）所示中的 1—4 均分成三等分，并在 2、3、4 点水平作直线穿越中瓣；作水平、垂直两条中心线；分别量取 1—2、2—3、3—4，沿十字线上下分别确定 2、3、4 点，并在各点处作水平线；从图 3-69（b）所示上分别量取 2、3、4 线的宽度在展开图上取点，并将各点用平滑的曲线连接起来。中瓣的展开图如图 3-69（c）Ⅰ所示。

　　b. 两侧瓣。中间部分与中间瓣相同。在 3—4 之间再取一条水平直线交于圆周上 5 点，量取 3—5 的弧长在展开图上确定 5 点的位置，并用旋转法确定中心线的上下端点。平滑连接得到图 3-69（c）Ⅱ。

　　32. 正圆柱螺旋面如何作近似的展开？

　　答： 正圆柱螺旋面在机械制造、农机、建筑和化工等工业部门中应用很广。例如螺旋输送器中的转轴（又称绞龙）是由正圆柱螺旋面构成的，它是不可展曲面，只能用近似的方法展开。

　　如图 3-70（a）所示为螺旋送料器的结构。螺旋面在制造时常按每一个导程的螺旋面展开下料，然后再焊接起来。为掌握其展开方法，应先了解圆柱螺旋线与螺旋面的形成原理和画法。

　　（1）圆柱螺旋线的形成要素。

　　①圆柱螺旋线形成：当一点 A 沿着正圆柱的一条素线 M 作等速移动，而 M 又绕圆柱轴线作等速旋转时，A 点在空间的轨迹是一条圆柱螺旋线，如图 3-70（b）、图 3-70（c）所示。

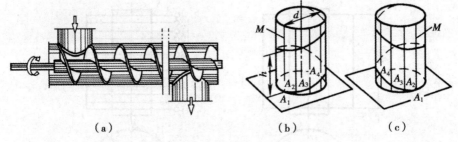

(a)   (b)   (c)

图 3 - 70   螺旋的应用和形成

②螺旋线的三个要素：

a. 圆柱直径 d——即螺旋线直径。

b. 导程 h——当素线 M 旋转一周，线上的 A 点沿轴向移动的距离。

c. 旋向——如果 A 点移动方向不变而素线 M 旋向不同时，所产生的螺旋线方向就不同，所以，螺旋线分右旋 [如图 3 - 70 (b) 所示] 和左旋 [如图 3 - 70 (c) 所示] 两种。

这三个要素决定螺旋线的大小。当螺旋线的三个要素确定后，就可画出它的投影图。

(2) 正圆柱螺旋面的形成及画法。

①正圆柱螺旋面的形成：假设以直线 AB 为直母线，沿直径为 d 的正圆柱作螺旋线运动，如图 3 - 71 所示，并使直母线的延长线始终与圆柱轴线垂直相交，这样形成的曲面就是正圆柱螺旋面。

②形成螺旋面的条件：当直母线

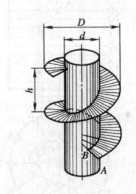

图 3 - 71   正圆柱螺旋面的形成

AB 运动时，A 点也形成一条圆柱螺旋线，螺旋线的直径为 $D=d+2AB$，它的导程与原螺旋线相同。因此只要根据已知尺寸 d、D、h 即可作出正圆柱螺旋面的投影。

③螺旋面的画法：按已知直径 d、D 和导程 h 作两正圆柱面 [如图 3 - 72 (a) 所示]，将圆周进行 12 等分，导程高度也作相应等分，并引水平线 [如图 3 - 72 (b) 所示]。作直径为 d 的螺旋线 $1'_1$，$2'_1$，$3'_1$，…，$12'_1$ 各点投影，并用光滑曲线连接 [如图 3 - 72 (c) 所示]。再作直径为 D 的螺旋线 $1'$，$2'$，…，$12'$ 各点投影，用光滑曲线连接 [如图 3 - 72 (d) 所示]，两螺旋线组成的面即为所求的正圆柱螺旋面。

(3) 正圆柱螺旋面的近近似展开。

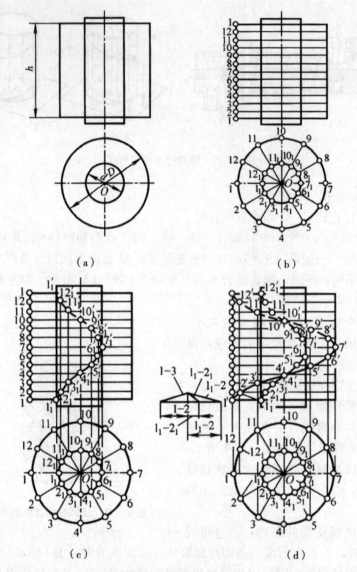

图 3-72　正圆柱螺旋的画法

①三角形法。将正圆柱螺旋面分成若干个三角形，然后求出各个三角形的实形，依次排列画出展开图。其作图步骤如下：

在一个导程内将螺旋面进行 12 等分，如图 3-73（d）所示，每一部分曲面 11_12_12 可近似地看做它是一个空间的四边形。连接四边形的对角线，将四边形分成两个三角形。其中 $1—1_1$ 和 $2—2_1$ 就是实长，其余三边用直角三角形法求实长 [如图 3-73（d）所示左面的实长图]，然后作出四边形 11_12_12 的展开图 [如图 3-73（a）所示]，在作其余各四边形时可将 $1—1_1$ 和 $2—2_1$ 线延长

交于 O，以 O 为圆心，$O—1$ 及 $O—1_1$ 为半径分别作大小两圆弧，在大圆弧上截取 11 份的 1—2 弧长，即得一个导程螺旋面的展开图。

②计算法。若已知螺旋面的外径 D、内径 d 和导程 h，可不画螺旋面的投影，直接用计算法作图。如图 3-73（b）所示，表示一个导程之间螺旋面的展开图，它是一个开口的圆环，其中：

$$r=bl/(L-l)，R=r+b,$$
$$\alpha=360°\times(2\pi R-L)/2\pi R$$

式中　b——为螺旋面的宽度；

　　　L、l——分别为大、小螺旋线一个导程的展开长度，即：

$$L=\sqrt{h^2+(\pi D)^2}，l=\sqrt{h^2+(\pi d)^2}$$

用计算法计算出 r、R、α、l、L，然后根据这五个参数作图。

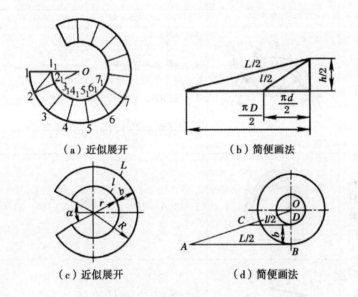

（a）近似展开　　　　　　　　　（b）简便画法

（c）近似展开　　　　　　　　　（d）简便画法

图 3-73　正圆柱螺旋的展开图

③简便画法：

a. 分别作出大小螺旋线各半圆的展开长度，得 $L/2$ 和 $l/2$，如图 3-73（c）所示。

b. 作 $AB=L/2$，过 B 作 $BD\perp AB$，并使 $BD=D-d/2=b$。过 D 作 $CD\,/\!/\,AB$，并使 $CD=l/2$。连接 AC 并延长使之与 BD 的延长线交于 O 点，如图3-73（d）所示。

c. 以 O 点为圆心，分别以 OD、OB 为半径作圆，则得正圆柱螺旋面一圈多一点的展开图。只要沿半径方向剪开便可加工成螺旋面。

89

33. 圆钢展开长度应如何计算?

答:圆钢弯曲的中性层一般总是与中心线重合,所以圆钢的展开可按中心线长度计算。其计算方法见表 3-14。

表 3-14 圆钢的展开长度计算

弯曲形式	工件结构	展开长度公式
直角形的展开计算		$L=A+B-2R+\dfrac{\pi\,(R+d/2)}{2}$ 式中　L——展开长度,mm 　　　R——内圆角半径,mm 　　　A,B——直段长度,mm 　　　d——圆钢直径,mm
圆弧形的展开计算		$L=\pi R\times\dfrac{\alpha}{180}$ $L=\pi R\times\dfrac{(180-\beta)}{180}$ $L=\pi\left(R_1+\dfrac{d}{2}\right)\times\dfrac{\alpha}{180}$ $L=\pi\left(R_2-\dfrac{d}{2}\right)(180-\beta)\times\dfrac{1}{180}$
正三角形件的展开计算		$L=3(A-2R-d)+3\left[\pi R\times(180-\alpha)/180\right]$
圆柱形螺旋弹簧的展开计算		$L=N\sqrt{t^2+(2\pi D)^2}$ 式中　N——圈数 　　　t——节距,mm 　　　D——中径,mm

34. 角钢的展开长度应如何计算?

答:角钢的截面是不对称的,所以,中性层的位置不在截面的中心,而是位于角钢根部的重心处,即中性层与重心重合。设中性层离开角钢根部的距离为 Z_0,Z_0 值与角钢的断面形状有关,可从表中查得。有关展开长度计算见表3-15。

弯曲形式	工件结构	展开长度公式
角钢内弯任意角	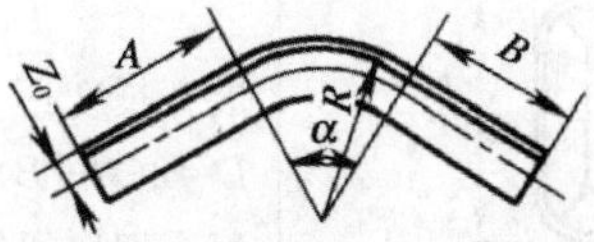	$L=A+B+\dfrac{\pi(R-Z_0)\alpha}{180}$ $L=A+B+\dfrac{\pi(R-Z_0)}{180}$
角钢外弯任意角	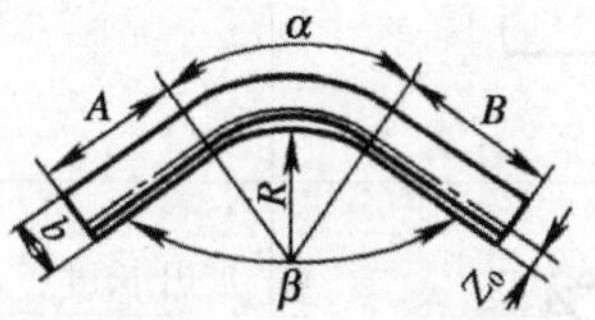	$L=A+B$ $\qquad+\dfrac{\pi(R+Z_0)(180°-\beta)}{180}$ $L=A+B+\dfrac{\pi(R+Z_0)\alpha}{180}$
角钢内弯框架	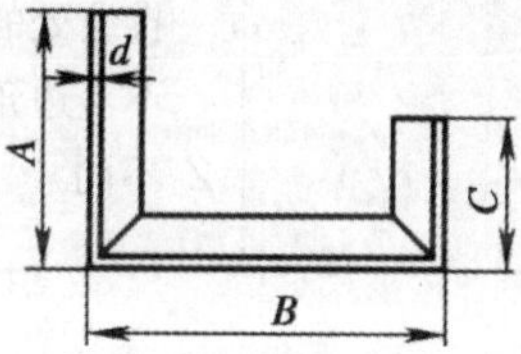	$L=A+B+C-4d$
框架下料	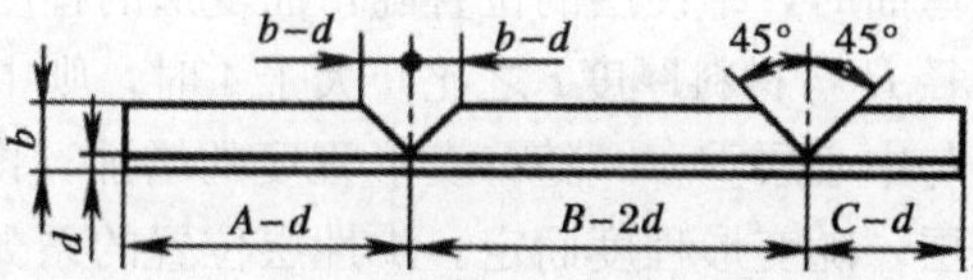	
角钢内弯三角形框架	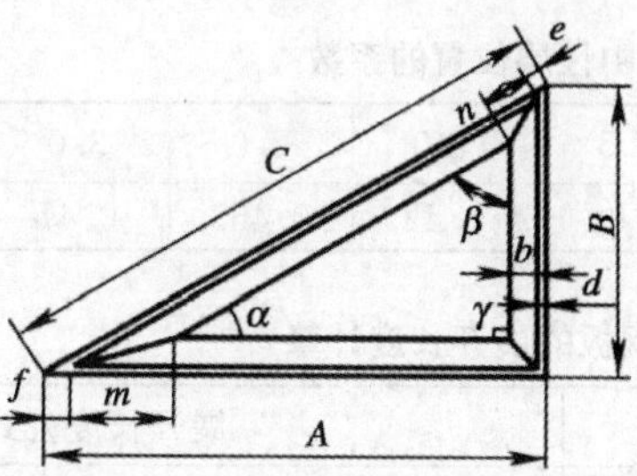	$L=A+B+C-2(d+e+$ $\qquad f)$ $e=\dfrac{d}{\tan\dfrac{\beta}{2}}$ $f=\dfrac{d}{\tan\dfrac{\alpha}{2}}$
三角形框架下料	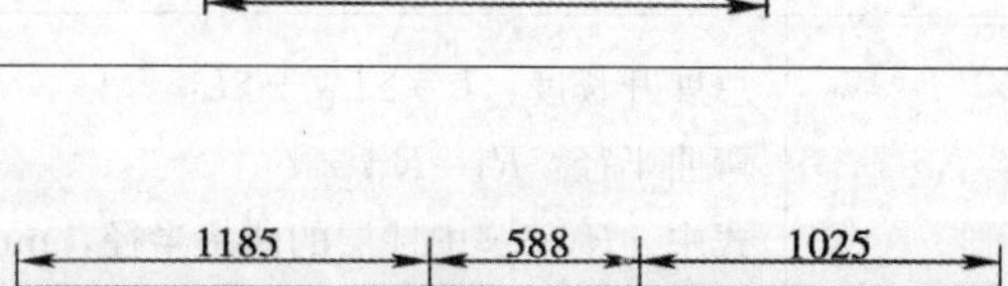	此件用 75 角钢,制作 $A=1040$、$B=600$、$C=1200$ 三角形框架的展开下料

弯曲形式	工件结构	展开长度公式
角钢内弯切口框架	(a) 45°　S　(b)	展开长度： $L = 2(A+B) - 8b + 2\pi(b - d/2)$ 每个切口圆角的展开长度 S 为： $S = \dfrac{(b - d/2)\pi}{2}$
角钢圈的展开计算		展开长度：$L = \pi\,(D + 2Z_0)$ 　　　或　$L = \pi\,(D + 0.6b)$ 接缝处的处理与扁钢圈相同 不等边角钢应注意两个方向的 Z_0 不同

35. 钢板展开长度应如何计算？

答：钢板弯曲时，中性层的位置随弯曲变形的程度而定，当弯曲的相对半径（弯曲内半径 R 与材料厚度 t 之比）大于 4 时，则中性层的位置就在板厚的中间，中性层与中心层重合。随着变形程度的增加，即 $R/t \leqslant 4$ 时，中性层位于材料的内侧层，随变形程度而定。中性层位置的系数见表 3-16。钢板的展开长度计算见表 3-17。

表 3-16　　　　　　　中性层位置的系数

R/t	0.1	0.25	0.5	1.0	2.0	3.0	4.0	>4
x_0	0.32	0.35	0.38	0.42	0.455	0.47	0.475	0.5

表 3-17　　　　　　　钢板的展开长度计算

弯曲形式	工件结构	展开长度公式
基本弯曲形式		总展开长度：$L = \Sigma L_直 + \Sigma L_弯$ 弯曲半径：$R_0 = R + x_0 t$ 式中　R_0——中性层的曲率半径，mm 　　　R——钢板内层的曲率半径，mm 　　　t——钢板的厚度，mm 　　　x_0——中性层位置的经验系数

弯曲形式	工件结构	展开长度公式
弯曲半径 $R \geqslant 0.5t$		$L = A + B + \pi \alpha (R + x_0 t)/180$ 式中 L——展开长度，mm R——内弯曲半径，mm A，B——直段长度，mm 当 $\alpha = 90°$ 时 $$L = A + B + \frac{\pi}{2}(R + x_0 t)$$
折角或 $R \geqslant 0.3t$ 的展开		$L = A + B + 0.785t$ 经验公式：$L = A + B + 0.5t$ 当有几个弯曲角，逐一进行弯曲时： $L = A + B + \cdots + N + 0.5(n - t)$
		$L = A + B + C - R \dfrac{\pi(R + x_0 t)}{2} + 0.5t$

36. 扁钢圈的展开长度应如何计算？

答： 有关扁钢的常见结构的展开长度计算见表 3-18。

表 3-18　　　　　　　　　　扁钢的展开长度计算

弯曲形式	工件结构	展开长度公式
圆扁钢圈		$L = \pi(D + b)$ $L = \pi(D_1 - b)$ 式中 L——展开长度，mm D——扁钢圈的内径，m D_1——扁钢圈的外径，mm b——扁钢的宽度，mm
对口处理		为了保证扁钢圈的接口平齐，可留 3~5mm 的余量；也可预先切成斜口，斜口作法如下： （1）作扁钢圈及相互垂直的中心线，中心为 O，顶点为 B （2）取 $OA = b$ （3）连接 AB 两点与内圈交于 C （4）BC 即为所求的扁钢两端切成的斜面

续表

弯曲形式	工件结构	展开长度公式
椭圆扁钢圈	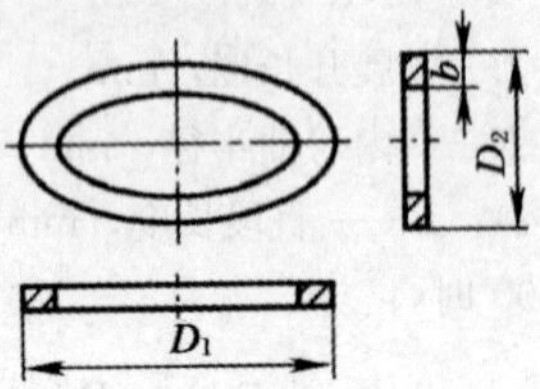	$L=\pi\left(\dfrac{D_1+D_2}{2}-b\right)$ 式中　D_1——椭圆扁钢圈的外长轴尺寸，mm 　　　D_2——椭圆扁钢圈的外短轴尺寸，mm 　　　b——扁钢的宽度，mm
扁钢混合弯曲	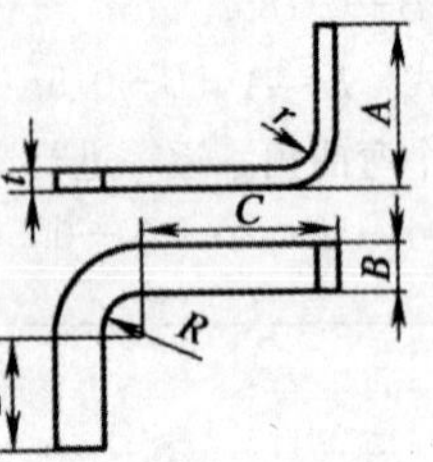	$L=A+C+D-2(r+t)+\dfrac{\pi}{2}\left(R+r+\dfrac{B+t}{2}\right)$ 式中　$A,\ C,\ D$——直段长，mm 　　　R——平弯半径，mm 　　　r——立弯半径，mm 　　　B——扁钢宽，mm 　　　t——扁钢厚，mm

第四章 下 料

1. 什么叫剪切下料?

答: 剪切是利用上下两剪刀的相对运动来切断钢材。剪切具有生产效率高、切口光洁、能切割各种型钢和中等厚度（<30mm）的钢板等优点,所以是一种应用很广的切割方法。

2. 常用的下料方法有哪些? 怎样选择?

答: 常用的下料方法见表 4-1。

表 4-1 常用下料方法及其选择

（1）热切割

分类	方法	工 装	应用与说明
火焰切割	氧-乙炔	气割机、割炬	厚度 $t=3\sim360$ mm 板材、型材;纯铁、低碳钢、中碳钢及部分低合金钢;内外形、修边,精度为±1mm
	氧-丙烷	气割机、割炬	厚度 $t=3\sim600$ mm 板材、型材;纯铁、低碳钢、中碳钢及部分低合金钢;内外形、修边,精度为±1mm。成本低,切口质量好
	氧-天然气	气割机、割炬	厚度 $t=3\sim360$ mm 板材、型材;纯铁、低碳钢、中碳钢及部分低合金钢;内外形、修边,精度为±1mm。其切割速度低于氧-丙烷
	氧-熔剂	气割机、割炬,加送粉器	铜合金（要预热）、不锈钢、铸铁
弧电火花切割	等离子弧	切割设备、割炬	碳钢、不锈钢、高合金钢、钛合金、铝和铜及其合金、非金属。切口较窄,切厚达 200mm,精度为±5mm,可水下切割
	碳弧气刨	直流焊机、气刨钳	高合金钢、铝和铜及其合金;用于切割、修边、开坡口、去大毛刺
	电火花线切割	电火花线切割机床	各种导电材料的精密切割,切厚可达 300mm 以上,精度为±0.01mm,可切出任意形状平面曲线和<30°斜度（侧壁）,尤适于冲裁模制造
	激光切割	激光切割机	各种材料的精密切割,切厚可超过 10mm,切缝 0.1~0.5mm,精度≤0.1 mm,但设备昂贵

续表1

(2) 剪板

分类	方法	工 装	应用与说明
板料	手工作业	手剪、手提振动剪	低碳钢、铝和铜及其合金、纸板、胶木板、塑料板，精度低，成本低，生产率低；只宜厚度 t $\leqslant$ 4mm 薄板、直线、曲线
		手动剪板机	
	闸式刀架龙门剪剪切	平口剪床	剪切力大，适用于条料、直线外形、中、大型件，生产率高，材料同手剪
		斜口剪床	剪切力较小，宜中、大件直线、大圆弧及坡口，剪切厚度可达 40mm，材料同手剪
	圆盘滚刀剪切	直圆滚剪	剪长条料、直线、圆弧，精度较低，切口有毛刺，宜中小件小批生产，材料同手剪，剪切厚度达 30mm
		下斜式圆滚剪	剪直线、圆弧，其余同直圆滚剪，剪切厚度达 30mm
		全斜式圆滚剪	复杂曲线，其余同直圆滚剪，剪切厚度达 20mm，精度为 $\pm$ 1mm
	短步式剪切	振动剪床	复杂曲线、穿孔、切口、翻边，还可剪钛合金，材料同手剪

(3) 剪切

分类	方法	工 装	应用与说明
型材、棒料切断		型材剪断机	各种型材，材料同手剪
		棒料剪断机	各种棒料，材料同手剪
多功能		联合冲剪机	板材、型材、棒材剪断、冲孔、切口，粗度较大，切口粗糙。材料同手剪
数控型		数控直角剪板机	可套裁矩形板件（ t $\leqslant$ 10mm），精度高，经济效益好，易组成自动线，设备一次性投资大
		数控冲剪机	t $\leqslant$ 4mm，功能多，自动化程度高，可配置模具库，价格贵

(4) 冲裁（落料冲孔切断切口）

工 装	应用与说明
冲裁设备	t $\leqslant$ 10mm，精度高（落料 IT10，冲孔 IT9），生产率高，宜中、大量生产

(5) 切削加工

方法	工装	应用与说明
手工作业	弓锯	各种型、棒、管、板材，工具价廉，劳动强度大，生产率低，操作简单，可锯槽，可锯硬料，用于各种金属和非金属材料
	手持动力锯	各种型、棒、管、板材，生产率高，噪声大。用于各种未淬硬金属、非金属
	手控锯切机	同手持动力锯
	电动割管机	$\phi 200 \sim \phi 1000$mm 金属、塑料管材
	切管架	中小径管材，劳动强度大，材料 $\phi 200 \sim \phi 1000$mm 金属、塑料管材
	手控砂轮切割机	型、棒、管材，各种金属、非金属（除有色金属、橡塑材料）
机床作业	锯床	型、棒、管材，未淬硬金属、塑料、木材，生产率高
	刨边机、刨床	板材切割、修边、开坡口，精度高，材料同锯床
	钣金铣床、铣床	板材切割、修边，精度高，可切复杂曲线，材料同锯床
	车床、镗床	棒、管材切断、开坡口、修边，精度高，各种材料

（6）高压水切割

方法	工装	应用与说明
高压水切割	超高压（≥400 MPa）水割设备	各种金属、非金属（如玻璃、陶瓷、岩石），可配入磨料，精度高，切陶瓷厚达 10mm 以上，设备昂贵

3. 剪床按工作性质分哪几种？各有何特点？

答：剪床的结构形式很多，按传动方式分机械和液压两种，按其工作性质又可分为剪直线和剪曲线两大类。

（1）剪直线的剪床。按两剪刀的相对位置，剪直线的剪床分平口剪床、斜口剪床和圆盘剪床三种（如图 4－1 所示）。

①平口剪床。平口剪床上下刀板的刀口是平行的，剪切时，下刀板固定，上刀板作上下运动。这种剪床工作时受力较大，但剪切时间较短，适宜于剪切狭而厚的条钢。

②斜口剪床。斜口剪床的下刀板成水平位置，一般固定不动，上刀板倾斜成一定的角度（ϕ）作上下运动，由于刀口逐渐与材料接触而发生剪切作用，所以剪切时间虽较长，但所需要的剪力远比平口剪床要小，因而这种剪床应用

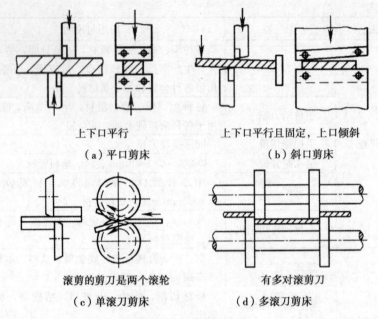

上下口平行

（a）平口剪床

上下口平行且固定，上口倾斜

（b）斜口剪床

滚剪的剪刀是两个滚轮

（c）单滚刀剪床

有多对滚剪刀

（d）多滚刀剪床

图 4-1　剪床的种类

较广泛。

③圆盘剪床。圆盘剪床的剪切部分是由一对圆形滚刀组成的，称单滚刀剪床；由多对滚刀组成的称多滚刀剪床。剪切时，上下滚刀作反向转动，材料在两滚刀间，一面剪切，一面送进。这种剪床适宜于剪切长度很长的条料，而且剪床操作方便，生产效率高，所以应用较广泛。

（2）剪曲线的剪床。剪曲线的剪床有滚刀斜置式圆盘剪床和振动式斜口剪床两种。如图 4-2 所示，滚刀斜置式圆盘剪床又分单斜滚刀和全斜滚刀两种。单斜滚刀的下滚刀是倾斜的，适用于剪切直线、圆、圆环；全斜滚刀的上、下滚刀都是倾斜的，所以适用于剪切圆、圆环及任意曲线。

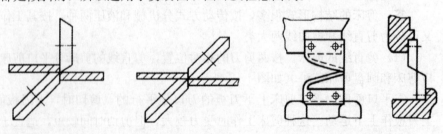

（a）下滚刀斜置式圆舟剪床　　（b）上、下滚刀均斜置式圆盘剪床　　（c）振动式剪床

图 4-2　剪曲线的剪床

振动式剪床的上、下刀板都是倾斜的，其交角较大，剪切部分极短，工作

时上刀板每分钟的行程数有数千次之多，所以工作时上刀板似振动状。这种剪床能剪切各种形状复杂的板料，并能在材料中间切割出各种形状的穿孔。

4. 常用剪切方法、剪刃参数及剪切力计算如何？

答：常用剪切方法、剪刃参数及剪切力计算如下：

（1）龙门剪及杠杆剪。其原理如图 4-3 所示。

①剪刃参数：龙门剪剪刃斜角 $\phi=2°\sim6°$

平口剪 $0°$，杆杠剪 $7°\sim12°$

料厚 $t=3\sim10$，取 $\phi=1°\sim3°$；$t=12\sim35$，取 $\phi=3°\sim6°$

前角 $\gamma=5°\sim15°$

后角 $\alpha=1.5°\sim3°$

楔角 $\delta=75°\sim80°$

为便于刃磨常取 $\alpha=0°$

②剪切力 $F_剪$（N）：平口（$\phi=0°$）：

$$F_剪=1.3Bt\tau$$

斜口：$F_剪=0.65\dfrac{t^2\tau}{\tan\phi}$

式中　t——板厚，mm；

τ——坯料剪切强度，MPa。

③用途：板料裁条或剪单个坯料一般 $t_{max}\leqslant40$ mm。

（2）直滚剪。其原理如图 4-4 所示。

①剪刃参数：咬角 $\alpha\leqslant14°$

重叠高 $C=(0.2\sim0.3)t$

剪盘尺寸：

$t>10$ 厚料 $D=(25\sim30)t$

$h=50\sim90$mm

$t<3$ 薄料 $D=(35\sim50)t$

$h=20\sim25$mm

间隙 $Z=(0.05\sim0.07)t$

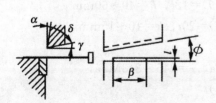

图 4-3　龙门剪及杠杆剪

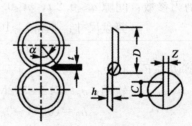

图 4-4　直滚剪

②剪切力 $F_{剪}$（N）：

$$F_{剪}=0.65\frac{h_0 t}{\tan\alpha}\cdot\tau$$

$$\tan\alpha=\sqrt{\left(\frac{D}{D-t-6}\right)^2-1}$$

③用途：板料裁条或剪单个坯料一般 $t_{max}\leqslant 30$ mm。

(3) 圆盘剪。其原理如图 4-5 所示。

①剪刃参数：斜角 $\varepsilon=30°\sim40°$

剪盘尺寸：厚料 $t>10$，$D=30t$，$h=50\sim80$mm

薄料 $t<3$，$D=28t$，$h=15\sim20$mm

②剪切力 $F_{剪}$（N）：

软钢：$\sigma_b=249\sim392$MPa，$\tau=245\sim343$MPa，

$h_0=(0.64\sim0.04)t$

硬钢：$\sigma_b=539\sim739$ MPa，$\tau=490\sim680$MPa，

$h_0=0.45t^{0.82}$

紫铜、铝（退火）：$h_0=(1-0.05t)t$

非金属材料：$h_0=1.0$

③用途：板料裁条，裁圆或环状坯料 $t_{max}\leqslant 30$ mm。

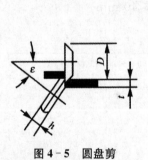

图 4-5　圆盘剪　　　　　　　图 4-6　斜滚剪

(4) 斜滚剪。其原理如图 4-6 所示。

①剪刃参数：间隙 $a\leqslant0.2t$，$b\leqslant0.3t$

剪盘尺寸：厚料 $t>10$，$D=12t$，$h=40\sim60$mm

薄料 $t<5$，$D=20t$，$h=10\sim15$mm

②剪切力 $F_{剪}$（N）：

软钢：$\sigma_b=249\sim392$MPa，$\tau=245\sim343$MPa，

$h_0=(0.64\sim0.04)t$

硬钢：$\sigma_b=539\sim739$ MPa，$\tau=490\sim680$MPa，

$h_0=0.45t^{0.82}$

紫铜、铝（退火）：$h_0 = (1 - 0.05)t$

非金属材料：$h_0 = 1.0$

③用途：裁半径不大圆、环状曲 $t_{max} \leqslant 30$ mm，精度 ± 2mm。

（5）振动剪。其原理如图 4-7 所示。

①剪刃参数：$\alpha = 24° \sim 30°$

$\beta = 6° \sim 7°$

剪刃行程 2～3mm

重叠量 0.2～1mm

剪刀间隙 6%～7%

②剪切力 $F_剪$（N）：同上。

③用途：按样板或划线剪小半径曲线轮廓坯料。

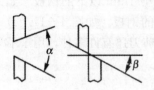 

图 4-7 振动剪　　　图 4-8 蚕食冲剪　　　图 4-9 型材剪切

（6）蚕食冲剪。其原理如图 4-8 所示。

①剪刃参数：冲头直径 ϕ 8mm、ϕ 25mm。

冲头在凹模内的最小长度 1.5～2mm。

②剪切力 $F_剪$（N）：$F_剪 = 1.3A\tau$

A——剪断面积 mm。

③用途：黑色板材曲线外形仿形下料，单件小批生产。

（7）型材剪切。其原理如图 4-9 所示。

①剪切力 $F_剪$（N）：$F_剪 = 1.3A\tau$

A——剪断面积 mm。

②用途：剪切各种型材。

5. 剪床是如何切料的？

答：将被剪材料置于剪床的上、下两个剪刀间，下剪刀固定不动，而上剪刀垂直作向下运动，这样材料便在两刀刃的强大压力下剪开，完成剪切工作。

材料的剪断面可分成四个区域，如图 4-10 所示。当上剪刀开始向下动作时，便压紧钢板，由于钢板受上、下剪

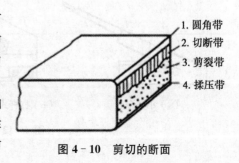

1. 圆角带
2. 切断带
3. 剪裂带
4. 揉压带

图 4-10 剪切的断面

刀的压力，剪刀压入钢板而造成圆角，形成圆角带 1 和揉压带 4。当剪刀继续压下时，材料受剪力而开始被剪切，这时剪切所得的表面称为切断带 2。由于这一平面是受剪力而剪下的，所以比较平整光滑。当剪刀继续向下时，材料内部的应力迅速达到材料的最大抗剪力，使材料突然断裂，形成一个粗糙不平的剪裂带 3，所以在钢板的剪切面上形成了四个区域。

6. 手动剪切机械有哪些？其特点及用途如何？

答：手动剪切是冷作钣金工一项基本操作技术。在手动剪切操作中，最重要的工具就是剪切机械。手动剪切机械主要用于剪切小而薄的板料，应用灵活，比起用笨重的大型剪床要方便得多，所以至今还有一定的实用价值。各种手动剪切机械的种类和用途如下：

（1）手剪刀。如图 4 - 11 所示为几种常用的手剪刀，用于剪薄钢板、紫铜皮、黄铜皮等。如图 4 - 11（a）所示为小手剪刀，可剪 1mm 以下的钢板。如图 4 - 11（b）所示为一种大手剪刀，可剪 2mm 以下的钢板。如图 4 - 11（c）所示为刀头弯曲的手剪刀，用于剪切圆板或曲线。手剪刀还有许多种，用于不同情况的薄板剪切。

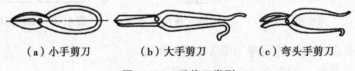

（a）小手剪刀　　　（b）大手剪刀　　　（c）弯头手剪刀

图 4 - 11　手剪刀类型

（2）台剪。为了能剪切较厚的板料，可在手柄与刀刃间增添杠杆或齿轮构件，目的在于使用同样的作用力时剪力可增大。如图 4 - 12（a）所示为小型台剪，由于手柄较长，利用杠杆作用可产生比手剪刀大的剪切力，可剪 3～4mm 厚的钢板。如图 4 - 12（b）、图 4 - 12（c）所示为大型台剪结构，利用两级杠杆的作用，剪切厚度可达 10mm。为防止板料在剪切时移动，可装有能调节的压紧机构。台剪可剪切厚度较大的钢板。

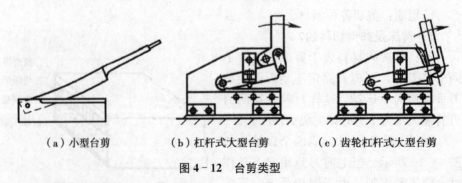

（a）小型台剪　　　（b）杠杆式大型台剪　　　（c）齿轮杠杆式大型台剪

图 4 - 12　台剪类型

（3）振动剪。这种剪根据动力的来源不同分为风剪（如图 4-13 所示）和电动剪。这类剪切机的剪切是靠上剪刀的上下往复运动，并与下剪刀形成剪切动作来完成剪板的。这种剪切机械的剪切厚度不大，一般不超过 2mm，能够完成直线和曲线的剪切。风剪是以压缩空气为动力。

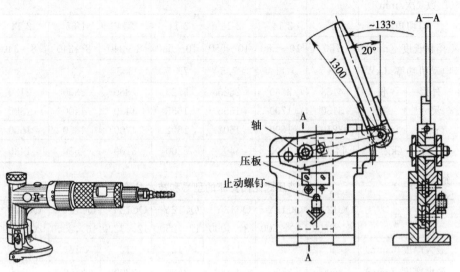

图 4-13　风剪　　　　　图 4-14　闭式机架手动杠杆式剪切机

（4）闭式机架手动剪切机。如图 4-14 所示为闭式机架手动杠杆式剪切机。可动刀片装置在两个固定机架的中间，手柄的端头制有齿轮，并与机架上的齿轮相啮合。扳动手柄，就能使可动刀片在两机架中上下运动，刀片上制有圆形、方形及 T 字形等形状的刀刃，与固定机架上的刀刃形状相一致。剪切时，只要将被剪材料置于相应的刀刃中，并用止动螺钉或压板压紧，然后扳动手柄即可进行剪切。调整轴的位置，就可以改变剪切力的大小及可动刀刃的行程。这种剪切机用于剪切圆、方、扁钢、角钢或 T 字钢。

7. 常用龙门剪床的型号和技术参数有哪些？

答：常用龙门剪床的型号和技术参数见表 4-2 和表 4-3。

表 4-2　　　　　　　几种机械式龙门剪床的型号和技术参数

型　号	Q11-20×3200	Q11-8×2500	Q11-8×1500	Q11-6×2500	Q11-4×2000	Q11-3×1500	Q11-3×1300
最大厚度（mm）	20	8	8	6	4	3	3
最大宽度（mm）	3200	2500	1500	2500	2000	1500	1300
强度极限（MPa）	≤450	≤450	≤450	≤450	≤450	≤450	≤450
连续行程次数（次/min）	20	50	50	50	55	60	50

续表

型 号	Q11-20×3200	Q11-8×2500	Q11-8×1500	Q11-6×2500	Q11-4×2000	Q11-3×1500	Q11-3×1300
满负荷剪切次数（次/min）	—	8	8	10	10	10	8
剪切角度	3°	2°14′	2°14′	2°14′	2°14′	1°35′	2°14′
挡料长度（mm）	750	10～580	10～550	10～580	8～340	8～340	8～340
电动机功率（kW）	—	11	7.5	7.5	5.5	3	3
外形尺寸（mm） 长	4153	3560	2523	3523	2880	2300	2130
宽	3150	1700	1655	1655	1430	1400	1300
高	3210	1690	1602	1602	1700	1650	1600
质量（kg）	14200	5600	4400	5200	3100	1650	1430

表 4-3　　　　　几种液压式龙门剪床的型号和技术参数

型 号	QC12Y-6×2500	QC12Y-8×2500	QC12Y-8×4000	QC12Y-12×2500	QC12Y-12×3200	QC12Y-16×2500	QC12Y-20×2500
最大厚度（mm）	6	8	8	12	12	16	20
最大宽度（mm）	2500	2500	4000	2500	3200	2500	2500
空行程次数（次/min）	15	14	10	12	12	16	20
剪切角度	1°30′	1°30′	1°30′	1°40′	1°40′	2°	2°30′
挡料长度（mm）	20～500	20～500	20～600	20～600	20～600	20～600	20～800
电动机功率（kW）	7.5	11	155	18.5	18.5	22	37
外形尺寸（mm） 长	3040	3040	4640	3140	3880	3140	3440
宽	1610	1700	1950	2150	2150	2150	2300
高	1620	1700	1700	2000	2000	2000	2500
质量（kg）	5500	6200	8000	10000	11500	11000	15000

8. 龙门剪床的剪切工艺是什么？

答：剪切前同样需要将钢板表面清理干净，并画出剪切线。然后将钢板吊至剪床的工作台面上，并使钢板重的一端放在剪床的台面上，以提高它的稳定性，然后调整钢板，使剪切线的两端对准下刀口。要两人操作，分别站立在钢板的两旁，其中一人指挥。剪切线对准后，控制操纵机构，剪床的压紧机构先将钢板压牢，接着进行剪切，一次就可以完成线段的剪切，而不像斜口剪床那样分几段进行，所以剪切操作要比斜口剪床容易。龙门剪床上的剪切长度不超过下刀口长度。

剪切狭料时，在压料架 1 不能压住板料 3 的情况下，可加垫板 4 和压板

2，如图 4-15 所示。将被剪板料的剪切线对准下刀刃，选择厚度相同的板料作为垫板，置于板料的后面，再用一压板盖在被剪板料和垫板上，剪切时，压紧装置压在压板上，借助压板使板料压紧，当剪切尺寸相同而数量又较多的钢板时，可利用挡板定位，这样可免去画线工序。剪切时也不必对线，将钢板靠紧挡板进行剪切即可，从而可大大提高剪切的效率。

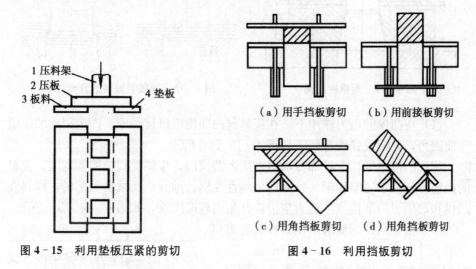

1 压料架
2 压板
3 板料
4 垫板

图 4-15　利用垫板压紧的剪切

（a）用手挡板剪切　　（b）用前接板剪切

（c）用角挡板剪切　　（d）用角挡板剪切

图 4-16　利用挡板剪切

挡板分前挡板、后挡板和角挡板三种。

用后挡板剪切时，必须先调节后挡板位置，使之与下刀刃距离为所需的剪切尺寸，然后将挡板固定，便可进行剪切［如图 1-16（a）所示］。利用前挡板进行剪切时，应调节前挡板的位置，使之与下刀刃的距离即为所需的尺寸［如图 4-16（b）所示］。利用角挡板可剪切平行四边形或不规则四边形的板料。调整角挡板时，可先将样板放在剪床的床面上，并对齐下刀刃，然后调整一只或两只角挡板，使之与样板边靠紧并固定，取出样板后就可剪切［如图 4-16（c）、图 4-16（d）所示］。

凡利用挡板进行剪切时，必须先进行试剪，并检验被剪尺寸是否正确，然后才能成批剪切。

9. 简述冲裁原理。

答：如图 4-17 所示为简单冲裁模，它是由凸模、凹模和模架组成。模架包括上、下模座，导向装置，承料导料装置和卸料装置。冲裁出外形称为落料，冲裁出内孔称为冲孔。一般情况下，凸模在上，凹模在下，板料位于凸凹模之间。凸模安装在压力机的模座上。模具的工作部分是凸模和凹模，它们都具有锋利的刃口。凸、凹模之间具有一定的间隙，凸模向下运动时穿过板料进入凹模，板料在模具间隙的区域内由于剪切和拉伸作用形成断裂层，使板料分离而完成冲裁过程。该过程如图4-18所示。

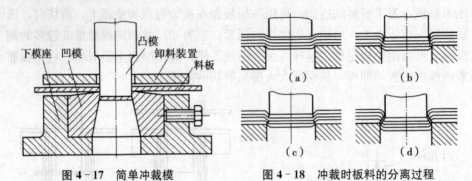

图4-17 简单冲裁模　　　　图4-18 冲裁时板料的分离过程

（1）在凸模的压力作用下，在板料与凸凹模刃口接触处，产生很小的压缩弯曲圆角，并形成弹性弯曲，如图4-18（a）所示。

（2）凸模继续压下，部分板料被压入凹模内，板料受到拉伸和弯曲，板料的内应力超过了屈服极限，开始产生塑性变形，部分金属被挤入凹模，板料在凸模和凹模刃口部位产生应力集中，开始出现微裂纹，如图4-18（b）所示。

（3）由于凸模的继续下压，板料在刃口处的裂纹扩展，形成光亮的剪切断面，当上下层裂纹重合时，板料分离，如图4-18（c）、图4-16（d）所示。

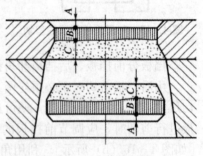

图4-19 冲裁件断面

冲裁过程的板料变形与剪切相同，经过弹性变形、塑性变形、裂纹扩张断裂，断面出现如图4-19所示的圆角带A、光亮带B和断裂带C。圆角带A是在冲裁过程中塑性变形开始时，由金属纤维的弯曲和拉伸造成的；光亮带B是在金属产生塑性剪切变形时形成的，表面比较光亮；断裂带C是拉应力作用，使金属纤维断裂而形成的。在孔的断面上，也有相应的三个区域，但分布位置与冲裁件相反。

10. 如何分析冲裁质量？

答：冲裁件的质量指标、影响冲裁质量的因素及质量分析如下：

（1）冲裁件的质量指标。冲裁件的质量指标主要有：断面质量、尺寸精度和毛刺状态。

（2）影响冲裁质量的因素。影响冲裁质量的因素主要有：凸、凹模间的间隙大小及其分布均匀性，刃口状态，模具制造精度，冲裁件材料的性质，冲裁速度等。

（3）冲裁件的质量分析。

①断面质量：影响断面质量的主要因素是凸模与凹模间的间隙，如间隙合理，冲裁时上、下刀口处所产生的裂纹就能重合（如图 4 - 19 所示）。当间隙过小或过大时，就会使上、下裂纹不能重合。间隙过小时，凸模刃口处的裂纹比合理间隙时向外错开一段距离。如图 4 - 20（a）所示，上、下两裂纹中间的一部分材料，随着冲裁的进行，将被第二次剪切，在断面上形成第二光亮带。在两个光亮带之间，形成撕裂的毛刺和层片。间隙过大时，凸模刃口处的裂纹向里错开一段距离［如图 4 - 20（b）所示］，材料受拉伸和弯曲，使断面光亮带减小，毛刺圆角和锥度都会增大。

②尺寸精度：

a. 冲模的制造精度不够。冲模的制造精度对冲裁件的尺寸精度有着直接的影响，冲模的制造精度越高，则冲裁件的精度也越高。

b. 材料性质和厚度。材料的相对厚度 t/D（t——厚度；D——冲裁件直径）越大，弹性变形量越小，因而冲裁零件的尺寸精度就高。

c. 凸模和凹模间的间隙。落料时，如果间隙过大，材料除剪切外，还产生拉伸弹性变形，冲裁后由于回弹而使零件尺

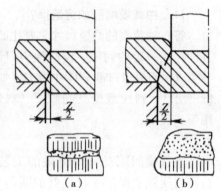

图 4 - 20　间隙不合理时板料的断面情况

寸有所减小，减小的程度随间隙的增大而增大。如间隙过小，材料除受剪切外，还产生压缩弹性变形，冲裁后由于回弹而使零件尺寸有所增大，增大的程度随间隙的减小而增加。

d. 冲裁零件的形状和尺寸等。冲裁件的尺寸越小，形状越简单，则其尺寸精度要比形状复杂、尺寸大的零件为高。

③毛刺：除冲裁间隙不合理会造成零件的毛刺外，凸模或凹模的刃口因磨损而形成圆角时，零件的边缘也会出现毛刺，如图 4 - 21 所示。凸模刃口变钝时，在零件的边缘产生毛刺；凹模刃口变钝时，在孔口的边缘产生毛刺；凸模和凹模刃口都变钝时，则在零件的边缘与孔口边缘都会产生毛刺。不均匀的间隙也会使零件产生局部毛刺。对于产生的毛刺应查明原因，加以解决。很大的毛刺是不允许的，如有不可避免的微小毛刺，应在冲裁后设法消除。

④冷作硬化：在接近冲裁模刃口处的金属，由于有很大的塑性变形而产生冷作硬化现象，使材料的硬度提高 40%～60%，同时改变材料的物理性能（如磁性降低），冷作硬化层的深度（半径方向）与材料的性质和厚度有关，为（30%～60%）t（t 是材料厚度），因此在某些情况下，为了继续作冷变形和恢复其物理性能，冲裁后的零件需经退火处理。

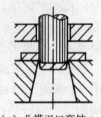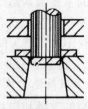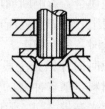

（a）凸模刃口弯钝　　（b）凹模刃口弯钝　　（c）凸、凹模刃口弯钝

图 4－21　刃口变钝时毛刺的形成

11. 冲裁模间隙如何选择？

答：冲裁模的凸模尺寸总要比凹模小，其间存在一定的间隙。设凸模刃口部分尺寸为 d，凹模刃口部分尺寸为 D（如图 4－22 所示），则冲裁模具间隙 Z（双边）可用下式表示：

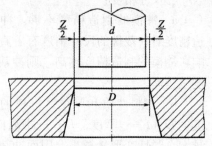

$$Z=D-d$$

冲裁模间隙是一个重要的工艺参数。合理的间隙能保证工件良好的断面质量和

图 4－22　冲裁模间隙

较高的尺寸精度外，还能降低冲裁力，延长模具的使用寿命。

合理的间隙值，是一个尺寸范围。间隙尺寸范围的上限称为最大合理间隙 Z_{max}，下限为最小合理间隙 Z_{min}。凸模与凹模在工作过程中，必然会有磨损，使间隙逐渐增大。因此，制造新模具时，应采用合理间隙最小值。但对尺寸精度要求不高的零件，为减少模具的磨损，可采用大一些的间隙。

合理间隙大小与很多因素有关，其中最主要的是材料的力学性能和板厚。钢板冲裁时的合理间隙值，可以由表 4－4 查得。

表 4－4　　　　　　　　冲裁模的初始间隙（双边）

材料厚度 (mm)	08、10、35、09Mn、Q235 - A		16Mn		40、50		65Mn	
	Z_{min}	Z_{max}	Z_{min}	Z_{max}	Z_{min}	Z_{max}	Z_{min}	Z_{max}
小于 0.5	无　间　隙（mm）							
0.5	0.040	0.060	0.040	0.060	0.040	0.060	0.040	0.060
0.6	0.048	0.072	0.048	0.072	0.048	0.072	0.048	0.072
0.7	0.064	0.092	0.064	0.092	0.064	0.092	0.064	0.092
0.8	0.072	0.104	0.072	0.104	0.072	0.104	0.064	0.092
0.9	0.090	0.126	0.090	0.126	0.090	0.126	0.090	0.126

材料厚度 （mm）	08、10、35、 09Mn、Q235-A		16Mn		40、50		65Mn	
	Z_{min}	Z_{max}	Z_{min}	Z_{max}	Z_{min}	Z_{max}	Z_{min}	Z_{max}
1.0	0.100	0.140	0.100	0.140	0.100	0.140	0.090	0.126
1.2	0.126	0.180	0.132	0.180	0.132	0.180	—	—
1.5	0.132	0.240	0.170	0.240	0.170	0.230	—	—
1.75	0.220	0.320	0.220	0.320	0.220	0.320	—	—
2.0	0.246	0.360	0.260	0.380	0.260	0.380	—	—
2.1	0.260	0.380	0.280	0.400	0.280	0.400	—	—
2.5	0.360	0.500	0.380	0.540	0.380	0.540	—	—
2.75	0.400	0.560	0.420	0.600	0.420	0.600	—	—
3.0	0.460	0.640	0.480	0.660	0.480	0.660	—	—
3.5	0.540	0.740	0.580	0.780	0.580	0.780	—	—
4.0	0.640	0.880	0.680	0.920	0.680	0.920	—	—
4.5	0.720	1.000	0.680	0.960	0.780	1.040	—	—
5.5	0.940	1.280	0.780	1.100	0.980	1.320	—	—
6.0	1.080	1.440	0.840	1.200	1.140	1.500	—	—
6.5	—	—	0.940	1.300	—	—	—	—
8.0	—	—	1.200	1.680	—	—	—	—

12. 降低冲裁力的方法有哪些？

答：用平刃冲模进行冲裁时，是沿着整个零件的外形轮廓同时发生剪切作用，所以冲裁力较大。为了降低冲裁力，实现用小设备冲裁大工件，可采用带斜刃的冲模、凸模的阶梯布置法和加热方法等。

（1）斜刃冲模。斜刃冲模工作时，刃口是逐步地将材料分离，因此冲裁力可显著降低。用斜刃模落料时，应将斜刃做在凹模上而凸模是平刃，这样所得的零件是平直的，而剩料是弯曲的形状，如图 4-23（a）所示。

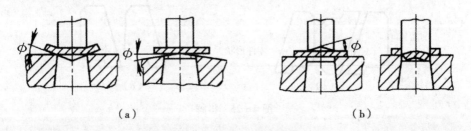

（a） （b）

图 4-23 用斜刃冲模冲裁

用斜刃模冲孔时，应将斜刃做在凸模上而凹模是平刃，这样能得到平直的零件，而冲下的废料是弯曲的，如图 4-23（b）所示。为了防止在冲裁过程中产生使凸模或凹模水平移动的侧压力，斜刃应做成对称的。斜刃冲模的主要缺点是刃口制造和修磨复杂，刃口易磨损，得到的零件不够平整，且不适应冲裁外形复杂的零件，因此在一般情况下尽量不用。

（2）阶梯冲模。用多个凸模冲裁时，为减少冲裁力，可将凸模做成阶梯形式，如图 4-24 所示。阶梯冲模不仅可以降低冲裁力，而且能减少振动，在直径相差悬殊、距离很近的多孔冲裁中，还能避免小直径凸模由于受材料流动产生的挤压力作用而产生折断或倾斜的现象。

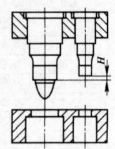

图 4-24　阶梯冲裁

凸模间的高度差 H 与板料厚度有关，对薄料取等于料厚，对大于 3mm 厚的板料，取板厚的一半。

（3）加热冲裁。将板料加热后，其抗剪强度大大降低，使冲裁力减少。例如一般碳素结构钢加热至 900℃ 时，其抗剪强度只有常温下的 10% 左右，所以在冲裁厚板而压力机吨位又不足时，常采用加热冲裁。

加热冲裁工艺复杂，当设备能力达到时一般不用。

13. 冲裁加工的一般工艺要求是什么？

答：冲裁加工的一般工艺要求如下：

（1）搭边值的确定。为保证冲裁质量和寿命，冲裁时，材料在凸模工作刃口外侧应留有足够的宽度，即所谓搭边。搭边值 a 一般可根据冲裁件的板厚 t 按如下关系选取：

圆形零件 $a \geqslant 0.7t$；

方形零件 $a \geqslant 0.8t$。

（2）合理排样。冲裁加工时的合理排样，是降低生产成本的有效途径。合理排样，是在保证必要搭边值的前提下，尽量减少废料［如图 4-25（a）所示］。如图 4-25（b）所示为不合理的排样。

零件形状

（a）　　　　　　　　　　（b）

图 4-25　排样

各种冲裁件的具体排样方法，应根据冲裁件形状、尺寸和材料规格，灵活考虑。

（3）可能冲裁的最小尺寸。零件冲裁加工部分尺寸越小，则所需的冲裁力也越小。但尺寸过小，将造成凸模单位面积上的压力过大，使其强度不足。零件冲裁加工部分的最小尺寸，与零件的形状、板厚及材料的力学性能有关。采用一般冲模，在软钢材料上所能冲出的最小尺寸为：

圆形零件最小直径＝t（板厚）

方形零件最小边长＝$0.9t$

矩形零件最小短边＝$0.8t$

（4）使用冲床应注意的事项：

①使用前，对冲床的各部分要进行检查，并注加润滑油。

②安装模具时，要使模具压力中心与冲床压力中心相吻合，且要保证凸、凹模间隙均匀。

③启动开关后，空车试转 $3\sim5$ 次，检查操纵装置及运转状态是否正常。冲裁时，精神要集中，不能随意踩踏板，要防止手伸向模具间或头部接触滑块，以免发生事故或造成废品。

④不能冲裁过硬或经淬火的材料，而且冲床绝不允许超载工作。

⑤停止冲裁后，需切断电源或上保险开关。冲裁出的零件及边角料应及时运走，保持冲床周围无工作障碍物。

⑥长时间冲裁，要注意检查模具有无松动，间隙是否均匀。

14. 什么是气割？其特点和应用范围有哪些？

答： 气割是利用气体火焰的热能将工件切割处预热到燃烧温度（燃点），再向此处喷射高速切割氧流，使金属燃烧，生成金属氧化物（熔渣），同时放出热量，熔渣在高压切割氧的吹力下被吹掉。所放出的热和预热火焰又将下层金属加热到燃点，这样继续下去逐步将金属切开。所以，气割是一个预热—燃烧—吹渣的连续过程，即金属在纯氧中的燃烧过程，如图 4 - 26 所示。

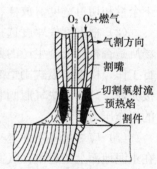

图 4 - 26 气割示意图

钣金工的气割加工主要用于下料，有时也用于开坡口。

（1）气割的特点。气割的优点是设备简单，使用灵活，操作方便，生产效率高，成本低，能在各种位置上进行切割，并能在钢板上切割各种形状复杂的零件；气割的缺点是对切口两侧金属的成分和组织产生一定的影响，并会引起工件的变形等。常用材料的气割特点如下：

①碳钢：低碳钢的燃点（约 1350℃）低于熔点，易于气割；随着碳含量的增加，燃点趋近熔点，淬硬倾向增大，气割过程恶化。

②铸铁：碳、硅含量较高，燃点高于熔点；气割时生成的二氧化硅熔点高，黏度大，流动性差；碳燃烧生成的一氧化碳和二氧化碳会降低氧气流的纯

111

度；不能用普通气割方法，可采用振动气割方法切割。

③高铬钢和铬镍钢：气割时生成高熔点的氧化物（Cr_2O_3，NiO）覆盖在切口表面，阻碍气割过程的进行；不能用普通气割方法，可采用振动气割法切割。

④铜、铝及其合金：导热性好，燃点高于熔点，其氧化物熔点很高，金属在燃烧（氧化）时，放热量少，不能气割。

（2）气割的应用范围。气体火焰切割主要用于切割纯铁、各种碳钢、低合金钢及钛等，其中淬火倾向大的高碳钢和强度等级高的低合金钢气割时，为了避免切口处淬硬或产生裂纹，应采取适当加大预热火焰能率、放慢切割速度，甚至切割前先对工件进行预热等工艺措施；厚度较大的不锈钢板和铸铁件冒口，可以采用特种气割方法进行气割。随着各种自动、半自动气割设备和新型割嘴的应用，特别是数控火焰切割技术的发展，使得气割可以代替部分机械加工。有些焊接坡口可一次直接用气割方法切割出来，切割后可直接进行焊接。气体火焰切割精度和效率的大幅度提高，使气体火焰切割的应用领域更加广阔。

15. 氧-乙炔气割操作前应做哪些准备工作？

答：气割前的准备工作如下：

（1）按照零件图样要求放样、号料。放样划线时应考虑留出气割毛坯的加工余量和切口宽度。放样、号料时应采用套裁法，可减少余料的消耗。

（2）根据割件厚度选择割炬、割嘴和气割参数。气割之前要认真检查工作场所是否符合安全生产的要求。乙炔瓶、回火防止器等设备是否能保证正常进行工作。检查射吸式割炬的射吸能力是否正常，然后将气割设备按操作规程连接完好。开启乙炔气瓶阀和氧气瓶阀，调节减压器，使氧气和乙炔气达到所需的工作压力。

（3）应尽量将割件垫平，并使切口处悬空，支点必须放在割件以内。切勿在水泥地面上垫起割件气割，如确需在水泥地面上切割，应在割件与地面之间加一块铜板，以防止水泥爆溅伤人。

（4）用钢丝刷或预热火焰清除切割线附近表面上的油漆、铁锈和油污。

（5）点火后，将预热火焰调整适当，然后打开切割阀门，观察风线形状，风线应为笔直和清晰的圆柱形，长度超过厚度的 1/3 为宜，切割气流的形状和长度如图 4-27 所示。

16. 气割操作的基本步骤有哪些？

答：气割操作的基本步骤如下：

（1）操作姿势。点燃割炬调好火焰之后就可以进行切割。操作者双脚成外八字形蹲在工件的一侧，右臂靠住右膝盖，左臂放在两腿中间，便于气割时移动。右手握住割炬手把并以右手大拇指和食指握住预热氧调节阀，以便于调整预热火焰能率，一旦发生回火时能及时切断预热氧。左手的大拇指和食指握住切割氧调节阀，便于切割氧的调节，其余三指平稳地托住射吸管，使割炬与割件保持垂直。气割过程中，割炬运行要均匀，割炬与割件的距离保持不变。每割一段需要移动身体位置时，应关闭切割氧调节阀，等重新切割时再度开启。

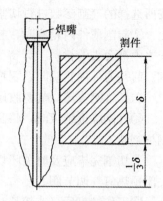

图 4 - 27 切割气流的形状和长度

（2）预热。开始气割时，将起割点材料加热到燃烧温度（割件发红），称为预热。起割点预热后，才可以慢慢开启切割氧调节阀进行切割。预热的操作方法，应根据零件的厚度灵活掌握。

①对于厚度<50mm 的割件，可采取割嘴垂直于割件表面的方式进行预热。对于厚度>50mm 的割件，预热分两步进行，如图 4 - 28 所示。开始时将割嘴置于割件边缘，并沿切割方向后倾 10°～20°加热，如图 4 - 28（a）所示。待割件边缘加热到暗红色时，再将割嘴垂直于割件表面继续加热，如图 4 - 28（b）所示。

②气割割件的轮廓时，对于薄件可垂直加热起割点；对于厚件应先在起割点处钻一个孔径约等于切口宽度的通孔，然后再加热割件该孔边缘作为起割点预热。

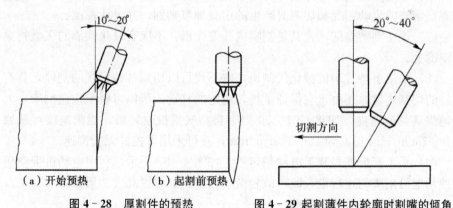

（a）开始预热　　（b）起割前预热

图 4 - 28　厚割件的预热　　　　**图 4 - 29 起割薄件内轮廓时割嘴的倾角**

（3）起割。起割的操作步骤如下：

①首先应点燃割炬，并随即调整好火焰（中性焰），火焰的大小，应根据钢板的厚度调整适当。将起割处的金属表面预热到接近熔点温度（金属呈亮红色或"出汗"状），此时将火焰局部移出割件边缘并慢慢开启切割氧气阀门，当看到钢水被氧射流吹掉时，再加大切割气流，待听到"噗、噗"声时，便可

113

按所选择的气割参数进行切割。

②起割薄件内轮廓时，起割点不能送在毛坯的内轮廓线上，应选在内轮廓线之内被舍去的材料上，待该割点割穿之后，再将割嘴移至切割线上进行切割。起割薄件内轮廓时，割嘴应向后倾料 20°～40°，如图 4-29 所示。

（4）气割收尾。气割收尾的操作步骤如下：

①气割临近结束时，将割嘴后倾一定角度，使钢板下部先割透，然后再将钢板割断。

②切割完毕应及时关闭切割氧调节阀并抬起割炬，再关乙炔调节阀，最后关闭预热氧气调节阀。

③工作结束后（或较长时间停止切割）应将氧气瓶阀关闭，松开减压器调压螺钉，将氧气胶管中的氧气放出，同时关闭乙炔瓶阀，放松减压调节螺钉，将乙炔胶管中的乙炔放出。

17. 提高手工气割质量和效率的方法是什么？

答：（1）提高操作者的操作技术水平。

（2）根据割件的厚度，正确选择合适的割炬、割嘴、切割氧压力、乙炔压力和预热氧压力等气割参数。

（3）选用适当的预热火焰能率。

（4）气割时，割炬要端平稳，使割嘴与割线两侧的夹角为 90°。

（5）要正确操作，手持割炬时人要蹲稳。操作时呼吸要均匀，手勿抖动。

（6）掌握合理的切割速度，并要求均匀一致。气割的速度是否合理，可通过观察熔渣的流动情况和切割时产生的声音加以判别，并灵活控制。

（7）保持割嘴整洁，尤其是割嘴内孔要光滑，不应有氧化铁渣的飞溅物黏到割嘴上。

（8）采用手持式半机械化气割机，它不仅可以切割各种形状的割件，具有良好的切割质量，还由于它保证了均匀稳定的移动，所以可装配快速割嘴，大大地提高切割速度。如将 G01-30 型半自动气割机改装后，切割速度可从原来 7～75cm/min 提高到 10～240cm/min，并可采用可控硅无级调速。

（9）手工割炬如果装上电动匀走器，如图 4-30 所示，利用电动机带动滚轮使割炬沿割线匀速行走，既可减轻劳动强度，又可提高气割质量。

18. 气割注意事项有哪些？

答：（1）在切割过程中，应经常注意调节预热火焰，保持中性焰或轻微的氧化焰，焰芯尖端与割件表面距离为 3～5mm。同时应将切割氧孔道中心对准钢板边缘，以利于减少熔渣的飞溅。

（2）保持溶渣的流动方向基本上与切口垂直，后拖量尽量小。

（3）注意调整割嘴与割件表面间的距离和割嘴倾角。

（4）注意调节切割氧气压力与控制切割速度。

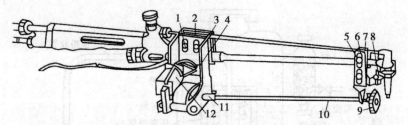

1. 螺钉；2. 机架压板；3. 电动机架；4. 开关；5. 滚轮架；6. 滚轮架压板；7. 辅轮架；8. 辅轮；9. 滚轮；10. 轴；11. 联轴器；12. 电动机

图 4-30　手工气割电动匀走器结构

（5）防止鸣爆、回火和熔渣溅起、灼伤。

（6）切割厚钢板时，因切割速度慢，为防止切口上边缘产生连续珠状渣、上边缘被熔化成圆角和减少背面的黏附挂渣，应采取较弱的火焰能率。

（7）注意身体位置的移动。切割长的板材或做曲线形切割时，一般在切割长度达到 300～500mm 时，应移动一次操作位置。移位时，应先关闭切割氧调节阀，将割炬火焰抬离割件，再移动身体的位置。继续施割时，割嘴一定要对准割透的接割处并预热到燃点，再缓慢开启切割氧调节阀继续切割。

（8）若在气割过程中，发生回火而使火焰突然熄灭，应立即将切割氧气阀关闭，同时关闭预热火焰的氧气调节阀，再关乙炔阀，过一段时间再重新点燃火焰进行切割。

19. 氧熔剂气割的特点是什么？

答： 氧熔剂气割法又称为金属粉末切割法，是向切割区域送入金属粉末（铁粉、铝粉等）的气割方法。可以用来切割常规气体火焰切割方法难以切割的材料，如不锈钢、铜和铸铁等。氧熔剂气割方法虽设备比较复杂，但切割质量比振动切割法好。在没有等离子弧切割设备的场合，是切割一些难切割材料的快速和经济的切割方法。

氧熔剂气割是在普通氧气切割过程中在切割氧气流内加入纯铁粉或其他熔剂，利用它们的燃烧热和除渣作用实现切割的方法。通过金属粉末的燃烧产生附加热量，利用这些附加热量生成的金属氧化物使得切割熔渣变稀薄，易于被切割氧气流排除，从而达到实现连续切割的目的。金属粉末切割的工作原理如图 4-31 所示。

对切割熔剂的要求是在被氧化时能放出大量的热量，使工件达到能稳定地进行切割的温度，同时要求熔剂的氧化物应能与被切割金属的难熔氧化物进行激烈的相互作用，并在短时间内形成易熔、易于被切割氧气流吹出的熔渣。熔剂的成分主要是铁粉、铝粉、硼砂、石英砂等，铁粉与铝粉在氧气流中燃烧时放出大量的热，使难熔的被切割金属的氧化物熔化，并与被切割金属表面的氧

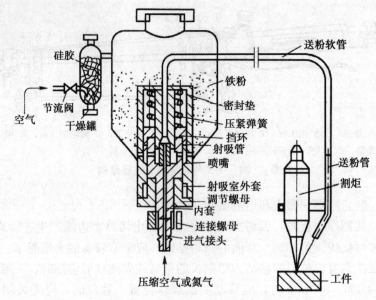

图 4-31 金属粉末切割的工作原理

化物熔在一起；加入硼砂等可使熔渣变稀，易于流动，从而保证切割过程的顺利进行。

20. 氧液化石油气切割的优点与缺点是什么?

答：氧液化石油气切割的优点是：①成本低，切割燃料费比氧-乙炔切割降低 15%～30%；②火焰温度较低（约 2300℃），不易引起切口上缘熔化，切口齐平，下缘黏渣少、易铲除，表面无增碳现象，切口质量好；③液化石油气的汽化温度低，不需使用汽化器，便可正常供气；④气割时不用水，不产生电石渣，使用方便，便于携带，适于流动作业；⑤适宜于大厚度钢板的切割。氧液化石油气火焰的外焰较长，可以到达较深的切口内，对大厚度钢板有较好的预热效果；⑥操作安全，液化石油气化学活泼性较差，对压力、温度和冲击的敏感性低。燃点为 500℃以上，回火爆炸的可能性小。

氧液化石油气切割的缺点是：①液化石油气燃烧时火焰温度低，因此，预热时间长，耗氧量较大；②液化石油气密度大（气态丙烷为 $1.867kg/m^3$），对人体有麻醉作用，使用时应防止漏气和保持良好的通风。

21. 快速气割参数应如何选择?

答：采用 $M_E=2.0$ 系列快速割嘴气割不同厚度钢板时的气割参数见表 4-5，大轴和钢轨的气割参数见表 4-6。

钢板厚度 （mm）	割嘴喉部 直径（mm）	气割氧压力 （MPa）	燃气压力 （MPa）	气割速度 （cm/min）	切口宽度 （mm）
≤5				110.0	
5～10				110.0～85.0	
10～20	0.7	0.75～0.8		85.0～60.0	≈1.3
20～40				60.0～35.0	
40～60				35.0～25.0	
20～40				65.0～45.0	
40～60	1	0.75～0.8	0.02～0.04	45.0～38.0	≈2.0
60～100				38.0～20.0	
60～100	1.5	0.7～0.75		43.0～27.0	≈2.8
100～150				27.0～20.0	
100～150	2	0.7		30.0～25.0	≈3.5
150～200				25.0～17.0	

表 4－6　　　　　　　　大轴和钢轨的气割参数

割件	割嘴孔径 （mm）	切割氧压力 （MPa）	预热氧压力 （MPa）	燃气压力 （MPa）	切割速度 （mm/min）
大轴	4	1.0～1.2	0.3	0.04	120～180
钢轨	2.5	0.55～0.6	0.15	0.04	120[①]，430[②]，90[③]，220[④]

注：①采用 CG2－150 型仿形气割机。

②大轴气割机，可采用钢棒引割。

③钢轨的气割速度，也可以按最大厚度选用。

22. 快速气割对设备、气体及火焰有哪些要求？

答：要求调速范围大、行走平稳、体积小、质量轻等。行车速度在
200～1200mm/min，可调；为保证气流量的稳定，一般以 3～5 瓶氧气经汇流
排供气。使用高压、大流量减压器。氧气橡胶管要能承受 2.5MPa 的压力，内
径在 4.8～9mm；采用射吸式割炬 G01－100 型改装，也可采用等压式割炬；
乙炔压力应＞0.1MPa，最好采用乙炔瓶供应乙炔气。当预热火焰调至中性焰
时，应保证火焰形状匀称且燃烧稳定；切割氧气流在正常火焰衬托下，目测时
应位于火焰中央，且挺直、清晰、有力，在规定的使用压力下，可见切割氧气
流长度应符合表 4－7。

表 4－7　　　　　　　　可见切割氧气流长度

割嘴规格号	1	2	3	4	5	6	7
可见切割氧气流长度（mm）	≥80	≥100		≥120		≥150	≥180

23. 如何用气割切割薄钢板？

答：切割 2～4mm 的薄板时，因板薄，加热快，散热慢，容易引起切口边缘熔化，熔渣不易吹掉，黏在钢板背面，冷却后不易去除，且切割后变形很大。若切割速度稍慢，预热火焰控制不当，易造成前面割开后面又熔合在一起的现象。因此，气割薄板时，为了获得较为满意的效果，应采取如下措施：

（1）应选用 G01-30 型割炬和小号割嘴。

（2）预热火焰要小，割嘴后倾角加大到 30°～45°，割嘴与工件距离加大到 10～15mm，切割速度尽可能快些。

（3）如果薄板成批下料或切割零件时，可将薄板叠在一起进行气割。这样，生产率高，切割质量也比单层切割好。叠成多层切割之前，要把切口附近的铁锈、氧化皮和油污清理干净。要用夹具夹紧，不留间隙。

（4）为保证上、下表面两张薄板不致烧熔，可以用两块 6～8mm 的钢板作为上、下盖板叠在一起。为了使开始切割顺利，可将上、下钢板错开使端面叠成 3°～5°的斜角，如图 4-32 所示。叠板气割可以切割 0.5mm 以上的薄板，总厚度不应大于 120mm。

用切割机对厚 6mm 以下的零件进行成形气割，为获得必要的尺寸精度，可以在切割机上配以洒水管，如图 4-33 所示，边切割边洒水，洒水量为 2L/min。薄钢板的机动气割参数见表 4-8。

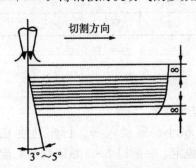

图 4-32　叠板切割图

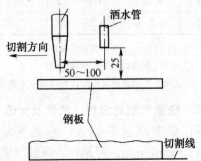

图 4-33　切割薄板时洒水管的配置

表 4-8　　　　　　　　　薄钢板的机动气割参数

板厚（mm）	割嘴号码	割嘴高度（mm）	切割速度（mm/min）	切割氧压力（MPa）	乙炔压力（MPa）
3.2	0	8	650	0.196	0.02
4.5	0	8	600	0.196	0.02
6.0	0	8	550	0.196	0.02

24. 如何用气割切割中厚度碳钢板？

答：气割 4～20mm 厚度的钢板时，一般选用 01-100G 型割炬，割嘴与工件表面的距离大致为焰芯长度加上 2～4mm，切割氧风线长度应超过工件板厚的 1/3。气割时，割嘴向后倾斜 20°～30°，切割钢板越厚，后倾角应越小。

25. 如何用气割切割大厚度碳钢板？

答： 通常把厚度超过 100mm 的工件切割称为大厚度切割。气割大厚度钢板时，由于工件上下受热不一致，使下层金属燃烧比上层金属慢，切口易形成较大的后拖量，甚至割不透，熔渣易堵塞切口下部，影响气割过程的顺利进行。

（1）应选用切割能力较大的（G01 - 300 型）割炬和大号割嘴，以提高火焰能率。

（2）氧气和乙炔要保证充分供应，氧气供应不能中断，通常将多个氧气瓶并联起来供气，同时使用流量较大的双级式氧气减压器。

（3）气割前，要调整好割嘴与工件的垂直度，即割嘴与割线两侧平面成 90°夹角。

（4）气割时，预热火焰要大。先从割件边缘棱角处开始预热，如图 4 - 34 所示，并使上、下层全部均匀预热，如图 4 - 34（a）所示。如图 4 - 34（b）所示上、下预热不均匀，会产生如图 4 - 34（c）所示的未割透。大截面钢件气割的预热温度参数见表 4 - 9。

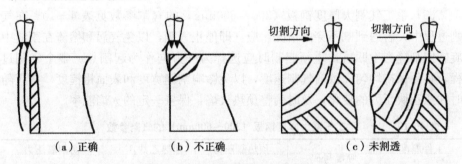

（a）正确　　　　（b）不正确　　　　（c）未割透

图 4 - 34　大厚度钢板气割的预热

表 4 - 9　　　　　　　　大截面钢件气割的预热温度

材料牌号	截面尺寸（mm）	预热温度（℃）
35，45	1000×1000	250
5CrNiMo，5CrMnMo	800×1200	
14MnMoVB	1200×1200	450
37SiMn2MoV，60CrMnMo	ϕ 830	
25CrNi3MoV	1400×1400	

操作时，注意使上、下层全部均匀预热到切割温度，逐渐开大切割氧气阀并将割嘴后倾，如图 4 - 35（a）所示，待割件边缘全部切透时，加大切割氧

气流，且将割嘴垂直于割件，再沿割线向前移动割嘴。切割过程中，还要注意切割速度要慢，而且割嘴应做横向月牙形小幅摆动，如图 4-35（b）所示，但此时会造成割缝表面质量下降。当气割结束时，速度可适当放慢，使后拖量减少并容易将整条割缝完全割断。有时，为加快气割速度，可采取先在整个气割线的前沿预热一遍，然后再进行气割。若割件厚度超过 300mm 时，可选用重型割炬或自行改装，将原收缩式割嘴内嘴改制成缩放式割嘴内嘴，如图 4-36 所示。

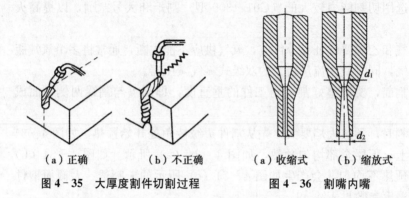

（a）正确　　　（b）不正确　　　（a）收缩式　　（b）缩放式

图 4-35　大厚度割件切割过程　　　图 4-36　割嘴内嘴

（5）手工气割大厚度钢板（300～600mm）的气割参数见表 4-10。在气割过程中，若遇到割不穿的情况，应立即停止气割，以免气涡和熔渣在割缝中旋转使割缝产生凹坑，重新起割时应选择另一方向作为起割点。整个气割过程，必须保持均匀一致的气割速度，以免影响割缝宽度和表面粗糙度。并应随时注意乙炔压力的变化，及时调整预热火焰，保持一定的火焰能率。

表 4-10　　　手工气割大厚度钢板（300～600mm）的气割参数

工件厚度 (mm)	喷嘴号码	预热氧压力 (MPa)	预热乙炔压力 (MPa)	切割氧压力 (MPa)
200～300	1	0.3～0.4	0.08～0.1	1～1.2
300～400	1	0.3～0.4	0.1～0.12	1.2～1.6
400～500	2	0.4～0.5	0.1～0.12	1.6～2
500～600	3	0.4～0.5	0.1～0.14	2～2.5

26. 钢板开孔的气割方法有哪些？

答：钢板的气割开孔分水平气割开孔和垂直气割开孔两种情况。

（1）钢板水平气割开孔。气割开孔时，起割点应选择在不影响割件使用的部位。在厚度＞30mm 的钢板开孔时，为了减少预热时间，用錾子将起割点铲毛，或在起割点用电焊焊出一个凸台。将割嘴垂直于钢板表面，采用较大能率的预热火焰加热起割点，待其呈亮红色时，将割嘴向切割方向后倾 20°左右，

120

慢慢开启切割氧调节阀。随着开孔度增加，割嘴倾角应不断减小，直至与钢板垂直为止。起割孔割穿后，即可慢慢移动割炬，沿切割线割出所要求的孔洞，如图4-37所示。利用上述方法也可以气割图4-38所示的"8"字形孔洞。

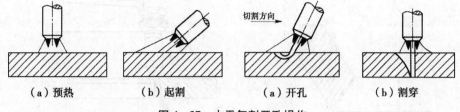

（a）预热　　　（b）起割　　　（a）开孔　　　（b）割穿

图4-37　水平气割开孔操作

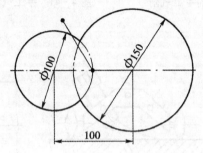

图4-38　"8"字形孔洞的水平气割

（2）钢板垂直气割开孔。处于铅垂位置的钢板气割开孔的操作方法与水平位置气割基本相同，只是在操作时割嘴向上倾斜，并向上运动以便预热待割部分，如图4-39所示。待割穿后，可将割炬慢慢移至切割线割出所需孔洞。

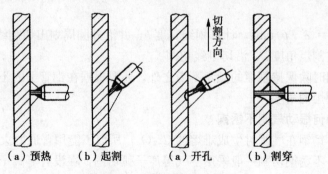

（a）预热　　　（b）起割　　　（a）开孔　　　（b）割穿

图4-39　垂直气割开孔操作

27. 钢板和钢管坡口的气割方法有哪些？

答：（1）气割无钝边 V 形坡口时（如图4-40所示），首先，要根据厚度 δ 单边坡口角度 α 计算划线宽度 b，$b=\delta\tan\alpha$，并在钢板上划线。调整割炬角度，使之符合 α 角的要求，采用后拖或前推的操作方法切割坡口，如图4-41所示。为了使坡口宽度一致，也可以用简单地靠模进行切割，如图4-42

121

所示。

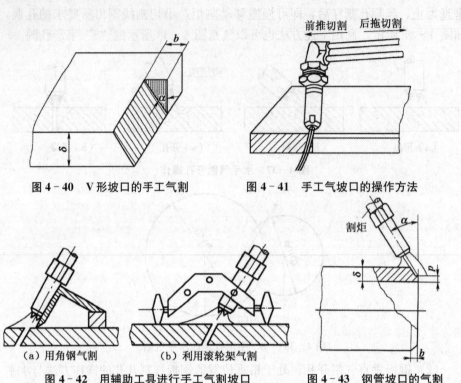

图 4-40　V 形坡口的手工气割　　　图 4-41　手工气坡口的操作方法

（a）用角钢气割　　　　　（b）利用滚轮架气割
图 4-42　用辅助工具进行手工气割坡口　　　图 4-43　钢管坡口的气割

（2）钢管坡口的气割。如图 4-43 所示为钢管坡口气割示意图，操作步骤如下：

①由 $b=(\delta-p)\tan\alpha$，计算划线宽度 b，并沿外圆周划出切割线。

②调整割炬角度 α，沿切割线切割。

③切割时除保持割炬的倾角不变之外，还要根据在钢管上的不同位置，不断调整好割炬的角度。

28. 如何振动气割不锈钢?

答：不锈钢在气割时生成难熔的 Cr_2O_3，所以不能用普通的火焰气割方法进行切割。不锈钢切割一般采用空气等离子弧切割，在没有等离子弧切割设备或需切割大厚度钢板情况下，也可以采用振动气割法。振动气割法是采用普通割炬使割嘴不断摆动来实现切割的方法。这种方法虽然切口不够光滑，但突出的优点是设备简单、操作技术容易掌握，而且被切割工件的厚度可以很大，甚至可达 300mm 以上。不锈钢振动气割如图 4-44 所示。不锈钢振动气割的操作要点如下：

（1）采用普通的 G01-300 型割炬，预热火焰采用中性焰，其能率比气割

122

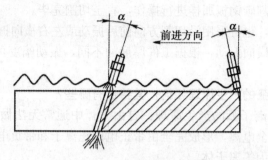

图 4-44 不锈钢振动气割

相同厚度的碳钢要大一些，且切割氧压力也要加大 15%～20%。

（2）切割开始时，先用火焰加热工件边缘，待其达到红热熔融状态时，迅速打开切割氧气阀门，稍抬高割炬，熔渣即从切口处流出。

（3）起割后，割嘴应做一定幅度的上下、前后振动，以此来破坏切口处高熔点氧化膜，使铁继续燃烧。利用氧流的前后、上下的冲击作用，不断将焊渣吹掉，保证气割顺利进行。割嘴上下、前后振动的频率一般为 20～30 次/min，振幅为 10～15mm。

29. 如何气割复合钢板？

答：不锈复合钢板的气割不同于一般碳钢的气割。由于不锈钢复合层的存在，给切割带来一定的困难，但它比单一的不锈钢板容易切割。用一般切割碳钢的气割参数来切割不锈复合钢板，经常发生切不透的现象。保证不锈复合钢板切割质量的关键是使用较低的切割氧气压力和较高的预热火焰氧气压力。因此，应选用等压力式割炬。切割不锈复合钢板时，基层（碳钢面）必须朝上，切割角度应向前倾，以增加切割氧气流所经过的碳钢的厚度，这对切割过程非常有利。操作中应注意将切割氧阀门开得较小一些，而预热火焰调得较大一些。

切割 16mm＋4mm 复合钢板时，采用半自动气割机分别送氧的气割参数：切割氧压力为 0.2～0.25MPa，预热气压力为 0.7～0.8MPa。改用手工气割后所采用的气割参数：切割速度为 360～380mm/min，氧气压力为 0.7～0.8MPa，割嘴直径为 2～2.5mm（G01-300 型割炬，2 号嘴头），嘴头与工件距离为 5～6mm。

30. 如何振动气割铸铁？

答：铸铁材料的振动气割原理和操作方法基本上与不锈钢振动切割相同。切割时，以中性火焰将铸铁切口处预热至熔融状态后，再打开切割氧气阀门，进行上、下振动切割。每分钟上、下振动 30 次左右，铸铁厚度在 100mm 以上时，振幅为 8～15mm。当切割一段后，振动次数可逐渐减少。甚至可以不用振动，而像切割碳钢板那样进行操作，直至切割完毕。

切割铸铁时，也可采用沿切割方向前后振动或左右横向振动的方法进行振动切割。如采用横向振动，根据工件厚度的不同，振动幅度可在 8～10mm 范围内变动。

31. 等离子弧的产生原理如何？其特点有哪些？

答：（1）等离子弧的产生原理：自由电弧中通常无法做到使气体完全电离。若使气体完全电离，形成完全由带正电的正离子和带负电的电子所组成的电离气体，就称为等离子体。

一般的焊接电弧未受到外界的压缩，弧柱截面随着功率的增加而增加，因而弧柱中的电流密度近乎常数。其温度也就被限制在 5730℃～7730℃，这种电弧称为自由电弧。如在提高电弧功率的同时，限制弧柱截面的增大或减少弧柱的直径，即对自由电弧进行"压缩"，就能获得导电截面收缩得比较小、能量更加集中，弧柱中气体几乎可达到全部等离子状态的电弧，就叫等离子弧。

对自由电弧的弧柱进行强迫压缩作用称为"压缩效应"，使弧柱产生"压缩效应"有机械压缩效应、热收缩效应和磁收缩效应三种形式。

（2）等离子弧的特点：

①温度高、能量密度大。等离子弧的导电性高，承受电流密度大，因此温度高（15000℃～30000℃）。又因其截面很小，则能量密度高度集中（可达 $10^5～10^6 W/cm^2$）。

②电弧挺度好。自由电弧的扩散角约为 45°，而等离子电弧的扩散角仅为 5°（如图 4-45 所示），故挺度好。

③具有很强的机械冲刷力。等离子弧发生装置中通常加入常温压缩气体，受电弧高温作用而膨胀，在喷嘴的阻碍下使气体的压缩力大大增加，当高压气流由喷嘴细小通道中喷出时，可达到很高的速度（300m/s），所以等离子弧具有很强的机械冲刷力。

32. 等离子弧切割的原理是什么？

答：利用等离子弧的热能实现切割的方法，称为等离子弧切割。等离子弧切割的原理是以高温、高速的等离子弧作为热源，将被切割件局部熔化，并利用压缩的高速气流的机械冲刷力，将已熔化的金属或非金属吹走的过程，如图 4-46 所示。

等离子弧是一种较理想的切割，它可切割氧-乙炔焰和普通电弧所不能切割的铝、铜、镍、钛、铸铁、不锈钢和高合金钢等，而且切割速度快，生产效率高，热影响区变形小，割口比较狭窄、光洁、整齐，不黏渣，质量好。等离子弧切割均采用具有陡降外特性的直流电源，要求具有较高的空载电压和工作电压，一般空载电压在 150～400V。

等离子弧切割的工艺参数，主要有空载电压、切割电流、工作电压、气体

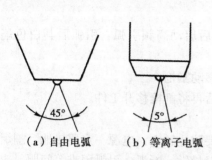

（a）自由电弧　　　（b）等离子电弧

图 4‑45　自由电弧与等离子弧的比较

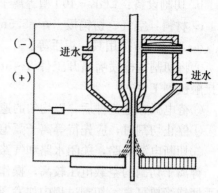

图 4‑46　等离子弧切割

流量、切割速度、喷嘴到割件的距离、钨极到喷嘴端面的距离及喷嘴的尺寸等。工艺参数选择的方法是：首先根据割件的厚度和材料的性质选择合适的功率，根据功率选择切割电流的大小，然后决定喷嘴孔径和电极直径，再选择适当的气体流量及切割速度，便可获得质量良好的割缝。

33. 等离子弧切割操作步骤与切割过程有哪些?

答：（1）工艺参数选择，见表 4‑11。

表 4‑11　　　　　　　板厚 20mm 不锈钢等离子切割工艺参数

电极直径 （mm）	电极内缩量 （mm）	喷嘴至割件的距离 （mm）	喷嘴直径 （mm）	空载电压 （V）	工作电流 （A）	工作电压 （V）	切割速度 （cm·min^{-1}）
5.5	10	3~5	3	160	200	120~125	53~67

（2）切割机操作步骤。切割前先将割件仔细清理，使其导电良好，然后按图样划割线，并在割线上打上样冲眼，然后按下述步骤进行操作：

①连接好切割机的气路、水路和电路。通电后应观察到工作指示灯亮，轴流风扇工作。

②把小车、割件安放在适当的位置，使割件与电路正极牢固连接。

③打开水路并检查是否有漏水现象；将 K1 拨至"气检"位置，机内气阀开通，预通气 1min，以除去割枪中的冷凝水汽，调节非转移弧气流和转移弧气流的流量，然后将 K1 拨至"切割"位置。

④接通控制线路，检查电极同心度是否最佳。

⑤启动切割电源，查看空载电压是否正常，并初步选定工作电流。

（3）切割过程：

①操作准备：

a. 割件：不锈钢板，δ＝12mm，尺寸为 200mm×300mm。

b. 切割设备：LGK-100 型等离子切割机（配空气压缩机）。

c. 材料：空气、钍钨极（$\phi = 5.5 \text{mm}$）。

d. 工具：防护用具、扳手等。

②将切割割枪喷嘴离开工件 3～5mm 后启动高频引弧，引弧后其白色焰流接触被割工件。

③待电弧穿透割件后，以均匀的速度移动割枪。

④停止切割时，应先待等离子弧熄灭后再将割枪移开工件。

⑤切断电源电路，关闭水路和气路。

等离子切割的空载电压较高，操作时要防止触电。电源一定要接地，割炬的手柄绝缘要可靠。切割过程中如发现割缝异常、断弧、引弧困难等问题，应检查喷嘴、电极等易损件，如损耗过大应及时更换。

第五章　弯曲成形

1. 型材弯曲时最小弯曲半径如何？

答：在一般情况下，型材的弯曲半径应大于其最小弯曲半径。若由于结构要求等原因，必须采用小于或等于最小弯曲半径时，则应该分两次或多次弯曲，也可采用热弯或预先退火的方法，以提高材料的塑性。

板料的最小弯曲半径参照表见表 5-1 和表 5-2。

表 5-1　　　　　　　　　板材最小相对弯曲半径 r/t

材　料		退火状态		冷作硬化状态		淬火状态	
		弯曲线与轧制纤维方向关系					
		垂直	平行	垂直	平行	垂直	平行
钢材	08、10、Q195、Q21 5	0.1	0.4	0.4	0.8	0.4	0.8
	1 5、20、Q235	0.1	0.5	0.5	1.0	0.5	1.0
	25、30、Q255	0.2	0.6	0.6	1.2	0.6	1.2
	35、40、Q275	0.3	0.8	0.8	1.5	0.8	1.5
	45、50	0.5	1.0	1.0	1.7	1.0	1.7
	55、60	0.7	1.3	1.3	2.0	1.3	2.0
	Cr18Ni9	1	2	3	4	—	—
	65Mn、T7	1.0	2.0	2.0	3.0	—	—
铝及其合金	铝	0.1	0.35	0.5	1.0	0.3	0.8
	硬铝（软）	1.0	1.5	1.5	2.5	1.5	2.5
	硬铝（硬）	2	3	3	4	3	4
	铝合金（$t \leqslant 2$）	2.0[2]	3.0[2]	4.0[3]	5.0[3]	—	—
铜及其合金	纯铜	0.1	0.35	1	2.0	0.2	0.5
	软黄铜	0.1	0.35	0.35	0.8	0.4	0.8
	半硬黄铜	0.1	0.35	0.5	1.2	1.0	2.0
	磷青铜	—	—	1	3	—	—
	磷铜			1	3		
镁合金	MA1-M	2.0[1]	3.0[1]	6.0[3]	8.0[3]		
	MA8-M	1.5[1]	2.0[1]	5.0[3]	6.0[3]		
钛合金	BT_1	1.5	3.0	6.0	8.0		
	BT_2	3.0	4.0	5.0	6.0		

①加热至 300℃～400℃。②加热至 400℃～500℃。③冷作状态。

注：（1）当弯曲线与纤维方向成一定角度时，可采用垂直和平行纤维方向两者的中间值。

（2）在冲裁或剪切后没有退火的毛坯弯曲时，应作为硬化的金属选用。

（3）弯曲时应使有毛刺的一边处于弯角的内侧。

表 5-2　　　　　　　　　　　　　　压弯板材最小相对弯曲半径 r/t

材料及其状态		弯曲线与轧制纤维方向垂直	弯曲线与轧制纤维方向平行	材料及其状态		弯曲线与轧制纤维方向垂直	弯曲线与轧制纤维方向平行
08F、08A1		0.2	0.4	HPb59-1	Y	1.5	2.5
10、15、Q195		0.5	0.8		M	0.3	0.4
20、Q215、Q235 09MnXtL		0.8	1.2	BZn15-20	Y	2.0	3.0
					M	0.3	0.5
25、30、35、40、Q255A、10Ti、16MnL13Mn、Ti、16MnXtL		1.3	1.7	H62	Y	0.3	0.8
					Y2	0.1	0.2
					M	0.1	0.1
65Mn	T	2.0	4.0	QSn6.5-0.1	Y	1.5	2.5
	Y	3.0	6.0		M	0.2	0.3
1Cr18Ni9	I	0.5	2.0	QBe2	Y	0.8	1.5
	B1	0.3	0.5		M	0.2	0.2
	R	0.1	0.2	T2	Y	1.0	1.5
1J79	Y	0.5	2.0		M	0.1	0.1
	M	0.1	0.2	L3、L4	Y	0.7	1.5
3J1	Y	3.0	6.0		M	0.1	0.2
	M	0.3	0.6	LC4	CSY	2.0	3.0
3J53	Y	0.7	1.2		M	1.0	1.5
	M	0.4	0.7	LF5、LF6、LF21	Y	2.5	4.0
TA1	冷作硬化	3.0	4.0		M	0.2	0.3
TA5		5.0	6.0	LY12	CZ	2.0	3.0
TB2		7.0	8.0		M	0.3	0.4

注：本表适用于原材料为供应状态，90°V 形校正压弯，毛坯板厚小于 20mm、宽度大于 3 倍板厚，毛坯剪切断面的光亮带在弯曲角外侧的场合。

2. 如何计算型材最小弯曲半径？

答：型材最小弯曲半径计算公式见表 5-3。

表 5-3　　　　　　　　　　　　　　型材的最小弯曲半径计算公式

型材	弯曲形式	图　示	弯曲类别	计　算　公　式
扁钢弯曲	—		热弯 冷弯	$R_{min}=3a$ $R_{min}=12a$

型材	弯曲形式	图 示	弯曲类别	计 算 公 式
方钢弯曲	—		热弯 冷弯	$R_{min}=a$ $R_{min}=2.5a$
圆钢弯曲	—		热弯 冷弯	$R_{min}=d$ $R_{min}=2.5d$
圆不锈钢 弯曲	—		热弯 冷弯	$R_{min}=D$ $R_{min}=(22.5)D$
等边角钢	外弯		热弯 冷弯	$R_{min}=\dfrac{b-z_0}{0.14}-z_0$ $R_{min}=\dfrac{b-z_0}{0.04}-z_0$
	内弯		热弯 冷弯	$R_{min}=\dfrac{b-z_0}{0.14}-b+z_0$ $R_{min}=\dfrac{b-z_0}{0.04}-b+z_0$
不等边 角钢	小边外弯		热弯 冷弯	$R_{min}=\dfrac{b-x_0}{0.14}-x_0$ $R_{min}=\dfrac{b-x_0}{0.04}-x_0$
	大边外弯		热弯 冷弯	$R_{min}=\dfrac{B-y_0}{0.14}-y_0$ $R_{min}=\dfrac{B-y_0}{0.04}-y_0$

续表 2

型材	弯曲形式	图 示	弯曲类别	计 算 公 式
不等边角钢	小边内外弯		热弯 冷弯	$R_{\min}=\dfrac{b-x_0}{0.14}-b+x_0$ $R_{\min}=\dfrac{b-x_0}{0.04}-b+x_0$
	大边内弯		热弯 冷弯	$R_{\min}=\dfrac{b-y_0}{0.14}-b+y_0$ $R_{\min}=\dfrac{b-y_0}{0.04}-b+y_0$
工字钢	绕 Y_0-Y_0 轴弯曲		热弯 冷弯	$R_{\min}=\dfrac{b}{2\times0.14}-\dfrac{b}{2}$ $R_{\min}=\dfrac{b}{2\times0.04}-\dfrac{b}{2}$
	绕 X_0-X_0 轴弯曲		热弯 冷弯	$R_{\min}=\dfrac{h}{2\times0.14}-\dfrac{h}{2}$ $R_{\min}=\dfrac{h}{2\times0.04}-\dfrac{h}{2}$
槽钢	绕 Y_0-Y_0 轴弯曲		热弯 冷弯	$R_{\min}=\dfrac{b-z_0}{0.14}-z_0$ $R_{\min}=\dfrac{b-z_0}{0.04}-z_0$
	绕 Y_0-Y_0 轴弯曲		热弯 冷弯	$R_{\min}=\dfrac{b-z_0}{0.14}-b+z_0$ $R_{\min}=\dfrac{b-z_0}{0.04}-b+z_0$
	绕 X_0-X_0 轴弯曲		热弯 冷弯	$R_{\min}=\dfrac{h}{2\times0.14}-\dfrac{h}{2}$ $R_{\min}=\dfrac{h}{2\times0.04}-\dfrac{h}{2}$

注：x_0、y_0、z_0 为角钢和槽钢的重心距。

130

3. 如何计算管材的最小弯曲半径？

答：管材的最小弯曲半径计算公式见表 5-4。

表 5-4　　　　　　　　　　管材的最小弯曲半径计算公式

管材	简　图	弯曲类别	计算公式
无缝钢管		冷弯	$D \leqslant 20$ 时，$R \approx 2D$ $D > 20$ 时，$R \approx 3D$
不锈耐酸钢管		充砂加热 气焊加热 无砂冷弯	$R_{min} = 3.5D$ $R_{min} = 3.5D$（内侧有皱纹） $R_{min} = 4D$（用专用弯曲机）

注：热弯为灌砂加热，冷弯为常温弯曲（可灌铅或穿芯）。

4. 如何分析管材弯管时受力情况？

答：管材在受弯矩 M 的作用下（如图 5-1 所示）弯曲时，靠外侧的材料受到拉力 F_1 的作用，会使管壁拉伸减薄；靠内侧的材料受压力 R_2 作用，会使管壁压缩增厚或折皱。又因外侧拉力 F_1 的合力 N_1 从外侧壁垂直于中性轴方向作用于管壁，F_2 的合力 N_2 从内侧面垂直于中性轴方向作用于管壁，两合力产生的压力使管子断面有压扁的趋势，因而管材的横断面会变成椭圆形。

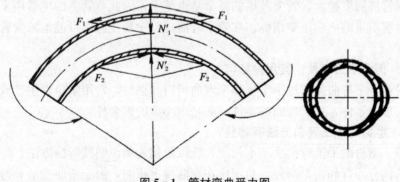

图 5-1　管材弯曲受力图

5. 管材断面的变形弯曲条件有哪些？

答：管材在弯曲时，由受力分析可知，管材总会发生椭圆形变形，但在不同弯曲条件下，其具体的变形也不相同。弯曲条件如下：

（1）自由弯曲。管材在自由弯曲时，断面会变成椭圆形（如图 5-2 所示）。

（2）模具上弯曲。厚壁管在半圆形槽模具上弯曲时的变形情况如图 5-3（a）所示。薄壁管在半圆形槽模具上弯曲时，管材断面外壁处，因受拉而出现凹陷，如图 5-3（b）所示。

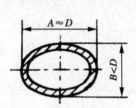

图 5-2　自由弯曲时的情况

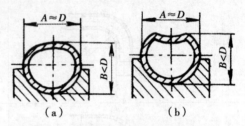

（a）　　　　　　（b）

图 5-3　薄壁管在槽模具上弯曲的情况

管材弯曲时的变形程度，取决于相对弯曲半径和相对壁厚的大小。相对弯曲半径是指管材中心层弯曲半径与管材外径之比；相对壁厚是指管材壁厚与管材外径之比。当相对弯曲半径和相对壁厚值愈小，则管材的变形愈大，严重时会引起管材外壁破裂，内壁起皱成波浪形。

管子的变形程度常用椭圆度衡量，其值用下式计算：

$$椭圆度 = \frac{D_{最大} - D_{最小}}{D} \times 100\%$$

式中　D——管子的名义外径（mm）；

　　　$D_{最大}$，$D_{最小}$——在管子同一横截面的任意方向，测得的两个极限尺寸（mm）。

弯管椭圆度越大，管壁外层的减薄量也越大，因此弯管椭圆度常用来作为检验弯管质量的一项重要指标。在管子弯曲过程中要注意尽可能地减少管子的椭圆度。

6. 何谓手工弯曲？其用途如何？

答：手工弯曲是通过手工操作来弯曲板料和型材，常用于单件生产或机床难以成形的零件，手工弯曲的零件一般是中小型的钣金件。

7. 型材的手工弯曲方法有哪些？

答：型材的手工弯曲法基本相同，现以角钢为例说明其弯曲方法。

角钢分外弯和内弯两种。角钢应在弯曲模上弯曲，由于弯曲变形和弯力较大，除小型角钢用冷弯外，多数采用热弯，加热的温度随材料的成分而定，对碳钢加热温度应不超过 1050℃。必须避免温度过高而烧坏，如图 5-4（a）所示是在平台 1 上用模子 3 进行内弯时的情形。模子用螺栓 7 固定于平台上。将加热后的角钢 2，用卡子 4 和定位钢桩 5 固定于模子上，然后进行弯曲。为不使角钢边向上翘起，必须边弯边用大锤 6 锤打角钢的水平边，直至弯到所需要的角度。

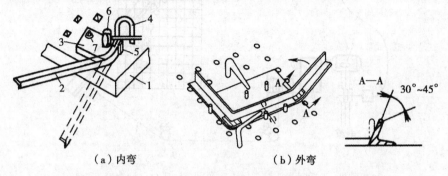

（a）内弯　　　　　　　　（b）外弯

1. 平台；2. 角钢；3. 模子；4. 卡子；5. 定位钢桩国；6. 大锤；7. 螺栓

图 5-4　角钢的手工弯曲

　　弯制曲率很大的外弯角钢框时［如图 5-4（b）所示］，由于角钢的平面外侧受到严重的拉伸，容易出现凹缺，所以对宽度在 50mm 以内的等边角钢弯曲时，应在角钢平面 4/5 宽的范围内，用火焰进行局部加热（图中的阴影线处为加热区）。在热弯时，常出现角钢立面向外倾斜使夹角变小（<90°）和平面上翘现象［如图 5-4（b）A—A 剖面图］，这时，可用大锤顺立面 30°～45°的倾斜角锤击立面而矫正。如图 5-5 所示是在平台 5 上用钢桩 6 组成弯曲模，依靠卷扬机来弯曲角钢 4。电动机 1 经过减速箱 2 带动具有凸缘的卷筒 3，其上绕有钢丝绳 8，钢丝绳绕过滚轮 9，绳的另一端套于被弯材料 4 上，控制开关 7 用于启动电动机，使钢丝绳卷绕于卷筒上，材料逐渐被弯曲。采用这种方法弯曲，设备简单，劳动强度低，可弯曲各种型钢。

　　8. 型材的卷弯方法是什么？

　　答：型材可在专用的弯曲机上弯形，其工作部分有 3～4 个辊轮（如图 5-6 所示），辊轮轴线一般成垂直位置，两个辊轮为主动辊，由电动机带动，另一个为从动辊，调节从动辊位置，可获得所需的弯曲度。型材弯形时，断面被辊轮卡住，以防止弯形时起皱，只要变换辊轮就可弯曲圆、方、扁钢等多种型材。

　　型材也可在卷板机上弯曲，卷弯角钢时把两根并合在一起并用点焊固定，并合后的角网成"⊥"形，弯曲方法与钢板相同。

　　在卷板机辊筒上也可以套上辅助套筒进行弯曲，套筒上开有一定形状的槽，便于将需要弯曲的型钢边嵌在槽内，以防弯曲时产生皱褶，当型钢内弯时，套筒装在上辊，如图 5-7（a）所示，外弯时，套筒装在两个下辊上，如图 5-7（b）所示，弯曲的方法与钢板相同。

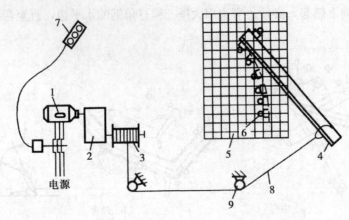

1.电动机；2.变速箱；3.卷筒；4.角钢；5.平台；6.钢桩；7.控制开关；8.钢丝绳；9.滚轮

图 5-5　用卷扬机弯曲示意

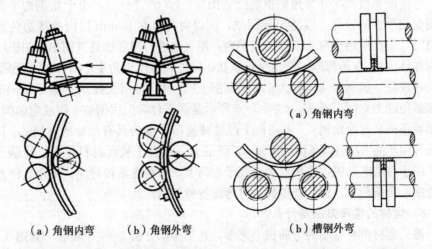

（a）角钢内弯

（a）角钢内弯　（b）角钢外弯　　（b）槽钢外弯

图 5-6　三型型钢卷弯机工作部分　　图 5-7　在三辊卷弯机上弯曲型钢

9. 型材的回弯方法是什么？

答：将型材的一端固定在弯模上，弯模旋转时，型材沿模具发生弯曲。如槽钢回弯时，弯曲模具与槽钢外形的凹槽一样，为防止槽钢弯形时翼缘的变形，可利用压紧螺杆，将槽钢的一端压紧在弯曲模上，当弯曲模由电动机带动旋转时，槽钢便绕模子发生弯曲，控制弯曲模的旋转角度，便能弯成各种形状（如图 5-8 所示）。

10. 型材的压弯和拉弯方法是什么？

答：（1）压弯：在撑直机或压力机上，利用模具对型材产生的压力进行一次或多次弯曲，使型材成形。在撑直机上压弯时，可将型材置于支座和顶头之

134

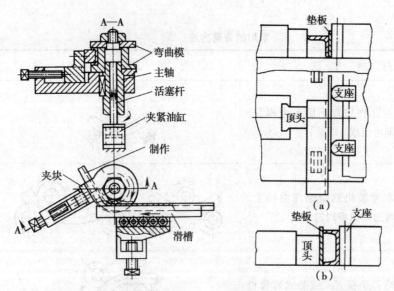

图 5 - 8　槽钢的回弯示意　　　　图 5 - 9　型钢端头的压弯示意

间，依靠顶头的往复运动弯曲型材。型材的端头弯形时，可加放垫板，使之与垫板一起弯曲（如图 5 - 9 所示）。

（2）拉弯：拉弯时型材同时受到拉伸与弯曲的作用。将型材弯曲时，若在型材拉弯机上弯曲时（如图 5 - 10 所示），型材的两端由两夹头夹住，一个夹头固定在工作台上，另一夹头在拉力油缸的作用下，使型材产生拉应力，旋转工作台，型材在拉力作用下沿模具发生弯曲。拉弯时，拉伸应力应稍大于材料的屈服强度，使材料内、外层均处在拉应力状态下，使之在同一方向产生回弹。这样弯曲后材料的回弹，比普通弯曲时要小得多，故拉弯制件的精度较高，模具可不考虑回弹值。用普通方法弯形时，型材断面中性层的外层受拉应力，内层受压应力，内外层受力方向相反，故弯形后回弹较大。

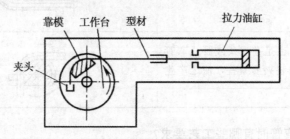

图 5 - 10　型材拉弯机示意

11. 管材常用弯管方法有哪些?

答: 管材常用的弯管方法有压管、滚弯、回弯和挤弯 4 种，具体弯管方法见表 5-5。

表 5-5 常用的弯管方法

弯 曲 方 法	简 图
简单压弯：这种压弯不用专用模具，在压力机上即可完成	
滚弯：是在卷板机或型钢弯曲机上，用带槽滚轮弯曲，曲率均匀	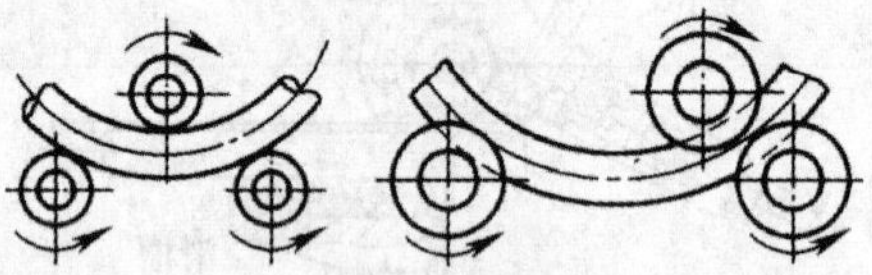
碾压式回弯：是在立式或卧式弯管机上弯曲	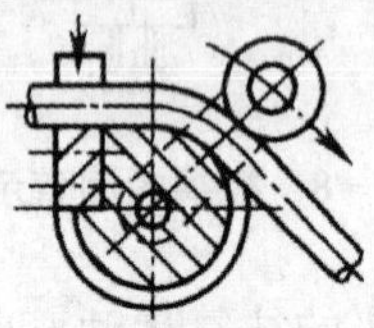
型模式挤弯：这种挤弯方式管子断面形状规则。一般采用冷挤	
带矫正的压弯：这种压弯方法管子不易压扁	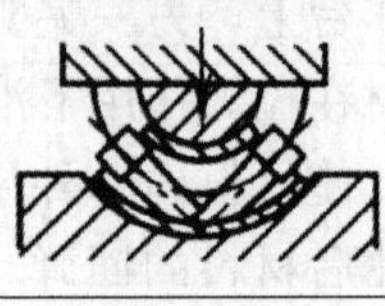
芯棒式挤弯：这种挤弯一般为热挤	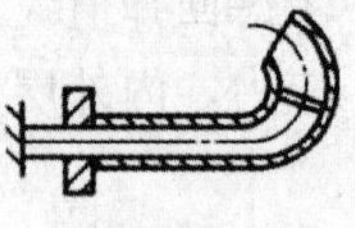
拉拔式回弯：也是在立式或卧式弯管机上弯曲，只是装夹要紧些，使之产生纵向拉力	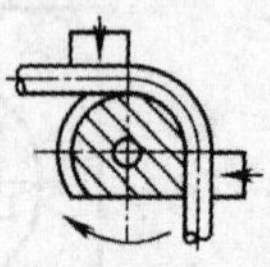

12. 手工弯管时有哪些工艺要求?

答：在无弯曲设备或单件小批生产中，弯头数量少，而制作冷弯模又不经济，在这种情况下可采用手工弯曲。手工弯曲的主要工序有灌砂、画线、加热和弯曲。具体工艺如下：

（1）灌砂：

①灌砂的目的是防止管子变形。用锥形木塞将管子的一端塞住，在木塞上开有出气孔，以使管内空气受热膨胀时自由泄出，然后向管内灌砂。

②装砂后将管子的另一端也用木塞塞住。

③对于直径较大的管子，不便使用木塞时，可采用图5-11所示的钢制塞板。在管子1的端头放置塞板2，用螺钉3将其固定。

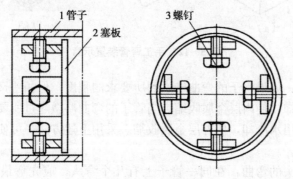

图5-11　钢制塞板

（2）画线：按图纸尺寸定出弯曲部分中点位置，并由此向管子两边量出弯曲的长度，再加上管子的直径，这样确定加热长度是最合适的。

（3）加热：加热可用木炭、焦炭、煤气或重油作燃料。普通锅炉用的煤，不适宜用于加热管子，因为煤中含有较多的硫，而硫在高温时会渗入钢的内部，使钢的质量变坏。加热应缓慢均匀。加热温度随钢的性质而定，普通碳素钢的加热温度一般在1050℃左右。当管子加热到这个温度后，应保持一定的时间，以使管内的砂也达到相同的温度，这样不致使管子冷却过快。弯曲应尽可能在加热后一次完成。增加加热次数，会使金属质量变坏，增加管子氧化层的厚度，导致管壁减薄。

（4）弯曲：管子在炉中加热到所需要的温度后，即可取出。如果管子的加热部分过长，可将不必要的受热部分浇水冷却，然后把管子置于模子上进行弯曲。

模子具有与管子外径相适应的半圆形凹槽。模子固定在平台1上，管子2一端置于模子3凹槽中，并用压板固定。用手扳动杠杆5时，杠杆上固定的滚轮4便压紧管子，迫使管子按模子进行弯曲，如图5-12（a）所示。这种手工弯管的装置，只适用于弯曲小直径的薄壁管。

（5）大直径管子弯曲：对于大直径管子的弯曲，常在平台上进行，如图5-12（b）所示，模子3置于平台1上，用钢桩5或卡子4固定，管子2的弯曲力由电动机通过绞车拉动钢绳6而产生。

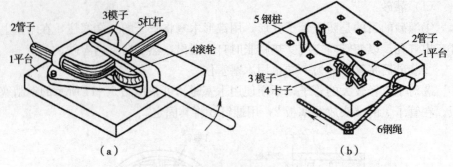

图 5-12 手工弯管装置示意

（6）矫形：如果管子的弯曲未达到所要求的程度，但相差又不多，可在管子内壁用水冷却，使内层金属收缩。当管子的弯曲略微超过所要求的程度，也可在管子外壁用水冷却，使外层金属收缩。采用上述方法，可使管子调整到所需的弯曲半径。

（7）多弯头的弯曲：在同一管子上有几个弯头，应先弯最靠近管端的弯头，然后再顺序弯其他的弯头。如果几个弯头的弯曲方向不在管子的同一平面内，则在平台上先弯好一个弯头后，管子的一端必须翘起定位，才能接着弯第2个弯头。

（8）注意事项：

①有缝钢管在弯曲时，应将管缝置于弯曲的中性层位置，不然管缝容易裂开。

②对不锈钢及合金钢管最好用冷弯。不锈钢管热弯时应避免渗碳。

③管子弯曲后，待完全冷却将木塞取出，然后将管内填砂倒出，并清理干净。

④管子热弯加热温度要控制好，温度过高会使管子变形不均；温度过低会影响弯曲甚至弯裂。

手工弯管是较常用的方法。灌砂时管内充装的填料种类有石英砂、松香和低熔点金属等。对较大直径的管子，一般使用砂子。灌砂的松紧程度将直接影响到弯管的质量。装入管中的砂子应该清洁干燥，颗粒度一般在 2mm 以下，因此在使用前，砂子必须经过水冲洗、干燥和过筛。因为砂中含有杂质和水分，加热时杂质的分解物将沾污管壁，同时水分变成气体时体积膨胀，使压力增大，甚至将端头木塞顶出。如果砂子的颗粒度过大，就不容易填充紧密，使管子断面变形；颗粒度过小成粉状时，填充过于紧密，弯时不易变形，甚至使管子破裂。灌入管内的砂子必须紧密，为此应一面灌砂一面用手锤锤击管子产生振动，使管内的砂子填紧。

手工灌砂的劳动强度大、效率低。如图 5-13 所示为机械灌砂的设备，它由电动机 2 带动带式输送器 1，砂由带式输送器送入漏斗 3 中，并经软管 9 送入管子 8 中。为使砂子能填紧管子，在管外必须进行敲击振动，这是由装在套管 6 上的冲击杆实现的，传动轴 5 上装有与冲击杆相同数目的凸轮，当圆锥齿轮 4 带动传动轴 5 旋转时，凸轮迫使冲击杆敲击管子，使管内的砂子填紧。绞车 7 可带动套管 6 沿传动轴 5 作上下移动，使整个管子长度上的砂灌紧。手工弯管应紧张而有序进行，保证一次弯管成功。

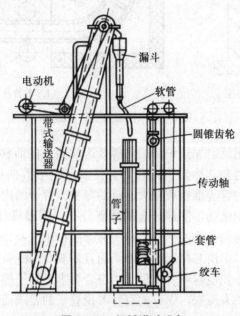

电动机
漏斗
软管
带式输送器
圆锥齿轮
传动轴
管子
套管
绞车

图 5 - 13　机械灌砂设备

13. 挤压弯管工艺如何？

答： 挤压弯管用于弯曲小半径的管子，有冷挤压弯管和芯棒热推挤弯管两种。

（1）冷挤压弯管：冷挤压弯管即利用金属的塑性，在常温状态下将管子压入带有弯形槽的模具中，形成管子弯头［如图 5 - 14 （a） 所示］。

管子在挤弯时，除受弯曲力矩外，还受轴向力和与轴向力方向相反的摩擦力作用。这样的作用力可大大改善管子外侧壁厚的减薄量和椭圆度。

冷挤压弯管能弯制的最小相对弯曲半径 $R/D \approx 1.3$；弯头的椭圆度小（$\leqslant$ 3%～5%）；外侧管壁的减薄量小（$\leqslant$9%）；模具的结构简单，不需要专用机床且生产率高。冷挤压弯管一般要求管子的相对壁厚 $t/D \approx 0.06$（t 为管子壁厚，D 为管子外径），否则易失稳起皱。

（2）芯棒热推挤弯管：芯棒热推挤弯管如图 5 - 14b 所示。管子 1 套于芯棒 5 上，由管件支承装置 7 支承，推板 6 位于管子的端头，产生轴向推力。管

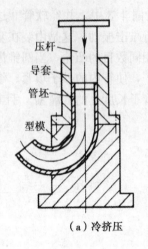
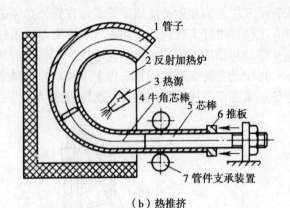

（a）冷挤压　　　　　　　（b）热推挤

图 5-14　挤压弯管示意图

子在推力作用下，用反射加热炉 2 的热源 3 边加热边向前移动，从牛角芯棒 4
处挤出。由于受推力和芯棒阻力的作用，使管子产生周向扩张和轴向弯曲变
形，从而将小直径的管子推挤成较大直径的弯头。管子的内侧比外侧加热温度
高，内侧金属向两侧流动，使部分金属重新分布，所以只要选择合适的管子，
就能得到管壁厚度均匀一致的弯头，弯头椭圆度很小（≈1％）。其缺点是不能
形成带直段的弯头，牛角芯棒制造困难，而且需要专用的挤压机。

　　管子弯曲后，必须检验弯管质量是否符合要求。管子椭圆度可用钢球通过
整个管子内孔的方法来检查，钢球的直径可视管子的要求而定，一般为管子内
径的 85％～90％。管子的弯曲角度可用量角器或样板进行检验。整个管子弯
曲形状的正确性，可在工作台上按放出的实样进行检查，或用按实样弯出的样
杆进行检查。

14. 折皱弯管工艺如何？

　　答：管材弯曲时，管材的中性层一般通过其中心线，在中性层外侧的管壁
受到很大的拉伸，内侧则受到很大的压缩。因此，在弯曲大直径薄壁管时，会
产生外侧壁拉裂，内侧壁折皱，管材断面被压扁等严重缺陷。

　　折皱弯管法是将管材在弯曲时的中性层，位于管材的最外侧，因此，管材
弯曲时整个管壁都产生压缩变形，依靠偏心折皱所产生的不均匀收缩而弯曲，
如图 5-15 所示。一个折皱只造成一个较小的弯曲角度，多个折皱就可以造成
较大的弯曲角度，这种方法适用于弯曲相对弯曲半径较小的大直径薄壁管。

　　折皱弯管是在直管上造成偏心折皱，其方法是利用胎具从管材内部向外胀
起折皱，同时在管材外部用胎具限制折皱的宽度和偏心度。为此，应先在管壁
上画出全部所需折皱的大小和位置，如图 5-15 所示中对边为 b 的三角形，然
后利用模具将直管按顺序加工出一个个偏心折皱，使直管弯曲成所需角度。必

140

须指出，当管材是用薄板卷制后咬接而成的，则咬缝应布置在中性线的位置上。

15. 火焰弯管工艺如何?

答: 火焰弯管是采用火焰加热圈加热，弯管原理与中频弯管相同，但省掉了中频机组，所以火焰弯管机的结构更简单，造价更低，维修容易，但由于火焰加热热效率不高，适用于弯制薄壁管。

火焰加热圈如图 5 - 16 所示。以氧-乙炔混合气体作为燃料。加热圈的内圆周上开有一圈火焰喷孔（孔径 ϕ

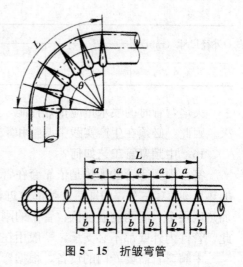

图 5 - 15 折皱弯管

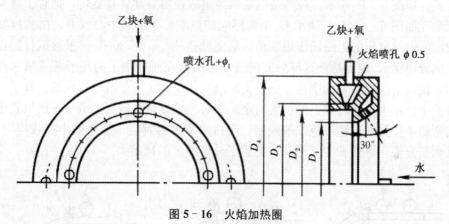

图 5 - 16 火焰加热圈

0.5mm 左右，孔距 3~4mm），在加热圈背着弯管方向的一面圆周上，开有一圈喷水孔（孔径 ϕ 0.8～1.0mm，孔距 9～10mm）。氧气压力为 0.5～1.0MPa；乙炔压力为 0.05～0.1MPa。加热圈的尺寸见表 5 - 6。

表 5 - 6   火焰加热圈的尺寸

外径尺寸（mm）	火焰加热圈的尺寸（mm）			
	D_1	D_2	D_3	D_4
102	111	123	135	167
108	117	129	141	173
114	123	135	147	179
133	142	154	166	198

外径尺寸（mm）	火 焰 加 热 圈 的 尺 寸（mm）			
	D_1	D_2	D_3	D_4
159	168	180	192	224

火焰弯管时的喷水量应很好控制，如喷水太多，则火焰不稳定，甚至会熄灭。因此，必须在生产实践中调整和掌握喷水量，以获得良好的弯管质量。

16. 中频弯管工艺如何？

答：中频弯管的加热是依靠套在管子外面的中频感应圈，将管内局部环形加热至900℃左右，随即对加热部分进行弯曲，并立即喷水冷却。由于管子被加热区很窄，而两侧温度低，管子的刚性大，限制了断面的椭圆度和折皱。因此，管件内外壁都不必支承，一般用在相对弯曲半径 $R_x \geqslant 15$ 的场合。

中频弯管需要专门的设备，根据弯管的受力形式，可分为拉弯和推弯两种形式，如图 5-17 所示。拉弯是电动机经过减速器带动转臂旋转，把管子弯曲成形［如图 5-17（a）所示］。中频感应加热圈位于旋转中心线上，由感应圈发出的中频电流的电磁场作用加热，温度可达 800℃～1200℃（根据钢材的化学成分而定），位于弯曲区域后方的管子，由装在感应圈上的环形装置喷水冷却，使管子获得足够的刚性。三个支承滚轮用于确定管子的轴线位置。管子的弯曲半径由夹头在转臂上的位置而定。夹头的位置可在转臂上调节，所以管子的弯曲半径受转臂调节范围的限制。用拉弯方法得到管子的弯曲半径较均匀，且调整方便，可弯曲 180°弯头，但管子外壁厚度的减薄大。

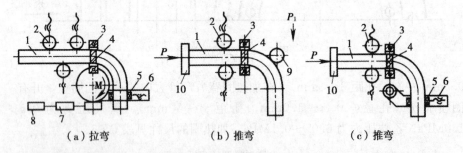

（a）拉弯　　　　　　（b）推弯　　　　　　（c）推弯

1. 管材；2. 支撑滚轮；3. 加热圈；4. 加热区；5. 夹头；6. 转臂；7. 减速器；8. 电动机；9. 推力轮；10. 推力挡板

图 5-17　中频加热弯管

如图 5-17（b）所示的推弯方法能弯曲任意的弯管半径，管子外壁厚度减薄小，但对起弯段的弯曲半径较难保证，且调整困难。如图 5-17（c）所示的推弯方法弯得的曲率半径均匀，且调整方便，弯曲角一般≤90°，但弯曲半径受转臂调整范围的限制。

（1）大直径厚壁管冷弯时，需要庞大的弯管机，占地大，造价高，还要昂贵的模具。而中频弯管除中频感应机组耗电量大、初投资较大外，因不需要模具，弯曲半径调整方便。

（2）弯管机结构比较简单，电动机功率较小。

（3）加热迅速，热效率高，弯头表面不会产生氧化皮。

（4）弯头外形好，椭圆度较小，弯曲半径调整方便，适应性强，尤其适用于弯制单个或小批量的大直径管子。

17. 薄板手工弯曲成形的过程及特点有哪些？

答： 弯曲成形加工所用的材料，通常为钢材等塑性材料，这些材料的变形过程及特点如下：

当材料上作用有弯曲力矩 M 时，就会发生弯曲变形。材料变形区内靠近曲率中心一侧（内层）的金属，在弯矩引起的压应力作用下被压缩缩短；远离曲率中心一侧（外层）的金属，在弯矩引起的拉应力作用下被拉伸伸长。在内层和外层之间，存在着金属既不伸长也不缩短的一个层面，称为中性层，如图 5-18 所示。

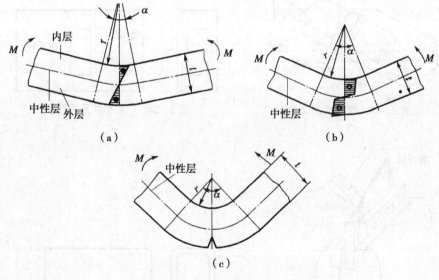

图 5-18 材料的弯曲变形过程

在材料弯曲的初始阶段，外弯矩的数值不大，材料内应力的数值尚小于材料的屈服极限，仅使材料发生弹性变形 ［如图 5-18（a）所示］。当外弯矩的数值继续增大时，材料的曲率半径随之减小，材料内应力的数值开始超过其屈服极限，材料的变形区的外表面，由弹性变形状态过渡到塑性变形状态，以后塑性变形由内、外表面逐步地向中心扩展 ［如图 5-18（b）所示］。材料在发生塑性变形以后，若继续增大外弯矩，当曲率半径小到一定程度，将因变形超过材料自身变形能力的限度，在材料受拉伸的外层表面，首先出现裂纹［如图5-18（c）所示］并向内延伸，致使材料发生断裂破坏。这在成形加工中是不应发生的。

18. 薄板手工弯曲是如何操作的？

答：首先根据弯曲零件下好展开料，划出弯曲线，弯曲时如图5-19所示，将弯曲线对准规铁的角，左手压住板料，右手用木槌先在两端将工件敲弯成一定角度，以便定位，然后再全部弯曲成形。

如图5-20所示零件，当下好料开好孔后进行弯曲，当尺寸a和c很接近时，应先下料划好弯曲线，再以中间方孔定位，将模具夹在虎钳上如图5-21所示，弯曲两边。弯曲时用力要均匀，且有往下压的分力，以免把孔边拉出。

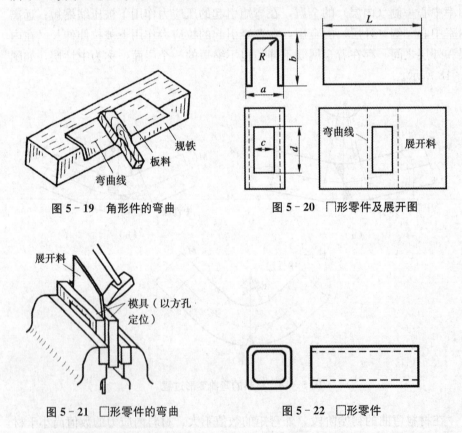

图5-19 角形件的弯曲

图5-20 冂形零件及展开图

图5-21 冂形零件的弯曲

图5-22 □形零件

要弯曲如图5-22所示的□形零件，先根据划线如图5-23（a）、图5-23（b）所示那样先弯曲成凵形，装夹时，要使规铁高出钳口2～3mm，弯曲线对准规铁的角，而后如图5-23（c）所示那样弯曲成形。

（1）圆筒的弯制：无论是用薄板还是厚板弯制圆筒，都应两头端部弯制

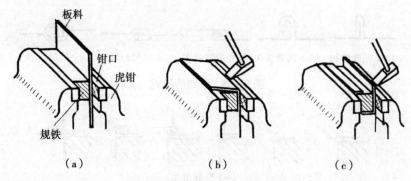

（a）　　　　　　　　（b）　　　　　　　　（c）

图 5‑23　□形零件的弯曲示意

好。在圆钢上打直头时，应使板与圆钢平行放置，如图 5‑24（a）所示，再锤打。然后，对钢板进行弯曲。对于薄钢板，可用木块或木槌逐步向内锤击，如图 5‑24（b）所示，当接头重合，即施点固焊，焊后进行修圆。对于厚板，可用弧锤和大锤在两根圆钢之间从两端向内锤打，基本成圆后焊接接口，再修圆，如图 5‑24（c）所示。

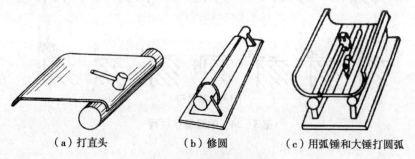

（a）打直头　　　　　　（b）修圆　　　　　（c）用弧锤和大锤打圆弧

图 5‑24　弯制圆筒过程

（2）圆锥形工件的弯曲：要制作圆锥形工件，先下好料，并画出弯曲件的素线。做好弯曲样板。用弧锤和大锤按素线弯曲锤击，先弯两头，后弯中间，待接口重合后，固焊修圆，直至符合要求。

19. 薄板手工咬缝的操作过程如何？

答：咬缝的基本类型有五种，如图 5‑25 所示。咬缝的方法与弯形操作方法基本相同。下料留出咬缝量（缝宽×扣数）。操作时应根据咬缝种类留余量，决不可以搞平均。一弯一翻作好扣，二板扣合再压紧，边部敲凹防松脱，如图 5‑26 所示。

20. 薄板手工卷边方法有哪些？

答：在板料的一端划出两条卷边线，$L=2.5d$ 和 $L_1 = 1/41 \sim 1/3L$，然后如图 5‑27 所示的步骤进行卷边。

（a）站缝单扣　（b）站缝双扣　（c）卧缝挂扣　（d）卧缝单扣　（e）卧缝双扣

图 5-25　咬缝的种类

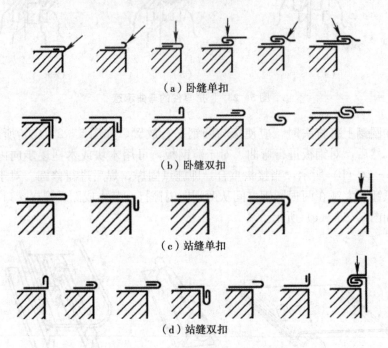

（a）卧缝单扣

（b）卧缝双扣

（c）站缝单扣

（d）站缝双扣

图 5-26　咬缝操作过程

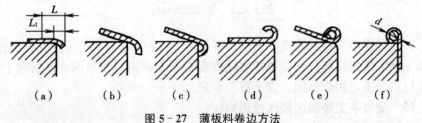

（a）　　　　（b）　　　　（c）　　　　（d）　　　　（e）　　　　（f）

图 5-27　薄板料卷边方法

①把板料放到平台上，露出 L_1 长并弯成 90°［如图 5-27（a）所示］。

②边向外伸料边弯曲，直到 L 长为止［如图 5-27（b）、图 5-27（c）所示］。

③翻转板料，敲打卷边向里扣［如图 5-27（d）所示］。

④将合适的铁丝放入卷边内，边放边锤扣［如图 5-27（e）所示］。

⑤翻转板料，接口靠紧平台缘角，轻敲接口咬紧［如图 5-27（f）所示］。

146

21. 薄板手工弯曲时，其放边零件展开尺寸是如何计算的?

答: 如图 5 - 28 所示，半圆形零件的展开宽度可用弯曲型材展开宽度的计算公式来计算:

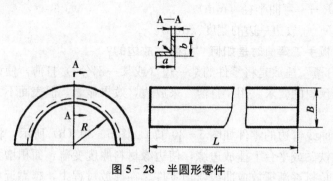

图 5 - 28　半圆形零件

$$B=a+b-\left(\frac{r}{2}+\delta\right)$$

式中　B——展开料宽度（mm）;

a、b——弯边宽度（mm）;

r——圆角半径（mm）;

δ——材料厚度（mm）。

展开长度 L 按放边一边的宽度一半处的弧长来计算:

$$L=\pi\left(R+\frac{b}{2}\right)$$

式中　L——展开料长度（mm）;

b——放边一边的宽度（mm）;

R——零件弯曲半径（mm）。

如图 5 - 29 所示的直角形零件，其展开长度 L 为直线部分和曲线部分之和:

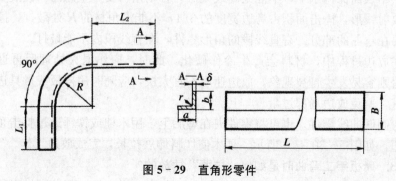

图 5 - 29　直角形零件

$$L=L_1+L_2+\frac{\pi}{2}\left(R+\frac{b}{2}\right)$$

式中 L_1、L_2——直线部分长度（mm）；

   R——弯曲半径（mm）；

   b——放边一边的宽度（mm）。

22. 薄板手工弯曲时是如何"打薄"放边的？

答："打薄"捶放是将零件的某一边（或某一部分）打薄，使该部分伸展变形，达到预想的要求。用"打薄"来放边，效果显著，但表面不太光滑，厚度不够均匀。

生产凹曲线弯边的零件如图 5–30（a）、图 5–30（b）所示，将角形弯曲的坯料放在铁砧或平台上捶放边缘，使边缘材料厚度变薄，面积增大，弯边伸长，使直线角材逐渐捶放成曲线弯边零件。在捶放过程中，越靠近角材边缘处捶放，伸长量越大，则厚度变化大些；越靠近内缘捶放，伸长量越小，则厚度变化小些。

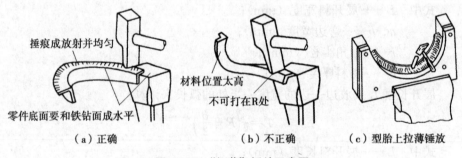

（a）正确　　　　　　（b）不正确　　　　　（c）型胎上拉薄锤放

图 5–30　"打薄"捶放示意图

"打薄"的准备工作是，先根据计算然后划线并剪出展开毛料，再划出弯曲线，在折弯机或其他设备上弯成角材，进而进行捶放。放边时，角材底面必须与铁砧表面保持水平，不能太高或太低，否则角材要产生翘曲。锤痕要均匀并成放射线形，捶击面积占弯边宽度的 3/4，不能沿角材的 R 处敲打，捶击的位置要在弯曲的部分，有直线段的角形零件，在直线段内不能敲打。

在放边过程中，材料会产生冷作硬化，此时，应作退火处理后再进行捶打，否则容易发生打裂现象。放边速度不宜太快，应随时用样板或量具进行外形检查，避免放边局部过量。

弯制凹曲线零件，也可将零件夹在型胎上，用木槌或铁锤通过打击顶木进行放边，如图 5–30（c）所示。顶木使坯料伸展拉长，完成放边工作。

23. 薄板手工弯曲时是如何"拉薄"捶放的？

答："拉薄"捶放是将零件的某一边（或某一部分）拉薄，增加面积，达到捶放的效果。这种方法捶放出来的表面光滑，厚度较均匀，但加工过程中容易拉裂。"拉薄"捶放应将坯料放在厚的硬橡皮或木墩上用木槌或铁锤进行捶放,利用橡皮和木墩既软又有弹性的特点,使坯料伸展拉长。为了防止出现裂纹,可先放展坯料,再弯制弯边,两者应交替进行,形成凹曲线弯边零件。

24. 薄板手工收边有何特点?如何计算收边零件展开尺寸?

答:角钢形零件内弯时,其内侧边缘长度必然会缩短,由于不能顺利缩短而产生皱褶。收边就是在弯制时,人为地将板料边缘造成皱折波纹,使零件达到要求的曲率,然后再把皱褶处在防止伸直复原的情况下压平,此时材料边缘皱折消除,长度被缩短,厚度增大,保持了需要的形状。至于厚度增大的程度,由材料的性质、厚度、零件形状和弯曲半径所决定。材料塑性好、厚度大、弯曲半径大、零件宽度窄,则收边容易。对于硬又薄的零件,收边就较难。

起皱时的波纹分布要均匀,波纹高度要低,波纹高度最好小于或等于波纹宽度,波纹长度约等于零件宽度的 3/4,防止产生曲率非常小的皱壁(死皱),因为这样敲击时,容易产生折皱,甚至于破裂,而且波纹和零件过渡圆角也需要大(平坦)。

收边零件展开尺寸的计算如下:

(1)角材收边成半圆形零件。如图 5-31 所示,其展开料的计算公式为:

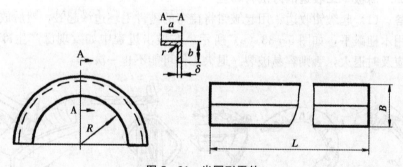

图 5-31 半圆形零件

$$B = a + b - \left(\frac{r}{2} + \delta\right)$$

$$L = \pi \times (R + b)$$

式中 a、b——弯边宽度(mm);

r——圆角半径(mm);

R——变曲半径(mm);

δ——材料厚度(mm)。

(2)角材收边成直角形零件。如图 5-32 所示,其展开料的计算公式为:

$$B = a + b - \left(\frac{r}{2} + \delta\right)$$

149

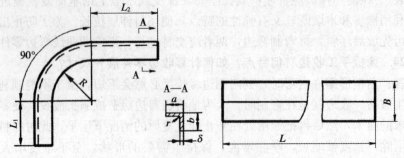

图 5 - 32 直角形零件

$$L=L_1+L_2+\frac{\pi}{2}\cdot(R+b)$$

式中　a、b——弯边宽度（mm）；

　　　L_1、L_2——弯边宽度（mm）；

　　　r——圆角半径（mm）；

　　　R——变曲半径（mm）；

　　　δ——材料厚度（mm）。

25. 薄板手工收边的方法有哪些？

答：（1）起皱钳收边：用起皱钳将待弯的零件毛坯边缘起皱，然后放在垫铁上用木槌敲平，如图 5 - 33（a）所示。在敲击过程中如发现已产生冷作硬化，应及时退火，否则容易破裂。退火工作可能不止一次。

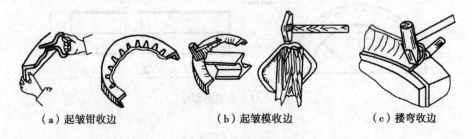

（a）起皱钳收边　　　　（b）起皱模收边　　　　（c）搂弯收边

图 5 - 33　收边

（2）起皱模收边：对于稍厚的坯料起皱，也可用硬木制成的起皱模进行，如图 5 - 33（b）所示，将待弯的坯料放在模上，用錾口锤锤出波纹，然后再放到垫铁上，消除皱折波纹，达到收边的目的。

（3）搂弯收边：就是用木槌搂的方法，如图 5 - 33（c）所示。弯曲凸曲线弯边零件，将坯料夹在型胎上，用顶棒顶住毛坯，并用木槌敲打顶住的部分，使它弯曲逐渐靠模。

26. 薄板手工拔缘的方法有哪些?

答: 拔缘就是利用放边和收边的方法,使板料边缘弯曲。拔缘分内拔缘(也称孔拔缘)和外拔缘两种。内拔缘是在孔边加工出凸缘,目的是增加刚性,减轻质量,外拔缘主要是增加刚性。

(1)自由外拔缘的方法:

①计算出坯料直径 D,划出加工的外缘宽度线(即分出环形部分和圆柱形部分),一般坯料直径 D 与零件直径 D_1 之比为 $0.8 \sim 0.85$。剪切坯料,去毛刺。

②在铁砧上,按照零件外缘宽度线,用木槌敲打进行拔缘,先将坯料周边弯曲,在弯边上制出皱褶,然后打平皱褶,使弯曲边收缩成凸边。这样经过多次制出皱褶、打平皱褶,才能制成零件,操作过程如图 5-34 所示。

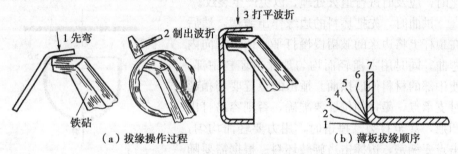

(a)拔缘操作过程   (b)薄板拔缘顺序

图 5-34 外拔缘操作过程示意

③拔缘时,锤击点的分布和锤击力的大小要稠密、均匀,不能操之过急,否则可能出现弯边形成细纹皱褶,从而产生裂纹。

(2)胎型拔缘方法:利用胎型拔缘时,一般采用加温拔缘的方法,先在坯料中心焊一个钢套,以便定位,如图 5-35(a)所示。坯料加温到 750℃~780℃,每次加热线不宜过长,加热面略大于坯料边缘的宽度线,拔缘过程同前述外拔缘过程。利用胎型内拔缘时,弯边比较困难。内孔直径不超过 80mm的薄板拔缘时,可采用一个圆形凸块一次冲出弯边,如图 5-35(b)所示。如果孔径较大,或是椭圆孔,则制作一个钢凸模可冲出弯边。

27. 何谓拱曲? 拱曲分哪两种? 其操作方法如何?

答: 拱曲是把板料用手工捶击成半球形或其他凸凹曲面状的零件。通过捶击,如图 5-36 所示,板料四周起皱向里收边,厚度变厚,中间打薄捶放,厚度变薄。拱盐分为冷拱曲和热拱曲两种。

(1)冷拱曲的操作方法:

①用顶杆手工拱曲法:拱曲深度较大的零件,如图 5-37 所示,可用顶杆和手工捶击的方法进行。坯料应处于焖火状态,在加工的过程中发现有冷作硬

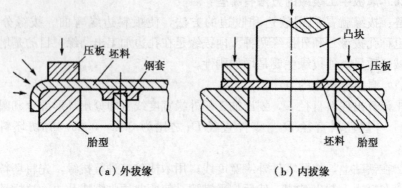

（a）外拔缘　　　　　（b）内拔缘

图 5-35　胎型拔缘示意图

化时，应及时进行退火处理，以免产生裂纹。

拱曲时，先把坯料的边缘作出皱褶，然后在顶杆上将边缘的皱褶慢慢打平，使边缘向内弯曲，同时用木槌轻而均匀地捶击坯料中部，使中部的材料伸展拱曲。捶击的位置要稍稍超过支承点，敲打的位置要准确，否则容易打出凹痕，甚至打裂。捶击时，用力要轻而均匀，击点要稠密，边捶击边旋转坯料。根据需要随时调整捶击的部位，使表面保持光滑、均匀，

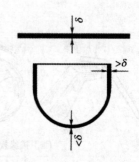

图 5-36　拱曲件厚度的变化

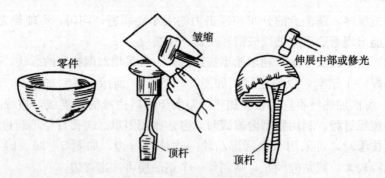

图 5-37　半球形零件的拱曲

对凸出的部位不应继续捶击，否则越打越凸起。捶击到坯料的中心部位时，坯料应不停地转动，不能集中在一处捶击，以免坯料的某部位伸展过多而出现凸起。依次收边捶击中部，并不断地作中间检查，直至达到要求为止。考虑到材料的弹性变形，加工后的拱曲度应稍大一些。修光后，消除了弹性变形，零件正好合格。

最后用平头锤在圆杆顶上，把拱曲成形好的零件进行修光，然后按要求划

线，并进行切割、锉光边缘。

②在胎模上手工拱曲：一般尺寸较大、深度较浅的零件，可直接在胎模上进行拱曲（如图5-38所示），其操作过程如下：

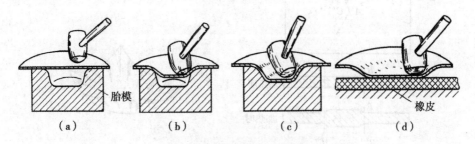

（a）　　　　（b）　　　　（c）　　　　（d）

图 5-38　在胎模上拱曲的过程

将坯料压紧在胎模上，用手锤从边缘开始逐渐向中心部分锤击，图5-38中（a）、（b）、（c）是拱曲过程，由边缘逐渐向中心拱曲，图5-38（d）是在橡皮上进行伸展坯料。拱曲时，锤击应轻而均匀，这样才能使整个加工表面均匀地伸展，形成凸起的形状，并可以防止拉裂。为使坯料伸展得快，在拱曲过程中可垫橡皮、软木、沙袋等进行伸展作业，这样表面质量较好。在拱曲过程中不能操之过急，应分几次使坯料逐渐下凹，直到坯料全部贴合胎模，成为所需要的形状。最后用平头锤在顶杆上打光局部凸痕。

③在步冲机上进行手工拱曲：下模固定在工作台上，上模与滑块连接，工作时，将坯料压靠在下模上，开动机器，上模作锤击运动，从边缘开始逐渐向中心部分锤击直至成形。

（2）热拱曲的方法：通过加热使板料拱曲的方法叫热拱曲。热拱曲一般用于板料较厚、形状比较复杂以及尺寸较大的拱曲零件。它和冷拱曲的区别在于：冷拱曲是通过收缩坯料的边缘、伸展坯件中部材料得到的；而热拱曲是通过坯料的局部加热后冷却收缩变形而达到的。如图5-39（a）所示，对坯料三角形 ABC 处局部加热，受热后要向周围膨胀，但因该区处于高温状态，力学性能比未加热部位低，不但不能膨胀，反而被压缩变厚，冷却后缩小为 $A'B'C'$。如果沿坯料的四周对称而均匀地进行分压加热，便可以收缩成图5-39（b）所示的拱曲零件。拱曲程度与加热点的多少和每一点的加热范围有关。加热点越多，也就是越密，拱曲程度越大。加热的方法有两种：加热面积较大时，采用炉子加热；当加热面积在 $300mm^2$ 以内时，用氧-乙炔焰进行加热。要取得热拱曲各种零件的预期效果，还应在实际工作中摸索规律和积累经验。

28. 什么是卷板成形？

答：卷板成形是使板材通过旋转轴辊而弯曲成形的方法（如图5-40所

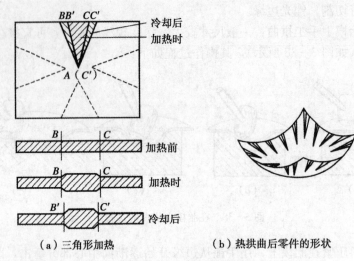

（a）三角形加热　　　　　（b）热拱曲后零件的形状

图 5 - 39　热拱曲原理

示），将板材放置在下轴辊时，板材的下面与下轴辊的 b、c 两点接触，板材的上面与上轴辊 a 点接触。卷板时，压下上轴辊，并使两下辊旋转，此时板材即发生连续弯曲而卷弯成形。

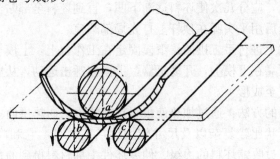

图 5 - 40　圈板机工作方法

29. 常用卷板机的特点及使用范围有哪些?

答：常用卷板机的特点及使用范围如下：

（1）对称三轴辊〔如图 5 - 41（a）所示〕：其特点是结构简单、质量轻、维修方便，两下轴辊距离小，成形较准确，但有较大的剩余直边。

（2）不对称三轴辊〔如图 5 - 41（b）所示〕：其特点是结构简单、剩余直边小，不必预弯剩余直边，但板料需要调头卷弯，操作麻烦。轴辊排列不对称、受力大、卷弯能力较小。

（3）四轴辊〔如图 5 - 41（c）所示〕：其特点是板材对中方便，能一次完成卷弯工作，但结构复杂，两侧轴辊相距较远，操作技术不易掌握。

154

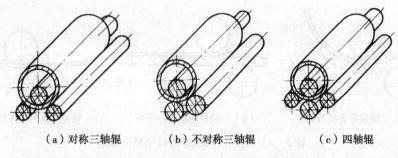

（a）对称三轴辊　　　（b）不对称三轴辊　　　（c）四轴辊

图 5‑41　常用卷板机的不同剩余直边示意

30. 卷板的预弯方法有哪些？

答：预弯即是将板料两端边缘的剩余直边预先弯曲到符合要求的曲半径的操作。常见的预弯方法如下：

（1）压力机与成形模［如图 5‑42（a）所示］：在压力机上使用与工件曲率半径相同的上、下压模进行预弯。适用于大批量的制品预弯。

（2）压力机与通用模［如图 5‑42（b）所示］：在压力机上使用通用模具，进行多次压弯成形。适用于各种不同曲率半径的预弯。

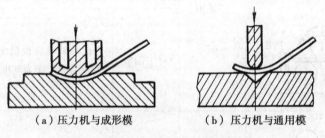

（a）压力机与成形模　　　　（b）压力机与通用模

图 5‑42　压力卷板机弯模示意图

（3）对称三轴辊卷板机与模板［如图 5‑43（a）所示］：在三轴辊卷板机下轴辊上，放置一块预先弯好的模板（模板厚为工件厚度的 2 倍以上，宽度略大于工件），把板料放在模板上面，一起进行卷弯。适用于弯曲功率不超过设备能力的 60%。

（4）对称三轴辊卷板机与平板［如图 5‑43（b）所示］：在三轴辊卷板机上利用厚平板（平板厚度大于 2 倍工件厚度以上）及楔形、垫板预弯。适用于弯曲功率不超过设备能力的 60%。

（5）对称三轴辊卷板机与楔形垫板［如图 5‑43（c）所示］：在三轴辊卷板机上利用楔形垫板，直接预弯。适用于较薄的板。

31. 卷板常用的对中方法有哪些？

答：为了防止卷板时板料发生歪扭，板料的边缘必须与轴辊中心线严格保

155

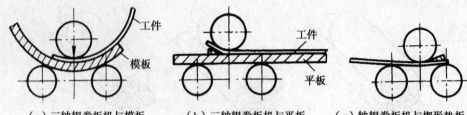

（a）三轴辊卷板机与模板　　　（b）三轴辊卷板机与平板　　　（c）轴辊卷板机与楔形垫板

图 5‐43　对称三轴辊卷板机弯模示意图

持平行。常用的对中方法见表 5‐7。

表 5‐7　　　　　　　　　　常用的对中方法

简　图	使用设备	名称	操作方法
槽子	三轴辊	对中槽	在三轴辊卷板机上，利用下轴辊的槽子，转到最高点作为基准来对中
挡板		对中挡板	在三轴辊卷板机上，装置一个活络挡板，作为基准来对中
	三轴辊	对中下辊	在三轴辊卷板机上，利用板边紧靠下轴辊对中
	四轴辊	对中侧辊	在四轴辊卷板机上，利用侧辊对中

32. 在卷板机上矫圆的方法有哪些？

答：圆筒卷弯焊接后会出现棱角等变形，可用表 5‐8 中所示方法在卷板机上矫圆。

表 5 - 8   矫正棱角的方法

简　图	使用设备	名称	操作方法
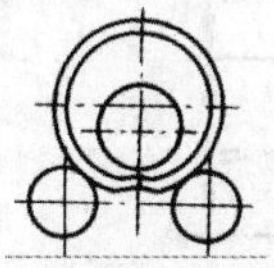	三轴辊卷板机	内棱角	在三轴辊卷板机上，直接利用上轴辊下降，来回多次卷弯
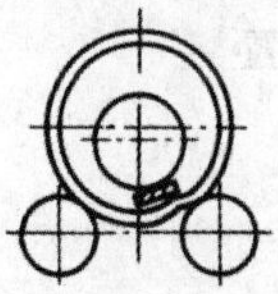			圆筒内放置一块板料于内棱角处，来回多次滚轧
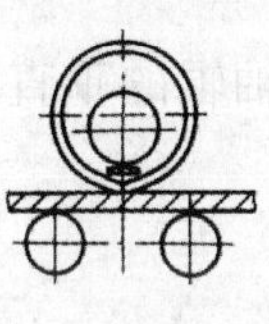	三轴辊卷板机	外棱角	在三轴辊卷板机上，放置一块平板，并在圆筒内也放置一块板料于外棱角处，进行滚轧
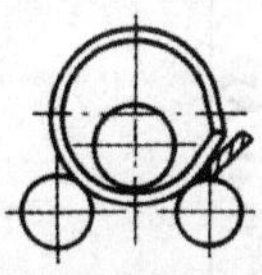			在圆筒棱角处的外壁放置一块板料，来进行矫正
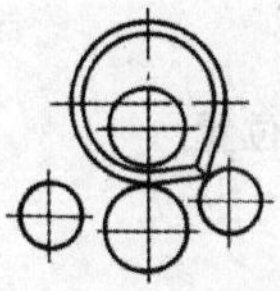	四轴辊卷板机		在四轴辊卷板机上，直接调节侧辊，来矫正外棱角变形

33. 卷板机卷弯时如何计算上、下轴辊的垂直距离？

答：板料一般需经多次进给滚弯，才能达到所要求的曲率半径，每次上轴辊的压下量一般为5~10mm。卷弯前，可根据所要弯制板料的曲率半径，计算出上、下轴辊的相对位置，以便控制卷弯终了时上轴辊的位置。

（1）三轴辊卷板机卷弯时（如图5-44所示），上、下轴辊的垂直距离的计算公式为：

$$h=\sqrt{(R+t+r_2)^2-L^2}-(R-r_1)$$

式中　R——工件的曲率半径（mm）；

　　　h——上、下轴辊的垂直距离（mm）；

　　　t——工件的厚度（mm）；

157

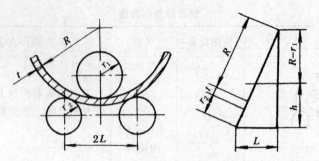

图 5 - 44　三轴辊卷板机卷弯终了时上辊的相对位置

r_1——上轴辊的半径（mm）；

r_2——下轴辊的半径（mm）；

L——1/2 的两下轴辊的中心距（mm）。

（2）四轴辊卷板机卷弯时（如图 5 - 45 所示），下、侧轴辊的垂直距离的计算公式为：

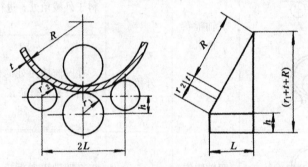

图 5 - 45　四轴辊卷板机卷弯终了时下、侧辊的相对位置

$$h = r_2 + R + t - \sqrt{(r_2 + t + R)^2 - L^2}$$

式中　R——工件的曲率半径（mm）；

h——下轴辊与侧辊的垂直距（mm）；

t——工件的厚度（mm）；

r_1——下轴辊的半径（mm）；

r_2——侧轴辊的半径（mm）；

L——1/2 的两下轴辊的中心距（mm）。

【例 5 - 1】已知三辊卷板机的上辊直径为 280mm，下辊直径 250mm，两下辊中心距 359mm。现卷筒直径为 502mm，板厚 12mm，求上、下辊的中心距 h？

解：已知　$R = 502\text{mm}/2 = 251\text{mm}$

　　　　$t = 12\text{mm}$

$$r_1 = 280\text{mm}/2 = 140\text{mm}$$

$$r_2 = 250\text{mm}/2 = 125\text{mm}$$

$$L = 359\text{mm}/2 = 179.5\text{mm}$$

所以 $h = \sqrt{(R+t+r_2)^2 - L^2} - (R - r_1)$

$= \sqrt{(251+12+125)^2 - 179.5^2}\,\text{mm} - (251 - 140)\,\text{mm}$

$= 233.98\text{mm}$

上、下辊之间中心距应为 233.98mm。

由于板材有回弹，因此上述计算值供参考。

在卷板机上，所能卷弯最小圆筒的直径为上辊直径的 1.1～1.2 倍。

34. 板材冷卷时怎样计算卷弯筒体的回弹量？

答：冷卷时板材要产生回弹。为此在卷制时，应卷弯成略小于要求的曲率半径，使卷板机卸载后，刚好回弹到要求的曲率。回弹前的曲率（在上、下轴辊压力下）计算公式如下：

$$D'_{内} = \frac{1 - \dfrac{K_0 \sigma_s}{E}}{1 + \dfrac{K_1 \sigma_s D_{内}}{Et}} D_{内}$$

式中 $D'_{内}$——回弹前的筒体内径（mm）；

K_0——相对强化系数（见表 5-9）；

E——弹性模量（一般碳钢 $E = 2.02 \times 10^5$ MPa）；

K_1——截面形状系数（卷制板材的 $K_1 = 1.5$）；

σ_s——板材屈服点（MPa）；

$D_{内}$——筒体内径（mm）；

t——筒体板厚（mm）。

表 5-9 常用钢材的相对强化系数 K_0

材 料 牌 号	K_0
1Cr18Ni9Ti、1Cr18Ni12Ti	6
10、15、20	10
25、20g、22g、Q235 12Cr1MoV、15CrMo	11.6
30、35	14
15Cr、20Cr、20CrNi	17.6

35. 板材卷弯时怎样计算卷弯筒体的周长伸长量？

答：板材卷弯时，由于受外力的作用，其长度会增加。周长伸长量计算公式如下：

$$\Delta L = K\pi t\left(1+\frac{t}{D_{内}}\right)$$

式中　ΔL——周长伸长量（mm）；

t——筒体厚度（mm）；

$D_{内}$——筒体的内径（mm）；

K——卷制条件系数。

热卷：取 $K=0.10\sim0.12$。

冷卷：低碳钢取 $K=0.06\sim0.08$，低合金钢取 $K=0.03$。

【例 5-2】现卷制内径为 1200mm，板厚 16mm，材质为 20g 的筒体时，求卷制后的伸长量？

解：已知，$D_{内}=1200\text{mm}$　$t=16\text{mm}$　$K=0.07$（冷卷）

所以：$\Delta L = K\pi t\left(1+\frac{t}{D_{内}}\right)=0.07\times\pi\times16\text{mm}\times\left(1+\frac{16}{1200}\right)$

$=3.56\text{mm}$

经过冷卷后实际周长伸长量为 3.56mm。

由上例可知，经过卷弯后的板材一定是伸长的。如果筒体卷弯后不再加工纵缝余量且又要精确时，可适当扣去伸长量。

36. 水火弯板的基本原理是什么？

答：水火弯板是利用金属材料热胀冷缩的特性进行变形加工。通过对被加工金属的局部加热，该处的金属发生膨胀而受到周围冷金属的限制被压缩，冷却后尺寸减小对周围产生拉应力而发生预期的变形。之所以用水火弯板，主要是为了提高效率。水火弯板的主要变形形式为：对于厚板单面加热并控制其加热深（厚）度，使其产生角变形；对于不太厚的板局部加热使其形成曲面。

水火弯板的效果如何，主要取决于工艺参数的选择。其主要工艺参数如下：

（1）火焰性质：水火弯板一般采用中性焰加热。

（2）火焰功率：火焰的功率尽量大一些，在不产生过烧的情况下，选用大号焊炬和焊嘴。H01-6 型焊炬一般不被采用，多用 H01-12 和 H01-20 型。

（3）加热温度：水火弯板的加热温度一般在 600℃ 以上，但一般不允许达到奥氏体转变温度。小同的材料其加热温度也有所不同，其温度见表 5-10。

表 5-10　　　　　　　　不同材料的加热温度和火焰的距离

材　料	表面加热温度（℃）	颜色	水火距离（mm）
普通碳素钢	600～850	暗红色至樱红色	50～100
低强度低合金钢	600～750	暗红色至暗樱红色	120～150
中强度低合金钢	600～700	暗红色	150
高强度低合金钢	600～650	暗红色	在空气中自然冷却

（4）加热速度：加热速度要适当，要根据板厚的不同而定，一般为0.3～1.2m。

（5）加热位置和方向：加热的位置和方向也是非常重要的参数。必须选择需要产生变形并且允许产生变形的位置加热，这个位置在各工件上是不同的，要具体分析。加热的方向也视不同的工件而有所不同。

（6）冷却方式：对于强度较高、淬硬倾向大的钢板宜于空冷；对于绝大部分塑性较好、适合进行水火加工的钢材，为了提高生产效率适于水冷；对于厚度方向上要提高温差时，应在反面水冷。

（7）水流量：冷却水的流量以能使加热区得到充分冷却即可，冷却后的水温70℃～80℃为宜。

（8）辅助方法：在某些特殊的情况下，为了改善成形效果往往可以借助一些其他设备配合作业，能更好地提高水火弯板的生产效率和成形效果，如利用平台上的夹具使其弯曲后再进行水火加工，或制造专用夹具用于辅助水火加工。也可以在工作场地根据变形的需要将工件垫起来，借助重力提高加工效果。

37. 水火弯板加工时的注意事项如何？

答：水火弯板是一种特殊的加工工艺，在进行水火弯板加工时，应注意下列事项：

（1）硬度和脆性较大的材料，水火加工时变形能力差，并容易产生裂纹甚至出现断裂，因此不宜进行水火弯板加工。

（2）水火弯板操作时，水火的距离要适当。一般来说，板的厚度大，水火距离应远些；板的厚度小，水火距离应近些。

（3）在进行水火弯板加工时，应考虑适当采用机械成形，当机械成形无法进行时，再进行水火弯板加工。不要受火焰加工的限制。

（4）水火弯板的加热温度，要随工件的不同而有所差别。钢板可以进行水火弯曲，有色金属也可以进行水火弯曲，但加热温度要有所差别，一般为熔点的1/2～2/3的范围。

（5）弯板过程中，第二次加热的区域应与第一次加热的区域错开，或者经分析应力的状态，寻找压应力区进行二次加热。

（6）关于加热深度，许多书上都有一些数据，各书还有不同，主要是因为对加热的概念理解不同。不论是在厚度方向上还是在板面方向上，其温度都是由高向低分布。各种书上所讲的加热深度仅供参考。一般来说，加热深度应该是对弯曲变形产生作用的温度以上的加热区间，这个温度应是450℃或500℃以上。

（7）在压力加工能力能够满足加工要求的情况下，应尽量采用压力加工，只有在无法进行压力加工时才采用水火弯曲。

（8）由于水火弯板要使用燃气瓶、氧气瓶等压力容器，要严守这些设备的使用规则。在操作时要注意防止火灾。

38. 典型工件的水火弯板工艺有哪些？

答：典型工件的水火弯板工艺如下：

（1）厚板折角的水火弯曲：钢板折角一般可在压力机上完成，但当板的厚度较大（超过30mm）时，折角则比较困难了，有时不得不进行切割后再重新焊接的复杂操作。对于折角角度不大并且允许有圆弧的情况，用水火弯板加工，既保持了结构的整体性，又能节省工时，节约材料，是比较合理的选择。水火弯曲的加工步骤为：先制作一个支架，支架的主要工作部分是两根平行的钢管（如图5-46所示），将钢板置于支架（虚线所示）上。用H01-20的焊炬和4～5号焊嘴，点燃火焰按弯曲线方向进行线状加热，首先加热图中两侧位置。然后检查其弯曲角度是否够大，如弯曲度不够，再对折角的中心位置进行线状加热。

图5-46 厚板折角的加工

图5-47 扭曲板示意图

由于厚板加热的速度较慢，因此必须控制火焰的移动速度，保证加热至板厚的1/3～1/2。

（2）扭曲面的水火弯曲：

①加热方式：制作扭曲板的加热方式也是线状加热，其加热线方向垂直于弯曲方向，如图5-47所示。

②操作时的辅助方法：由于扭曲板的变

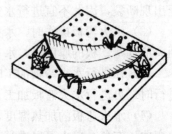

图5-48 工作台上扭曲板的成形

形较大，仅靠火焰的作用效率太低。加热前应先将上翘的两端垫起，以提高弯板的效率。当弯曲变形量相当大时，应在铆工平台上操作，在上翘的两端垫起的同时，将另外两角用卡具压在工作台上，其弯曲的效率会更显著地提高（如图5-48所示）。这种扭曲板的制作厚度一般不会很大，否则平台上的卡具不能起到辅助成形的作用。

（3）单向单面弯曲板的水火弯曲工艺（U形弯）：单向单面弯曲板的水火弯曲（U形弯，如图5-49所示），其弯曲工艺如下：

①加热方式：采用线状加热，其加热位置和方向如图5-49所示，与弯曲

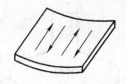

图 5-49 U形弯示意图

图 5-50 S形弯示意图

方向垂直。

②加热温度：加热温度根据材质而定，见表 5-10。

③辅助方法：将板的两端垫起来，使中间悬空，能有效提高弯曲的效果。但要注意垫铁的高度一致，以防出现扭曲。

④注意事项：这种弯板方式要注意加热深度，一般加热深度控制在板厚的 1/2~1/3 的范围内。深度过大会影响弯曲效果，甚至产生不应有的变形；深度过小会降低工作效率。

此种方法适用于厚度大于 12mm 的板的弯曲，较薄的工件应采用机械方法弯曲为佳。

（4）单向两面弯曲面的水火弯曲（S形弯）：这种弯曲如图 5-50 所示，与前一种的加工方法相同，只是在加工完一个弯曲部分后，需将板翻过来加工另一个弯曲部分。其注意事项与前者相同，在此不再重复。

（5）球面的水火弯曲：球面工件一般是球罐上的各部分结构件，球罐的极帽一般都应在压力机上成形，但在单件生产时，如果没有压力机或模具，也可用水火弯曲的方法制成球面，具体工艺如下：

①极帽：按照球罐的内径制作一个样板，如图 5-51（a）所示。样板可以用厚度不大于 1.5mm 的钢板或铝板制作，也可以用厚纸板制作。将极帽放平，四周垫起。如果能有一个圆环形的架将其垫起是最好的，也可以用砖类物垫起，以起到辅助弯板的作用。按图 5-51（b）所示中 123456 线的顺序进行线状加热。当一周加热完毕后，边缘已经翘起，球面形状显现出来，但不规则。再按图 5-51中 abcdef 线的顺序加热，当一周加热结束后。球面已经非常接近，然后用样板检验。

当检验发现有形状不规则的地方时，应继续进行火焰加工，直至各处曲率与样板吻合（如图 5-52 所示）。在矫形时往往采用点状加热矫正的方式进行。

②球瓣：球罐下料有 4 种展开方法：一是分瓣展开；二是分带展开；三是分块展开；四是按球瓣展开。其中分带展开应用极少，其他 3 种展开方法均有应用。对于特大型的球罐一般采用分块展开，小型球罐可用分瓣展开或球瓣展开。对于分瓣展开的球罐每一瓣都应加工成球面。如图 5-53 所示是球罐的结构和瓣的加工示意图。球瓣的弯曲制作步骤是：

163

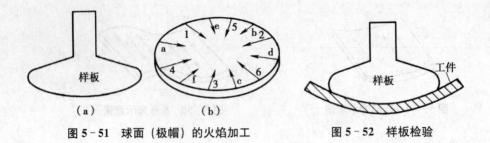

图 5 - 51 球面（极帽）的火焰加工

图 5 - 52 样板检验

图 5 - 53 球罐的结构和瓣的加工示意图

a. 将下好料的球瓣（平板）放平，两端轻轻垫起，不要垫得太高。

b. 点燃焊炬，按图中所标各条加热线，从两端向中间加工。

c. 在加工的过程中，两端会随变形逐渐翘起，在加工过程中不断调整两端垫的高度和位置，以利于弯曲加工。

d. 加工结束后用样板进行检查，对不符合要求的地方进行矫正性调整。

③注意事项：

a. 在加工极帽时，对加热深度没有严格要求，但加热宽度边缘应稍大一些。

b. 由于这种形状排水不利，可不用水冷，或者不在水平位置加工。

c. 由于这种成型方法工件没有延伸，故展开下料时应考虑水火弯板与压制成形的差别，留出相应的余量，以保证加工后的形状和尺寸。

d. 加工火焰应采用中性焰，火焰功率大一些，一般采用 H01 - 20 的焊炬。

e. 对于分块展开或球瓣展开的球罐也可以用此法成形，但都要考虑收缩余量。

第六章 压制成形和矫正

1. 常用压制设备有哪些？其结构与用途如何？

答：常用压制设备有板料折弯压力机、摩擦压力机、曲柄压力机等。

（1）板料折弯压力机。板料折弯压力机用于将板料弯曲成各种形状，一般在上模作一次行程后，便能将板料压成一定的几何形状，如采用不同形状模具或通过几次冲压，还可得到较为复杂的各种截面形状。当配备相应的装备时，还可用于剪切和冲孔。

板料折弯压力机，有机械传动和液压传动两种。液压传动的折弯压力机是以高压油为动力，利用油缸和活塞使模具产生运动，如图6-1所示为W67Y-160型液压传动的板料折弯压力机。

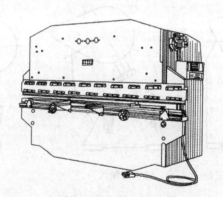

图 6-1　W67Y-160 型板料折弯压力机

根据被折板料的规格、折弯工件的形状，确定工件的折弯力应小于或等于滑块的公称压力。开动主电动机，待运转正常后，用微动按钮使上模渐渐下降至下死点，使上下模接近，这时再按滑块升降按钮，根据需要调节并测对上下模具之间的间隙后，进行若干次单行程，确认机器运转正常，然后进行试折工件，当试折件的质量达到要求时，就可进行成批生产。

为了确保安全生产，操作时必须注意以下几点：

①在开车前，要清除机床周围的障碍物，上下模具间不准放有任何工具等物件，并润滑机床。

②检查机床各部分工作是否正常，发现问题应及时修理。特别要仔细检查

脚踏（离合器）是否灵活好用；如发现有连车现象，决不允许使用。

③开车后待电动机和飞轮的转速正常后，再开始工作。

④不允许超负荷工作，在满负荷时，必须把板料放在两立柱，使两边负荷均匀。

⑤保证上下模具之间有间隙，间隙值的大小，按折板的要求来决定，但不得小于被折板料的厚度，以免发生"卡住"现象，造成事故。

⑥工件表面不准有焊疤与毛刺。

⑦电气绝缘与接地必须良好。

（2）曲柄压力机。曲柄压力机是通用性的压制设备，可用于冲裁、落料、切边、压弯、压延等工作，是冲压生产中应用最普遍的设备之一。曲柄压力机按机架形式分开式和闭式两种，按连杆数目分单点式和双点式两种。

开式压力机的工作台结构有固定台、可倾式和升降台三种。如图 6-2 所示，开式固定台压力机的刚性和抗振稳定性好，适用于较大吨位。可倾式压力机的工作台可倾斜 20°～30°，工件或废料可靠自重滑下。升降台压力机适用于模具高度变化的冲压工作。

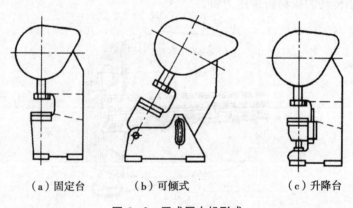

（a）固定台　　（b）可倾式　　　　（c）升降台

图 6-2　开式压力机形式

曲柄压力机的结构主要是曲柄连杆机构，它有偏心轴和曲轴两种传动形式。

如图 6-3（a）所示为开式曲柄压力机（偏心冲床）简图。床身 1 呈 C 形，工作台三面敞开，便于操作。电动机 2 经齿轮 3 和 4 减速后带动偏心轴 7 旋转。连杆 8 把偏心轴的回转运动转变为滑块 9 的直线运动，滑块在床身的导轨中作往复运动，凸模 10 固定于滑块上，凹模 11 固定在工作台 12 上，工作台可上下调节。为了控制凸模的运动和位置，设有离合器 5 和制动器 6，离合器的作用是控制曲柄连杆机构的启动或停止，工作时只要踩下脚踏板 13，离合器啮合，偏心轴旋转，通过连杆带动滑块和凸模作上下往复运动，进行冲压。制动器的作用是当离合器脱开后使凸模停在最高位置。

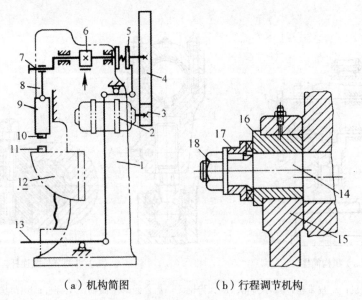

（a）机构简图　　　　　（b）行程调节机构

1. 床身；2. 电动机；3，4. 齿轮；5. 离合器；6. 制动器；7. 偏心轴；8，15. 连杆；9. 滑块；
10. 凸模；11. 凹模；12. 工作台；13. 脚踏板；14. 偏心轴销；16. 偏心套；17. 结合套；
18. 螺母

图6-3　开式曲柄压力机

　　为了适应不同高度模具的冲压，滑块的行程通过改变偏心距进行调节，调节机构如图6-3（b）所示。在偏心轴销14与连杆15之间有一偏心套16，偏心套的端面有齿形嵌牙，它与轴套的结合套17上的嵌牙相结合，用螺母18固定，这样，轴销的圆周运动便通过偏心套而变成连杆的直线运动。其行程是主轴中心与偏心套中心之距离的2倍。只要松开螺母18、结合套17后，转动偏心套就可改变偏心套中心与主轴中心的距离，从而使滑块行程得到调节。

　　开式压力机吨位不能太大，一般为4～400t。因为在受力时床身易产生角变形，影响模具寿命。如图6-4（a）所示为闭式压力机（曲轴冲床）机构简图，其工作原理基本上与开式压力机相同，只是将偏心轴改成曲轴而已。床身由横梁、左右立柱和底座组成，用螺栓拉紧，刚性好。曲轴6的两端由固定于床身上的轴承支承，滑块8由连杆7与曲轴相连，床身两边的导轨对滑块起导向作用。滑块由电动机1、皮带轮2、小齿轮3、大齿轮4（飞轮）经离合器5带动运动，制动器10起制动作用。滑块的行程为曲轴偏心距的2倍，偏心距固定不变，但滑块的行程可在一定范围内通过改变连杆的长度来调节。如图6-4（b）所示为可调节长度的连杆，旋转紧固螺钉14和顶丝15，使紧固套13松开，用扳手转动调节螺杆12，使其旋入或退出连杆套11，连杆的长度就可得到调节。大型曲轴压力机连杆的调节是由单独电动机通过减速机构来旋转调节的。

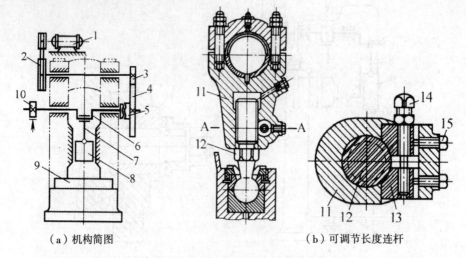

（a）机构简图　　　　　　　（b）可调节长度连杆

1. 电动机；2. 皮带轮；3. 小齿轮；4. 大齿轮；5. 离合器；6. 曲轴；7. 连杆；8. 滑块；9. 工作台；10. 制动器；11. 连杆套；12. 调节螺杆；13. 紧固套；14. 紧固螺钉；15. 顶丝

图 6-4　闭式压力机

闭式压力机所受的负荷较均匀，所以能承受较大的冲压力，一般压力为160～2000t。曲柄压力机的传动机构属刚性结构，滑块的运动是强制性的，因此一旦发生超负荷时，容易引起机床的损坏。

（3）摩擦压力机。摩擦压力机的结构，如图 6-5 所示。它由床身 14、滑块 6、螺杆 5、传动轮 1，摩擦盘 10、11 和操纵手柄 8 等组成。床身 14 与工作台 13 连成一体，横梁 3 中间固定着螺座 4，它与螺杆 5 的螺纹相啮合。为了提高传动效率，螺杆采用多头的方牙螺纹，螺杆的下端与滑块 6 相连，上端固定着传动轮 1。传动轮的外缘包有牛皮或橡皮带。滑块可沿床身的导轨作上下往复运动。横梁两端伸出两只支架 2，上面支承着可沿轴向作水平移动的水平轴 9，轴上装有摩擦盘 10、11，摩擦盘由电动机经过皮带轮 12 带动旋转。两摩擦盘之间的距离稍大于传动轮的直径。

工作时扳动操纵手柄 8，使其向下（或向上）时，通过杠杆系统 7 使水平轴上的摩擦盘与传动轮边缘接触，从而带动传动轮和螺杆作顺时针（或逆时针）旋转，螺杆带动滑块和凸模一起升降进行冲压工作。退料装置 15 用于将工件从模子中顶出。当操纵手柄位于中间水平位置时，传动轮位于两摩擦轮之间，滑块和凸模不动。

摩擦压力机的优点是构造简单，当超负荷时，由于传动轮和摩擦盘之间产生滑动，从而保护机件不致损坏。其缺点是传动轮轮缘的磨损大，生产效率比

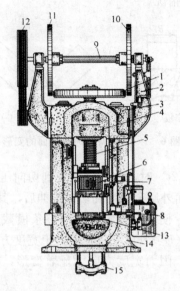

1. 传动轮；2. 支架；3. 横梁；4. 螺座；5. 螺杆；6. 滑块；7. 杠杆系统；8. 操纵手柄；
9. 水平轴；10、11. 摩擦盘；12. 皮带轮；13. 工作台；14. 床身；15. 退料装置

图 6 - 5　摩擦压力机

曲柄压力机低。

2. 压弯的特点是什么？

答：如图 6 - 6 所示为在 V 形弯曲模上材料压弯时的变形过程：开始阶段
材料是自由弯曲［如图 6 - 6（a）所示］，随着凸模的下压，材料与凹模表面
逐渐靠紧，弯曲半径 r_0 变为 r_1，弯曲力臂也由 l_0 变为 l_1［如图 6 - 6（b）所
示］；凸模继续下压时，材料的弯曲区不断减小，直到与凸模三点接触，这时
弯曲半径由 r_1 变为 r_2，力臂由 l_1 变为 l_2［如图 6 - 6（c）所示］；当凸模继续
下压时，材料的直边部分，就向与开始时的相反方向弯曲，到行程的最低点
时，材料与凸模完全贴紧［如图 6 - 6（d）所示］。

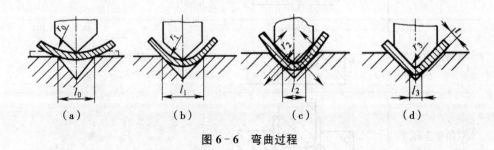

（a）　　　　　（b）　　　　　（c）　　　　　（d）

图 6 - 6　弯曲过程

弯曲过程中，材料的横截面形状也要发生变化。例如板料弯曲时，将出现

图 6-7 所示的两种变化情况。

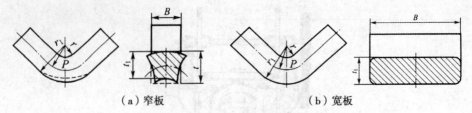

（a）窄板　　　　　　　　　（b）宽板

图 6-7　板料弯曲时横截面的变形

在弯曲窄板条（$B \leqslant 2t$）时，内层金属受到切向压缩后，便向宽度方向流动，使内层宽度增加；而外层金属受到切向拉伸后，其长度方向的不足，便由宽度、厚度方向来补充，使宽度变窄，因而整条横截面产生扇形畸变〔如图 6-7（a）所示〕。宽板（$B \geqslant 2t$）弯曲时，由于宽度方向尺寸大、刚度大，金属在宽度方向流动困难，因而宽度方向无显著变形，横截面仍接近为一矩形〔如图 6-7（b）所示〕。

此外，无论宽板、窄板，在变形区内材料的厚度均有变薄现象。这种材料变薄现象，在结构的弯曲加工中应予以考虑。

3. 压弯力如何计算？

答：压弯力的经验计算公式见表 6-1。

表 6-1　　　　　　　　　压弯力的经验计算公式

压弯方式	图　示	计算公式
单角自由压弯		$F_{自} = \dfrac{0.6Bt^2\sigma_b}{R+t}$
单角校正压弯		$F_{校} = gA$
双角自由压弯		$F_{自} = \dfrac{0.7Bt^2\sigma_b}{R+t}$
双角校正压弯		$F_{校} = gA$

续表

压弯方式	图　　示	计算公式
曲面自由压弯	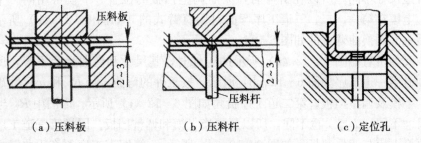	$F_{自} = \dfrac{t^2 B \sigma_b}{L}$

上式中　B——板料的宽度（mm）；

　　　　R——压弯件的内弯曲半径（mm）；

　　　　A——压弯件被校正部分投影面（mm）；

　　　　F——压弯力（N）；

　　　　σ_b——材料的抗拉强度（MPa）；

　　　　g——单位校正压力（MPa）；（见表 6-2）。

　　　　t——材料厚度（mm）。

表 6-2　　　　　　　　　　单位校正压力 g（MPa）

材　料	板材厚度（mm）			
	1	1～3	3～6	6～10
10～20	0.3～0.4	0.4～0.6	0.6～0.8	0.8～1.0
25～30	0.4～0.5	0.5～0.7	0.7～1.0	1.0～1.2
铝	0.15～0.20	0.2～0.3	0.3～0.4	0.4～0.5
黄铜	0.20～0.30	0.30～0.4	0.4～0.6	0.6～0.8

4. 压弯件偏移的防止方法是什么？

答：防止偏移的方法是采用压料装置或用孔定位。弯曲时，材料的一部分被压紧，使其起到定位的作用，另一部分则逐渐弯曲成形。因此，压料板或压料杆的顶出长度应比凹模平面稍高一些，还可在压料杆顶面、压料板或凸模表面制出齿纹、麻点、顶锥，以增加定位效果。如图 6-8 所示为防止坯料偏移的几种措施。

（a）压料板　　　　　　　（b）压料杆　　　　　　　（c）定位孔

图 6-8　防止压料偏移的方法

5. 列举几种常见制件的压弯工艺。

答： 下面列举几种常见制件的压弯工艺：

（1）折边。把制件的边缘压弯成倾角或一定形状的操作称折边，折边广泛用于薄板制件。薄板经折边后可以大大提高结构的强度和刚度。如图 6 - 9 所示为板料折边后的几种形式。

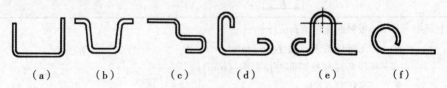

（a）　　　　（b）　　　　（c）　　　　（d）　　　　（e）　　　　（f）

图 6 - 9　板料折边后的形式

①折边模：折边模分通用模和专用模两类。通用模如图 6 - 10 所示。一般下模在 4 个面上分别制出不同形状、尺寸的 V 形槽口［如图 6 - 10（a）所示］，其长度与设备工作台面相等。一般上模呈 V 形的直臂式［如图 6 - 10（b）所示］和曲臂式［如图 6 - 10（c）所示］，上模工作部分的圆角半径有大小不等的一套，较小圆角的上模夹角为 15°。

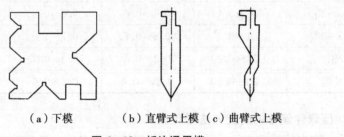

（a）下模　　　　（b）直臂式上模　（c）曲臂式上模

图 6 - 10　折边通用模

②折边操作：按不同的弯角、弯曲半径和形状，应进行多次调整挡板和上、下模。一般折弯顺序是由外向内进行。

例如折弯如图 6 - 11（a）所示的工件时，由于其弯角和弯曲半径相同，但各边尺寸不同，所以在折弯时，只需调整挡板的位置。下模可用同一个槽口，上模在第一、二、三道工序弯曲时用直臂式的［如图 6 - 11（b）所示］。最后一次调换曲臂式的如图 6 - 11（c）所示。

又如折弯如图 6 - 12（a）所示的工件时，其尺寸和弯曲半径不等，所以弯制时第一道工序如图 6 - 12（b）所示，按工件的弯曲半径 R_1 和 a 尺寸确定上、下模及调整挡板。第二道工序折角如图 6 - 12（c）所示。因图中 R_2 与 R_1 的尺寸不同，d 与 a 也不同，所以要更换上模和调整挡板。同样第三道工序也应更换上模与调整挡板［如图 6 - 12（d）所示］。第四道工序须换用曲臂式上

172

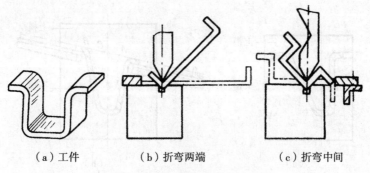

（a）工件　　　　　（b）折弯两端　　　　　（c）折弯中间

图 6-11　U 形工件折边顺序

模，如图 6-12（e）所示。

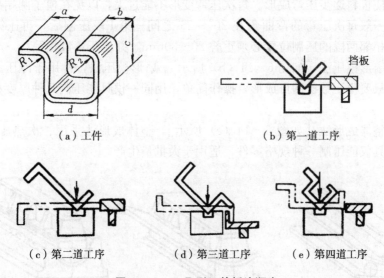

（a）工件　　　　　　　　　　　（b）第一道工序

（c）第二道工序　　　（d）第三道工序　　　（e）第四道工序

图 6-12　⌐⌐ 形工件折边顺序

　　（2）不对称 U 形件。如图 6-13 所示为不对称 U 形件，采用模压法。用一般方法压弯［如 6-13（a）所示］，由于中心偏左边，下模受力不均，材料会产生移动；用垂直中心平分法压弯［如图 6-13（b）所示］，使模具的垂直中心线平分下模槽口 AB（即 $AC=BC$），这样虽是倾斜槽口，但当上模垂直中心线下压时，上模尖端接触毛坯位置与下模两边槽口距相等，使板料受力均匀而不会移动。

　　（3）瓦爿压制：瓦爿压制方法有自由弯曲法、扇形模压法和整体成形法三种。

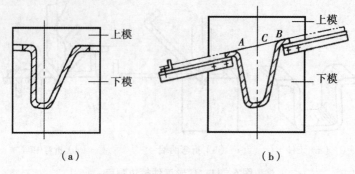

图 6‑13　不对称 U 形件模压法示意

①自由弯曲法［如图 6‑14（a）所示］。上下模用圆钢制成，控制上模的行程，使板料逐步压弯成形。每次压弯变形不能过大，以免在模子两端部产生缺陷，一般每次压弯的弯曲角在 20°～25°之间。第 I 段压制后，再压第 II 段时，则相邻两段的压制位置必须重叠 20～30mm，并使压弯量相等。

②扇形模压法［如图 6‑14（b）所示］。扇形模压法，常用于冷压。用这种模具只要模压数次即可成形，操作简单，用同一模具能压制几种厚度相近的制品。

③整体成形法［如图 6‑14（c）所示］。整体成形法采用一次热压成形，一套模具仅能压制一种规格零件，适用于大批量生产。

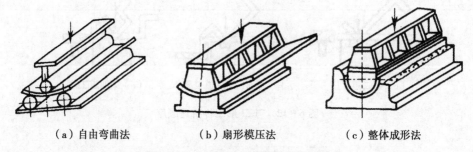

（a）自由弯曲法　　　　（b）扇形模压法　　　　（c）整体成形法

图 6‑14　不对称 U 形件模压法示意

自由压弯前，事先在板料上画出与瓦爿轴线相平行的一系列平行线，其间距为 20～40mm，作为压弯时定位的标准，如图 6‑15 所示。由于压模的长度往往小于瓦爿长度，所以沿瓦爿长度方向不能一次压成，而是采用分段压制。整个瓦爿的压制顺序应由边缘向内，先压两边、后压中间，如图 6‑15 中的 1、2、3 数字的顺序。压制过程中要用样板检查，并及时校正。

这种模具结构简单、通用性强、应用范围广，但制件的尺寸不易控制。如果调整下模具两圆钢的角度还能压制锥形瓦片或锥体，一般用于冷压。

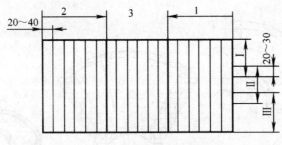

图 6-15　板料压弯前画线示意

用整体成形法进行瓦爿热压时，如果操作不当，会产生一些压制缺陷，具体缺陷名称及产生原因如下：

a. 形状不准［如图 6-16（a）所示］。形状不准是由于模具收缩率选择不当，或工件冷却不均匀所造成。为了防止这种缺陷，应注意工作环境对工件的冷却是否有影响。终锻温度是否太高；锻后放置是否不妥，易使工件变形。

b. 直边不直［如图 6-16（b）所示］。如果制件脱模温度太高，冷却收缩不均匀，就会造成直边不直的缺陷。另外，如果模具侧隙太小，使其出现挤压伸长的问题也是可能的。

c. 扭曲［如图 6-16（c）所示］。造成扭曲是由于坯料定位不准或下模圆角不光滑的缘故。要想防止就应注意上料的定位。

（a）形状不准　　　　（b）直边不直　　　　（c）扭曲

图 6-16　瓦爿热压时的缺陷形式

（4）90°弯头压制：半径较小的 90°弯头，可以采用两个半块分别进行压制，然后拼焊成整体。半爿弯头的坯料尺寸必须用试验法确定。如图 6-17 所示为弯头的尺寸和坯料的形状。坯料的圆弧半径 r_0 和 R_0 由下式确定：

$$r_0 = R - \frac{1}{2}(D - t)$$

$$R_0 = r_0 + \frac{\pi}{2}(D - t) \approx R + 1.07(D - t)$$

式中　R——弯头中心线半径（mm）；

　　　　t——弯头壁厚（mm）；

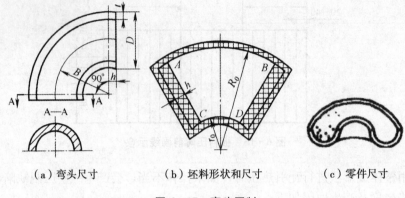

（a）弯头尺寸　　　　　（b）坯料形状和尺寸　　　　　（c）零件尺寸

图 6-17　弯头压制

D——弯头外径（mm）。

上式求得 r_0、R_0 值后，作同心圆弧，取 CD 等于弯头内侧的展开弧长，取 AB 等于弯头外侧弧长，并放 15% 压制收缩量，即

$$\widehat{CD}=\frac{\pi}{2}\left[R-\frac{1}{2}(D-t)\right]$$

$$\widehat{AB}=1.15\frac{\pi}{2}\left[R+\frac{1}{2}(D-t)\right]$$

当坯料上 A、B、C、D 四点确定后，沿圆弧两端作切线，放出弯头的直段长度 h，并在四面周边各放 15～35mm 余量作切割线，坯料的形状和尺寸即告完成。为了试压后检验其坯料的正确性，在坯料上画出等距坐标线，并在边线附近的交点打上样冲眼。经试压后按坐标线修正坯料的尺寸。压制弯头的凸模与弯头的内壁形状相同，凹模与外壁形状相同。

（5）圆锥台：如图 6-18 所示为圆锥台压弯件，采用自由弯曲法压弯。先在板料上划出呈放射状的压弯线。按锥角调整好下模角度，使上模中心线对准板料压弯线；先压弯板料的两端，再压中间，并随时用样板检查，直至符合要求为止。

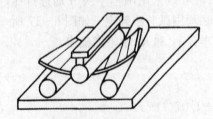

图 6-18　圆锥台压弯件自由弯曲法
　　　　　示意

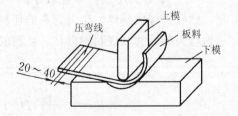

图 6-19　圆筒体压弯件自由弯曲法
　　　　　示意

176

（6）圆筒体：如图 6-19 所示为圆筒体压弯件，采用自由弯曲法压弯。压弯前先在板料上划出与半圆筒轴线相平行的一系列压弯线，间距 20～40mm。压弯时，先压板料的两端，用样板检查达到要求后，再压中间，最后一部分不能压时（因上模插不进），即采用上模直接压在圆筒上。

6. 拉深成形过程如何？

答：如图 6-20 所示为圆筒体的拉深过程。上模下压时，开始与坯料接触〔如图 6-20（a）所示〕；继之，强行将坯料压入下模，迫使坯料的一部分转变为筒底和筒壁〔如图 6-20（b）所示〕；随着上模的下降，突缘逐渐缩小，筒壁部分逐渐增长〔如图 6-20（c）所示〕；最后，突缘部分全部转变为筒壁〔如图 6-20（d）所示〕。筒形体的拉深过程，就是使突缘部分逐渐收缩成为筒壁的过程。

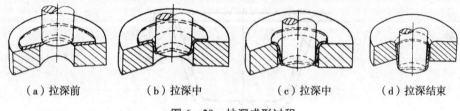

（a）拉深前　　　　（b）拉深中　　　　（c）拉深中　　　　（d）拉深结束

图 6-20　拉深成形过程

7. 拉深件起皱后对零件有何影响？影响变化的因素有哪些？

答：在拉深过程中，突缘部分的坯料受切向压应力的作用，会因失稳而在整个圆周方向出现连续的波浪形弯曲，称为起皱，俗称荷叶边，如图 6-21 所示。

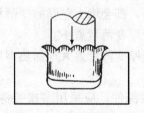

图 6-21　起皱现象示意图

拉深件起皱后，会影响零件的质量，严重时，因起皱部分的金属不能顺利地进入拉深模间隙，而将坯料拉破。防止起皱的有效方法是采用压边圈。压边圈必须安装在坯料上面，与下模表面之间的间隙为 1.15～1.2 倍板厚。

拉深过程中，由于板料各处所受的应力不同，使拉深件的厚度发生变化，如图 6-22 所示为封头壁厚的变化示意图。

177

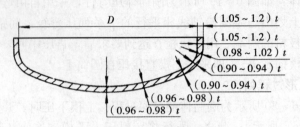

图 6 - 22　封头壁厚的变化

一般变薄最严重处发生在筒壁直段与凸模圆角相切的部位。当壁厚变薄最严重处的材料不能承受拉力时，会产生破裂。如图 6 - 23 为厚 3mm 坯料拉深后壁厚的变化及破裂现象。影响封头壁厚变化的因素有：

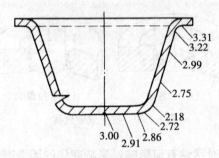

图 6 - 23　拉深破裂现象

（1）材料强度愈低，壁厚变薄量愈大。

（2）变形程度愈大，封头底部愈尖，壁厚变薄量愈大。

（3）上、下模间隙及下模圆角愈小，壁厚变薄量愈大。

（4）拉深力过大或过小，都会增大壁厚的变薄量。

（5）模具润滑愈好，壁厚变薄量愈小。

（6）热压温度愈高，壁厚变薄量愈大；加热不均匀，也会使局部壁厚减薄量增大。

对于材料强度较大的拉深件，应采用多次拉深，每次拉深后进行退火处理，防止零件再加工过程中产生破裂现象。

拉深时，是否要用压边圈，可根据材料的相对厚度 $\Delta t(\Delta t = 100t/D$。$t$ 为材料的厚度，D 为拉深件坯料直径）来确定。见表 6 - 3 及表 6 - 4。

表 6-3　　　　　　　　　　简形体拉深圈使用表

简　　图	材料的相对厚度 Δt	使用情况
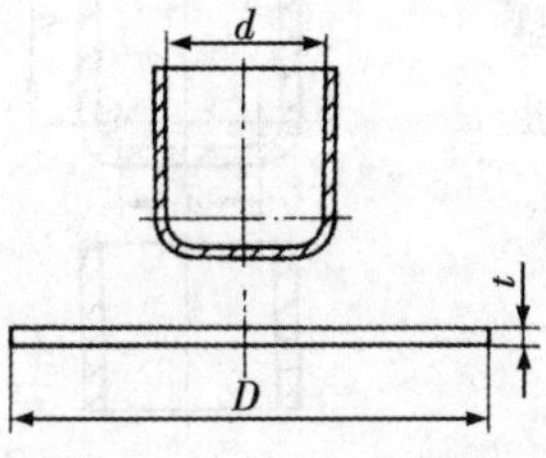	$\Delta t > 2$	可不用压边圈
	$2 \geqslant \Delta t \geqslant 1.5$	按具体情况确定
	$\Delta t < 1.5$	必须使用压边圈

表 6-4　　　　　　　　　　封头拉深圈使用表

简　　图	名　　称	使用条件
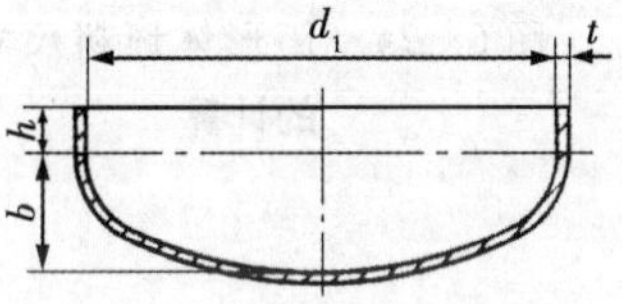	椭圆封头	$\Delta t = 11.2$ 或 $D - d \geqslant (1820)t$
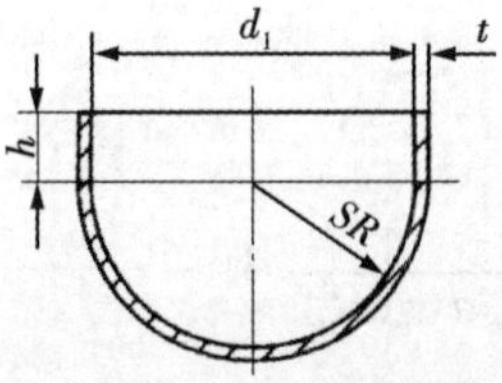	球形封头	$\Delta t \leqslant 2.2 \sim 2.4$ 或 $D - d \geqslant (14 \sim 15)t$
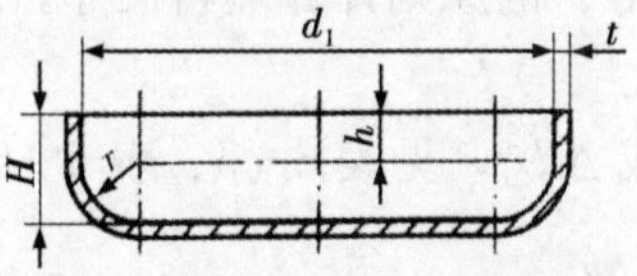	平底封头	$D - d \geqslant (21 \sim 22)t$

8. 拉深件坯料计算原则有哪些?

答:拉深件坯料计算的原则如下:

(1) 不变薄拉深,可采用等面积法计算坯料的尺寸,即坯料的面积等于按拉深件平均直径计算的拉深件面积。

(2) 变薄拉深,可采用等体积法计算坯料的尺寸,即坯料的体积等于拉深件的体积。

(3) 拉深件需切边的,在计算坯料时,则应增放切边的工艺余量。

9. 如何计算拉深件坯料的尺寸?

答:坯料尺寸的计算,常用等面积法、周长法或试验法。

(1) 等面积法：现以如图 6-24 所示的筒形体为例，说明等面积计算方法。

将筒形体分为三个简单的几何体，分别求其面积（当板料很薄时，工件面积可按外径计算；较厚时，按平均直径计算），相加之和等于该筒形体坯料面积。其公式如下：

筒体面积：$f_1 = \pi(d_2 - t)h = \pi d_0 h$

球带面积：$f_2 = \dfrac{\pi R_0}{2}(\pi d_1 + 4R_0)$

其中 $R_0 = R + \dfrac{1}{2}$

筒底面积：$f_3 = \dfrac{1}{4}\pi d_1^2$

筒形体总面积：$F_0 = f_1 + f_2 + f_3$

$$= \pi d_0 h + \frac{\pi R_0}{2}(\pi d_1 + 4R_0) +$$

$$\frac{1}{4}\pi d_1^2$$

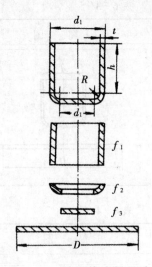

图 6-24　筒形体坯料尺寸的计算

坯料面积：$F_坯 = \dfrac{1}{4}\pi D_坯^2$（$D_坯$ 为坯料直径）

按 $F_坯 = F_0$，得：

$$D_坯 = \sqrt{\frac{1}{4} \times F_0} = \sqrt{d_2^1 + 4d_0 h + 2\pi R_0 d + 8R_D^2}$$

根据等面积法（即拉深件面积与坯料面积相等）的原则计算坯料尺寸。对于边缘有平直要求的拉深件，还应考虑修边余量。

计算工件表面积时应增加工件修边余量 Δh 或 $\Delta d_凸$，见表 6-5、表 6-6。

表 6-5　　　　　　　　　　　　无凸缘拉深件的修边余量 Δh

拉深件高度 h (mm)	零件相对高度 $\dfrac{h}{d}$ 或 $\dfrac{h}{B}$ (mm)			
	0.5~0.8	>0.8~1.6	>1.6~2.5	>2.5~4
10	1	1.2	1.5	2
20	1.2	1.6	2	2.5
50	2	2.5	3.3	4
100	3	3.8	5	6
150	4	5	6.5	8

续表

拉深件高度 h (mm)	零件相对高度 $\frac{h}{d}$ 或 $\frac{h}{B}$ (mm)			
	0.5～0.8	>0.8～1.6	>1.6～2.5	>2.5～4
200	5	6.3	8	10
250	6	7.5	9	11
300	7	8.5	10	12

注：B 为正方形的边宽或矩形的短边宽度。

表 6-6　　　　　　　带凸缘拉深件的修边余量 $\Delta d_凸$ 或 $\Delta B_凸$

凸缘尺寸 $d_凸$ 或 $B_凸$ (mm)	相对凸缘尺寸 $d_凸/d$ 或 $B_凸/B$ (mm)			
	≤1.5	>1.5～2	>2～2.5	>2.5～3
25	1.6	1.4	1.2	1
50	2.5	2	1.8	1.6
100	3.5	3	2.5	2.2
150	4.3	3.6	3	2.5
200	5	4.2	3.5	2.7
250	5.5	4.6	3.8	2.8
300	6	5	4	3

注：B 为正方形的边宽或矩形的短边宽度。

（2）周长法：用周长计算法可近似确定坯料尺寸，可简化计算。如图 6-25 所示用周长法计算拉深件的零件，其展开坯料的直径，等于该零件截面图板厚中心线长度之和。

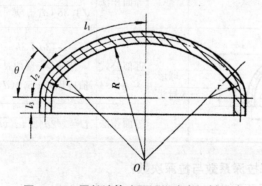

图 6-25　周长计算法可近似确定坯料尺寸

$$D_{坯}=2\ (l_1+l_2+l_3),\ 其中;\ l_1+\pi R\frac{90°-\theta}{180°};\ l_2=\pi r\frac{\theta}{180°}$$

（3）试验法：对较复杂的拉深件，其坯料尺寸很难计算出，则可在等面积法和周长法的基础上，通过多次试压后，逐步修正坯料尺寸，以确定较准确的坯料尺寸。

（4）常见封头的坯料尺寸的计算方法见表 6-7。

表 6-7   常见封头的坯料尺寸的计算方法

封头简图	类型	计算方法	计算公式
	平封头	周长法	$D=d_2+\pi\left(r+\frac{t}{2}\right)+2h+2\delta$ 式中：δ 为封头边缘的机械加工余量
		经验公式	$D=d_1+r+1.5t+2h$
		等面积法	$D=\sqrt{(d_1+t)^2+4(d_1+t)\ (H+\delta)}$
	椭圆形封头	周长法	$a=2b$ 时：$D=1.223d_1+2hk_0-2\delta$ 式中 d_1——椭圆封头的内径（mm） h——椭圆封头的直边高（mm） k_0——封头压制时的拉伸系数，通常取 0.75 δ——封头边缘的加工余量（mm）
		等面积法	$D=$ $\sqrt{1.38\ (d_1+t)^2+4(d_1+t)\ (h+\delta)}$
	球形封头	近似公式	$D=1.43d+2h$ 当 $h>5\%\ (d-t)$ 时，式中 $2h$ 值应以 $h+5\%(d-t)$ 代入
		等面积法	$D=\sqrt{2d^2+4d\ (h+\delta)}$

10. 如何计算拉深系数与拉深次数？

答：拉深件是否可以一道工序拉成，或是需要几道工序才能拉成，主要决定于拉深时毛坯内部的应力既不超过材料的强度极限，而且还能充分利用材料的塑性，采用最大可能的变形程度。为此要掌握衡量拉深变形的指标，即拉深系数的考核，并得出需要的拉深次数。

（1）拉深系数：

第一次拉深系数：$m_1 = \dfrac{d_1}{D}$

第二次拉深系数：$m_2 = \dfrac{d_2}{d_1}$

第 n 次拉深系数：$m_n = \dfrac{d_n}{d_{n-1}}$

对于圆筒形（不带凸缘）的拉深件，每次拉深后圆筒形直径与拉深前毛坯（或半成品）直径的比值称为拉深系数，如图 6 - 26 所示。

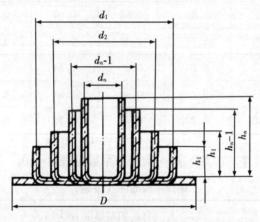

图 6 - 26　圆筒形件多次拉深

① 无凸缘圆筒形件拉深系数（用压边圈）见表 6 - 8。

表 6 - 8　　　　　　　　　无凸缘圆筒形件拉深系数（用压边圈）

各次拉深系数	毛坯相对厚度 $t/D \times 100$					
	≤2～1.5	<1.5～1.0	<1.0～0.6	<0.6～0.3	<0.3～0.15	<0.15～0.08
m_1	0.48～0.50	0.50～0.53	0.53～0.55	0.55～0.58	0.58～0.60	0.60～0.63
m_2	0.73～0.75	0.75～0.76	0.76～0.78	0.78～0.79	0.79～0.80	0.80～0.82
m_3	0.76～0.78	0.78～0.79	0.79～0.80	0.80～0.81	0.81～0.82	0.82～0.84
m_4	0.78～0.80	0.80～0.81	0.81～0.82	0.82～0.83	0.83～0.85	0.85～0.86
m_5	0.80～0.82	0.82～0.84	0.84～0.85	0.85～0.86	0.86～0.87	0.87～0.88

注：（1）表中拉深系数适用于 08 钢、10 钢、15 钢、H62、H68。当拉深塑性更大的金属时（05 钢、08Z 钢及 10Z 钢、铝等），应比表中数值减小 1.5%～2%，而当拉深塑性较小的金属时（20 钢、25 钢、Q235、酸洗钢、硬铝、硬黄铜等），应比表中数值增大 1.5%～2%（符号 S 为拉深钢，Z 为最深拉

深钢）。

(2) 表中较小值适用于大的凹模圆角半径（$R_凹 = 8t \sim 15t$），较大值适用于小的凹模圆角半径（$R_凹 = 4t \sim 8t$）。

②无凸缘圆筒形件拉深系数（不用压边圈）见表6-9。

表6-9 无凸缘圆筒形件拉深系数（不用压边圈）

相对厚度 $t/D \times 100$	各次拉深系数					
	m_1	m_2	m_3	m_4	m_5	m_6
0.8	0.80	0.88	—	—	—	—
1.0	0.75	0.85	0.90	—	—	—
1.5	0.65	0.80	0.84	0.87	0.90	—
2.0	0.60	0.75	0.80	0.84	0.87	0.90
2.5	0.55	0.75	0.80	0.84	0.87	0.90
3.0	0.53	0.75	0.80	0.84	0.87	0.90
>3	0.50	0.70	0.75	0.78	0.82	0.85

③带凸缘筒形件（10钢）第一次拉深系数见表6-10。

表6-10 带凸缘筒形件（10钢）

凸缘的相对直径 $\dfrac{d_\Phi}{d_1}$	材料相对厚度 $t/D \times 100$				
	≤2~1.5	<1.5~1.0	<1.0~0.6	<0.6~0.3	<0.3~0.15
≤1.1	0.51	0.53	0.55	0.57	0.59
>1.1~1.3	0.49	0.21	0.53	0.54	0.55
>1.3~1.5	0.47	0.49	0.50	0.51	0.52
>1.5~1.8	0.45	0.46	0.47	0.48	0.48
>1.8~2.0	0.42	0.43	0.44	0.45	0.45
>2.0~2.2	0.40	0.41	0.42	0.42	0.42
>2.2~2.5	0.37	0.38	0.38	0.38	0.38
>2.5~2.8	0.34	0.35	0.35	0.35	0.35
>2.8~3.0	0.32	0.33	0.33	0.33	0.33

184

④其他金属材料拉深系数见表 6 - 11。

表 6 - 11　　　　　　　其他金属材料拉深系数

材料名称	材料牌号	第一次拉深 m_1	以后各次拉深 m_n
铝和铝合金	8A06O、1035O、5A12O	0.52～0.55	0.70～0.75
硬铝	2A120、2A110	0.56～0.58	0.75～0.80
黄铜	H62	0.52～0.54	0.70～0.72
	H68	0.50～0.52	0.68～0.72
纯铜	T2、T3、T4	0.50～0.55	0.72～0.80
无氧铜	—	0.50～0.58	0.75～0.82
镍、铁镍、硅镍	—	0.48～0.53	0.70～0.75
康铜（铜镍合金）	—	0.50～0.56	0.74～0.84
白铁皮	—	0.58～0.65	0.80～0.85
酸洗钢板	—	0.54～0.58	0.75～0.78
不锈钢	Cr13	0.52～0.56	0.75～0.78
	Cr18Ni	0.50～0.52	0.70～0.75
	1Cr18Ni9Ti	0.52～0.55	0.78～0.81
镍铬合金	Cr20Ni80Ti	0.54～0.59	0.78～0.84
合金结构钢	30CrMnSiA	0.62～0.70	0.80～0.84
可伐合金	—	0.65～0.67	0.85～0.90
钼铱合金	—	0.72～0.82	0.91～0.97
钽	—	0.65～0.67	0.84～0.87

由于在拉深带凸缘筒形件时，可在同样的比例关系 $m_1 = d_1/D$ 的情况下，即采用相同的毛坯直径 D 和相同的工件直径 d_1 时，拉深出各种不同凸缘直径 d_ϕ 和不同高度 h 的工件（如图 6 - 27 所示）。因此，用 $m_1 = d_1/D$ 便不能表达各种不同情况下实际的变形程度，为此必须同时考核凸缘的相对直径 d_ϕ/d_1。

宽凸缘筒形件的拉深方法：在第一道拉深工序时，就应得到宽凸缘的直径 d_φ，而在以后的各次拉深时，d_φ 不变，仅使拉深件的筒部直径减小，高度增加，直至得到零件的尺寸。因此宽凸缘筒形件的第二次及以后各次的拉深系数可参照无凸缘圆筒形件的拉深系数。

（2）拉深次数的判断：用带凸缘筒形件第一次拉深的最大相对深度 $\left[\dfrac{h_1}{d_1}\right]$ 和极限拉深系数 $[m_1]$ 判断。

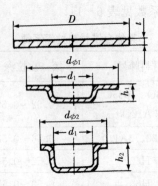

图 6-27　不同凸缘直径和高度的拉深件

①计算拉深件拉深系数 $m=\dfrac{d}{D}$：当 $m \geqslant [m_1]$ 时，可以一次拉深成形；当 $m < [m_1]$ 时，需多次拉深。

②计算拉深工件相对高度 $\dfrac{h}{d}$：当 $\dfrac{h}{d} \leqslant \left[\dfrac{h_1}{d_1}\right]$ 时，可以一次拉深成形；$\dfrac{h}{d} > \left[\dfrac{h_1}{d_1}\right]$ 时，需多次拉深。

式中　$[m_1]$——有凸缘筒形件第一次拉深时的极限拉深系数，见表 6-12；

$\left[\dfrac{h_1}{d_1}\right]$——有凸缘筒形件第一次拉深时的极限相对高度，见表 6-13。

表 6-12　　　　　带凸缘筒形件第一次拉深时的极限拉深系数 $[m_1]$

法兰相对直径 $\left[\dfrac{d_凸}{d_1}\right]$	毛坯相对厚度 $\dfrac{t}{D} \times 100$				
	>0.06~0.2	>0.2~0.5	>0.5~1.0	>1.0~1.5	>1.5
≤1.1	0.59	0.57	0.55	0.53	0.50
>1.1~1.3	0.55	0.54	0.53	0.51	0.49
>1.3~1.5	0.52	0.51	0.50	0.49	0.47
>1.5~1.8	0.48	0.48	0.47	0.46	0.45
>1.8~2.0	0.45	0.45	0.44	0.43	0.42
>2.0~2.2	0.42	0.42	0.42	0.41	0.40
>2.2~2.5	0.38	0.38	0.38	0.38	0.37
>2.5~2.8	0.35	0.35	0.34	0.34	0.33
>2.8~3.0	0.33	0.33	0.32	0.32	0.31

注：适用于 08、10 钢。

186

表 6 - 13 　　　带凸缘筒形件第一次拉深时的极限相对高度 $\left[\dfrac{h_1}{d_1}\right]$

法兰相对直径 $\left[\dfrac{d_凸}{d_1}\right]$	毛坯相对厚度 $\dfrac{t}{D}\times 100$				
	>0.06~0.2	>0.2~0.5	>0.5~1.0	>1.0~1.5	>1.5
≤1.1	0.45~0.52	0.50~0.62	0.57~0.70	0.60~0.80	0.75~0.90
>1.1~1.3	0.40~0.47	0.45~0.53	0.50~0.60	0.56~0.72	0.65~0.80
>1.3~1.5	0.35~0.42	0.40~0.48	0.45~0.53	0.50~0.63	0.58~0.70
>1.5~1.8	0.29~0.35	0.34~0.39	0.37~0.44	0.42~0.53	0.48~0.58
>1.8~2.0	0.25~0.30	0.29~0.34	0.32~0.38	0.32~0.46	0.42~0.51
>2.0~2.2	0.22~0.26	0.25~0.29	0.27~0.33	0.31~0.40	0.35~0.45
>2.2~2.5	0.17~0.21	0.20~0.23	0.22~0.27	0.25~0.32	0.28~0.35
>2.5~2.8	0.13~0.16	0.15~0.18	0.17~0.21	0.10~0.24	0.22~0.27
>2.8~3.0	0.10~0.13	0.12~0.15	0.14~0.17	0.16~0.20	0.18~0.22

注：(1) 适用于 08、10 钢。

　　(2) 较大值相应于零件圆角半径较大情况，即 $r_凹$、$r_凸$ 为 (10~20) t；较小值相应于零件圆角半径较小情况，即 $r_凹$、$r_凸$ 为 (4~8) t。

11. 你知道旋压成形的过程吗？

答： 旋压是一种成形金属空心回转体件的工艺方法。在毛坯随芯模旋转或旋压工具绕毛坯与芯模旋转中，旋压工具与芯模相对进给，从而使毛坯受压并产生连续逐点地变形。

旋压可完成零件的拉深、翻边、收口、胀形等不同成形工序。旋压不需要大型压力机和模具。与拉深相比，设备简单、机动性好，可用简单的模具制造出规格多、数量少、形状复杂的零件，大大缩短了生产准备周期，这对制造大型零件其优点尤为明显。板料在旋压时的变形，以旋压压延变形最为复杂。

旋压压延的过程如图 6-28 所示。坯料 1 通过机床顶针 4 和顶块 3 夹紧在模具 2 上，机床主轴带动模具和坯料一起旋转，操纵旋压棒 5 对坯料施加压力，同时旋压棒又作轴向运动，使坯料在旋压棒的作用下，产生由点到线、由线到面的变形，逐渐地被赶向模具，直到最后包覆于模具而成形。

旋压与普通拉深不同，在旋压过程中，旋压棒与坯料之间基本上是点接触。由于接触面积小，所以产生的应力集中较大，使板料局部产生凹陷，而导致塑性流动，并螺旋式地由筒底向外发展，逐渐遍及整个坯料，使坯料产生切向收缩和径向延伸，最后与模具外形完全一致。

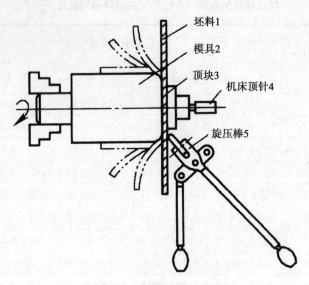

坯料1

模具2

顶块3　机床顶针4

旋压棒5

图 6‑28　旋压压延的过程

12. 旋压工艺如何?

答: 旋压一般用于加工厚度在 1.5～2mm 以下的碳钢,或厚度在 3mm 以下的有色金属零件。对于较厚的零件,必须采用加热旋压。现介绍几种典型零件的旋压工艺。

(1) 封头旋压。封头旋压有立式和卧式两种。大型封头一般在立式旋压机上进行旋压,这种旋压机多数与普通压力机配合使用,由普通压力机预压出圆顶后,再在旋压机上旋压翻边,也可直接在旋压机上压出圆顶和翻边。如图 6‑29 所示为立式旋压机上旋压封头,封头通过上、下转筒 1 和 2 固定在主轴 3 上,主轴由设在底座 4 下的电动机、减速器带动;内滚轮 5 的外形与封头内壁形状一致,能通过水平轴 6 及垂直轴 7 作横向或上下运动;在旋压前调节好内滚轮的位置,旋压过程中内滚轮位置固定不动。内滚轮的回转是依靠封头内壁之间的摩擦力作用而进行旋转的。

封头圆角部分的加热是在加热炉 8 上进行的,点燃火焰加热器进行局部加热。由于封头以主轴为中心不停地旋转,所以使封头在圆周方向的加热均匀。旋压是依靠外滚轮 9 的作用,外滚轮的位置由水平轴 10 和垂直轴 11 调节,调节外滚轮在水平和垂直方向的位置,加上外滚轮本身也可自由变动,所以在旋压过程中外滚轮始终能与封头很好地接触。

如图 6‑30 所示为卧式旋压机,主轴呈水平位置,封头绕主轴转动,在内外滚轮的作用下旋压成形。内滚轮既可沿轴向调节,又可绕支点转动。外滚轮

188

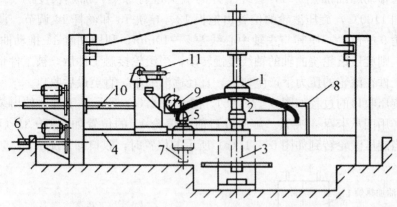

1-上转筒；2-下转筒；3-主轴；4-底座；5-内滚轮；6，10-水平轴；7，11-垂
直轴；8-加热炉；9-外滚轮

图 6-29 立式旋压机上旋压封头示意

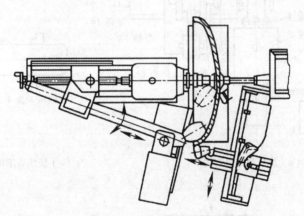

图 6-30 卧式旋压机结构

在水平和垂直方向都能调节。旋压是由中心向边缘进行。旋压机由直流电动机
驱动，转速为 2～300r/min。

旋压封头的成形准确，基本上无椭圆度和折皱，尺寸较精确。在旋压机上
还能进行切边和坡口加工等操作。

（2）旋压收口。小直径的封闭式筒形件（如锅炉联箱），采用旋压收口成
形代替端盖焊接，使加工、焊接工作量大大减少。旋压收口是在［如图 6-
31（a）所示］的旋压收口机上进行的，收口机由装夹和旋转工件的主轴箱、
可移动的旋压滚轮拖板及可移式加热炉三大部分组成。

工件 3 从收口机的主轴内伸出装夹长度后，用四爪卡盘 4、6 调整并夹紧。
工件由电动机 8、传动皮带 7 经主轴箱 5 带动旋转。燃油加热炉 1 可沿导轨 2

移动，移动燃油加热炉 1，套住工件的端头进行加热，加热长度约 150mm，温度约 1100℃，旋压滚轮的位置由拖板 12、导轨 13 和丝杆 14 调节。调整旋压滚轮 9 的位置，使其与主轴中心线差 5～10mm，利用油缸 11 推动曲轴 10 回转，则旋压滚轮绕曲轴的轴线慢慢转动，当滚轮接触工件后，被工件带动旋转，工件在滚轮的压力下产生变形，直径逐渐缩小，直至最后收口。

旋压收口的过程如图 6 - 31（b）、图 6 - 31（c）所示，工件 3 伸出装夹长度后，用四爪卡盘 4 夹紧。旋压收口前的滚轮 15 的位置如图 6 - 31（b）所示，当旋压滚轮转到如图 6 - 31（c）所示的位置时，收口即告完成。

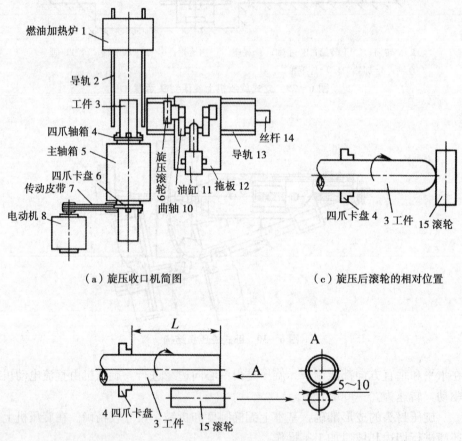

（a）旋压收口机简图　　　　　　　　　（c）旋压后滚轮的相对位置

图 6 - 31　旋压收口机结构

由于旋压收口是在空气中热态进行的，所以在封口的中心位置总会存在氧化皮、杂质等缺陷，另外在收口端部的壁厚变薄，影响强度，因此必须采用机械加工出直径约 70mm 的小孔，以消除缺陷，然后用圆板进行封焊。在薄壁零件收口时，为增加其刚性，可将零件套在模具上进行旋压收口。

（3）旋压成形。对于制造中间直径比两端大的这种鼓形空心旋转体零件，不能用压延法成形，一般采用旋压成形比较方便。如图 6 - 32 所示为旋压成形的装置，毛坯 1 为空心筒形件，用顶杆将毛坯夹紧在机床的主轴圆盘 4 上。主轴由电动机带动旋转，旋压滚轮 2 位于直角形支架 3 的端头，支架可作横向与纵向调节，圆筒的外壁装有靠模滚轮 5。当主轴带动工件旋转时，调节旋压滚轮的位置，使滚轮对圆筒内壁产生压力而变形，旋压滚轮由内向外调节时，圆筒的直径逐渐增大，直到筒壁与靠模滚轮接触为止。

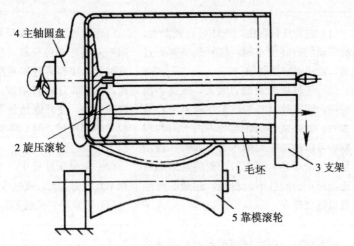

图 6 - 32　旋压成形示意

（4）锥体旋压翻边。将卷制好的锥体在锥体翻边机上进行旋压翻边，如图 6 - 33 所示。锥体置于中心架上，由火焰加热器对锥体进行局部加热，同时锥体由主动轮带动旋转，待加热均匀后再由压紧轮压住，利用外滚轮向下运动时，就能把锥体翻边成形。

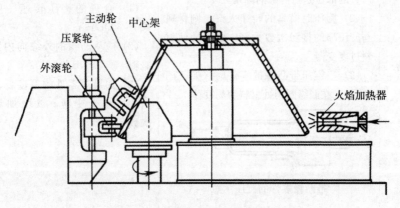

图 6 - 33　锥体翻边机上旋压翻边示意

13. 如何分析旋压件质量?

答: 旋压零件常产生起皱、硬化、变薄和脱底等质量问题,其产生原因及防止方法见表6-14。

表6-14　　　　旋压零件常产生的起皱、硬化、变薄和脱底等质量问题

质量问题	产生原因	防止方法
起皱	(1) 在旋压过程中,当坯料直径太大,旋压模的直径太小时,坯料悬空部分过宽,旋压时容易起皱 (2) 坯料的外缘加力太大,或过多次旋压,因该处材料的稳定性较差而容易起皱。但在离外缘较远处,由于刚性较好,可以施加较大的压力;如果在旋压的第一阶段坯料不起皱,则随着锥形的逐渐缩小,刚性不断提高,起皱的可能性也随之减少	(1) 旋压应从内缘开始,由内向外赶碾坯料的外缘,使坯料变成锥形;接着再赶碾锥形件的内缘,使这部分材料贴模;然后再轻赶外缘,使外缘始终保持刚性较大的圆锥形,直到零件完全贴模为止 (2) 在旋压过程中,坯料的外缘不宜加力太大,或过多旋压 (3) 可采用二次或多次旋压
硬化	坯料经过多次反复旋压会引起严重的冷作硬化,在边缘容易引起脆性破裂	进行中间退火
变薄	(1) 由于旋压棒与坯料的接触面积很小,压力很大,因此材料的变薄要比压延严重,有时可达 $30\% \sim 50\%$。变薄最严重的部位是在内缘的圆角处 (2) 旋压时模具的转速太高,则材料与旋压棒的接触次数太多,也容易使材料过度变薄 (3) 当旋压带凸缘的零件时(如下图所示),在凸缘圆角处材料容易变薄 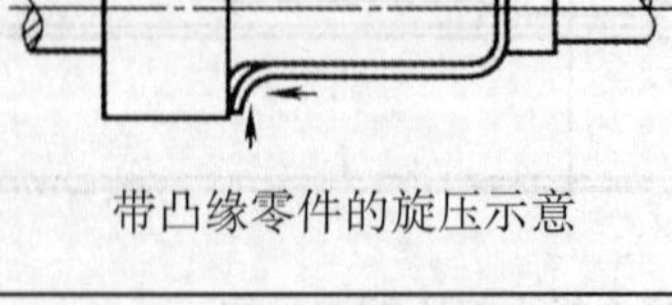 带凸缘零件的旋压示意	(1) 合理的旋压转速一般约 $200 \sim 600 \text{r/min}$ (2) 应从凸缘的外缘向内进行赶辗 (3) 如果对零件的厚度要求严格,为减少变薄,以增加旋压次数

续表

质量问题	产生原因	防止方法
脱底	脱底是由于操作不当而引起的。例如，开始旋压时，坯料内缘赶辗过多，用力过大，造成底部圆角处材料过分变薄和冷作硬化而引起脱底；如果底部圆角处还尚未贴模就赶辗外缘，致使底部材料悬空；在旋压过程中，材料受到反复弯曲和扭转，也会使底部脱落；此外，凸模圆角太小，底面面积相对较小，也可能会产生脱底	操作时注意对内缘不要过分赶辗

14. 封头是如何拉深的?

答： 椭圆形封头是生产中常遇到的一种零件。按封头的坯料直径 D 与封头内径 d_1 之差值的大小，可划分为薄壁封头、中壁封头和厚壁封头 3 种，其划分的范围如下：

薄壁封头：$D-d_1>45t$

中壁封头：$6t \leqslant D-d_1 \leqslant 45t$

厚壁封头：$D-d_1>6t$

式中：D——为坯料直径；

$\qquad d_1$——为封头内径；

$\qquad t$——封头壁厚。

(1) 薄壁封头的拉深。薄壁封头的拉深方法如下：

①多次拉深法（如图 6-34 所示）：第一次预成形拉深，用比凸模小 200mm 的下模压成蝶子形，可用 2～3 块坯料叠压。第二次用配套成形模压制所需的封头尺寸。适用范围：$d_1>2000$；$45t<D-d_1<100t$。

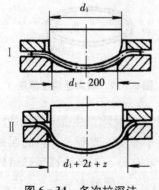

图 6-34　多次拉深法

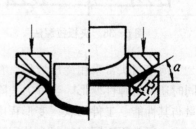

图 6-35　锥面压边圈拉深法

193

②锥面压边圈拉深法（如图6-35所示）。将压边圈及凹模工作面做成圆锥面（锥面斜角 $\alpha = 20° \sim 30°$），可改善拉深时坯料的变形情况。适用范围：$45t < D - d_1 < 60t$。

③槛形拉深筋拉深法（如图6-36所示）。凹模做成突出的槛形，压边圈做成与凹模相应形状，利用槛形拉深筋来增大毛坯凸缘的变形阻力和摩擦力以增加径向拉应力，防止边缘起皱，提高压边效果。适用范围：$45t < D - d_1 < 160t$。

④反拉深法（如图6-37所示）。使凸模在下、凹模在上，坯料在凹模向下时拉深成形，以提高工件的压制质量。适用范围：$60t < D - d_1 < 120t$。

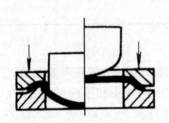

图6-36　槛形拉深筋拉深法

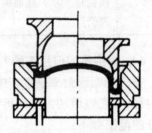

图6-37　反拉深法

⑤夹板拉深法（如图6-38所示）。将坯料夹在两厚钢板中间，或将坯料贴附在一厚钢板之上，坯料的周边用焊接连成一体，然后加热拉深。适用范围：板厚小于4mm的贵重金属或不宜直接与火接触的材料。

⑥加大坯料拉深法（如图6-39所示）。用较大的坯料，其直径比计算值大10%～15%，但不大于300mm，因坯料大，可采用多次拉深法，拉深后将凸缘及直边割去，最后再冷压成形。适用范围：$60t < D - d_1 < 160t$。

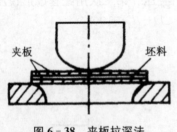

图6-38　夹板拉深法

图6-39　加大坯料拉深法

薄壁封头常采用冷压成形，在压制过程中，材料本身除产生塑性变形外，同时还伴有弹性变形。当外力去除后，压延件的尺寸将发生改变。材料的回弹量与其性能、工件形状、变形程度、模具间隙等因素有关，正确计算回弹量较困难，通常用不同材料封头的回弹率来表示，冷压封头的回弹率见表6-15。

194

表 6-15   冷压封头的回弹率

材料	碳钢	不锈钢	铝	铜
回弹率（%）	0.20～0.40	0.40～0.70	0.10～0.15	0.15～0.20

（2）中厚壁封头的拉深。中壁封头通常是一次拉深成形。厚壁封头在拉深过程中，边缘壁厚的增厚率达 10% 以上，所以压制这类封头时，必须加大模具的间隙，以便封头能顺利通过。也可将坯料的边缘削薄，如图 6-40 所示，然后采用正常间隙的模具进行压制。

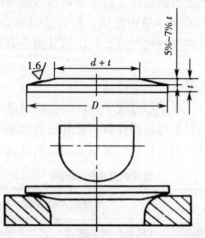

D-坯料直径；d-封头公称直径（内径）；t-封头壁厚

图 6-40 厚壁封头的拉深

为了保证热压封头的尺寸精度，必须考虑到封头冷却后的收缩因素。热压封头的收缩率可按表 6-16。

表 6-16   热压封头收缩率

封头直径（mm）	<600	700～1000	1100～1800	>2000
收缩率（%）	0.50～0.60	0.60～0.70	0.70～0.80	0.80～0.90

注：①薄壁封头取下限，厚壁封头取上限；
　　②不锈钢封头收缩率按表增加 30%～40%。

常用钢号的加热始压温度及拉深结束时的脱模温度，参见表 6-17。

表 6-17　　　　　　　　　　　　各种钢号的热压温度　　　　　　　　　　（℃）

钢号	热压温度（℃）			钢号	热压温度（℃）		
	始压温度	脱模温度			始压温度	脱模温度	
	不高于	不高于	不低于		不高于	不高于	不低于
15	1100	830	700	40	1050	850	750
20	1100	830	700	45	1050	850	750
30	1100	850	730	50	1030	870	780
35	1100	850	730	—			

（3）不锈钢及有色金属的拉深。对不锈钢尽可能采用冷压，以避免加热时增碳。热压时，由于不锈钢冷却速度快，操作应迅速，同时模具最好预热至300℃～350℃，热压后应进行热处理。热压铝及铝合金封头时，模具要预热至250℃～320℃。

铜及铜合金一般在退火状态下冷压。

（4）拉深时的润滑。在拉深过程中，坯料与凹模壁及压边圈表面会产生摩擦，使拉深力增加，坯料很容易被拉破，此外还会加速模具的磨损。为此，拉深时应进行润滑。各种材料在拉深时常用的润滑剂见表 6-18。

表 6-18　　　　　　　　　　拉深时常用的润滑剂

材料	润滑剂主要成分
低碳钢	（1）石墨粉与水（或机油）调成糊状 （2）脂肪油及矿物油的皂基乳浊液与白粉（或锌钛白）细粉末填料
不锈钢	（1）石墨粉与水（或机油）调成糊状 （2）滑石粉加机油加肥皂水调匀
铝	（1）机油 （2）工业凡士林
铜和黄铜	（1）浓度较高的脂肪酸乳浊液，用肥皂作乳化剂 （2）乳化液内含游离脂肪酸不少于2%
钛	（1）二硫化钼 （2）石墨粉、云母粉、水调匀 （3）云母布

在使用时，润滑剂应涂在凹模圆角部位和压料面上，以及与此相接触的坯料表面上。不可涂在凸模表面及与凸模接触的坯料面上，防止坯料的滑动、延展与变薄。

15. 封头的质量检验包括哪些方面？

答： 封头的质量检验主要包括其表面状况、几何形状与几何尺寸的检查。

（1）封头的表面状况。封头表面不允许有裂纹，对人孔扳边处大于 5mm 的裂口，在不影响质量的前提下，可进行补焊或修磨。对于凸起、凹陷和刻痕等缺陷，其深度不应超过板厚的 10%，且最大不超过 3mm。

（2）封头的几何形状及几何尺寸的偏差。如图 6-41 所示为封头的几何形状及尺寸偏差。表 6-19 及表 6-20 规定封头检验的允许偏差值。

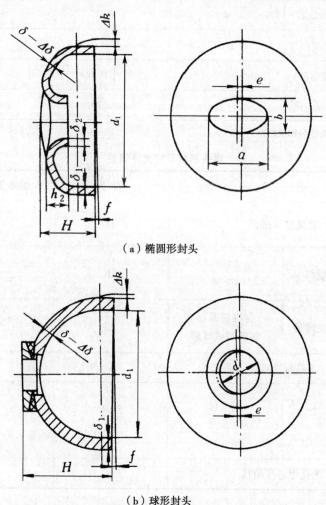

（a）椭圆形封头

（b）球形封头

图 6-41 封头的几何尺寸及几何形状的偏差

表 6-19 **封头几何尺寸允许偏差**

名　　称	封头的公称内径（d_1）（mm）		
	≤1000	1000＜ d_1≤1500	＞1500
	允许偏差值（mm）		
内径偏差（Δd_1）	+3 −2	+5 −3	+7 −4
圆度（$d_{max}-d_{min}$）	4	6	8
端面倾斜度（f）	1.5	1.5	2.0
圆柱部分厚度（δ_1）	≤δ+10%δ		
人孔板边处厚度（δ_2）	≥0.7δ		

注：δ 为封头的公称壁厚。

表 6-20 **封头形状尺寸允许偏差**

名　　称		符号	偏差值（mm）
总高度（mm）		H	+10 −3
圆柱部分倾斜	δ≤30	ΔK	≤2
	δ≥30		≤3
过渡圆弧处变薄量	标准椭圆形	$\Delta\delta$	≤10%δ
	深椭圆或球形		≤15%δ
人孔扳边高度		h_2	±3
人孔尺寸	椭圆形	a、b	+4 −2
	圆　形	d	±2
人孔中心线偏移		e	≤5

16. 封头压制的缺陷及防止方法有哪些？

答： 封头在压制过程中，由于操作、工艺等因素，容易产生缺陷。常见的缺陷及防止方法见表 6-21。

压制缺陷	简　图	产生原因	防止方法
皱折	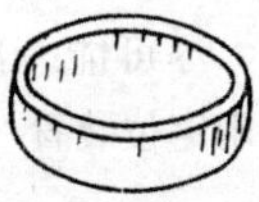	由于加热不均匀，压边力太小或不均匀，模具间隙及凹模圆角过大等原因，使封头在压制过程中，其变形区的坯料出现周向压应力，使坯料失稳而产生皱折或鼓包	坯料加热时，火焰要均匀。按坯料的材质、厚度，选择合适的凹模圆角半径和模具的间隙。对于材料强度较大的拉深件，采用多次拉深，并在每次拉深后进行退火处理
鼓包	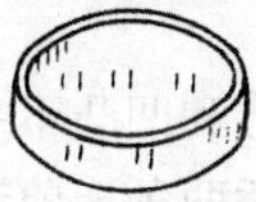		
直边拉痕和压坑	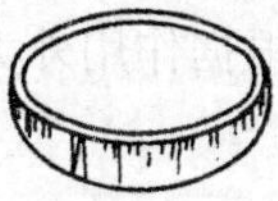	凹模、压边圈工作表面粗糙或拉毛，润滑不好，坯料气割熔渣未清除等	适当提高模具和压边圈的表面粗糙度 合理选择、使用润滑剂，及时清除熔渣等杂质
外表面微裂纹		坯料加热规范不合理，凹模圆角太小。坯料尺寸过大，压制速度过快或过慢等	选择正确的加热规范 适当增大凹模圆角半径 采用正确的坯料尺寸 按工艺规程正确操作
纵向撕裂	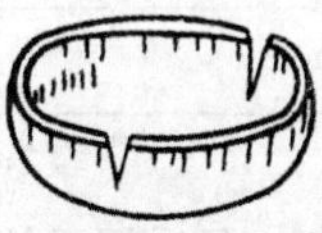	坯料边缘不光滑或有缺口，加热规范不合理，封头脱模温度太低等	焊补坯料缺口，并打磨边缘 采用正确的加热规范及合理的脱模温度
偏斜		坯料受热不均匀；其定位不准；压边力不均匀等	采用定位装置 调整模具，使压边力均匀
椭圆	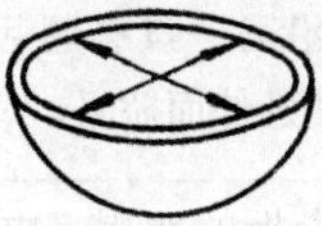	脱模方法不好，封头起吊、转运温度太高等	采用合适脱模方法 吊运时封头温度不能过高
直径大小不一	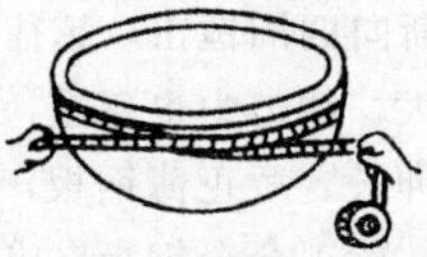	成批热压封头脱模温度不一致，模具受热膨胀	脱模温度要一致 连续压制，注意冷却模具
人孔边缘撕裂	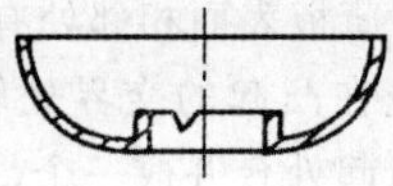	翻孔系数过小，气割开孔不光滑，加热温度太低或不均匀	内孔尽可能采用机加工 采用二次翻孔 正确加热坯料

压制缺陷	简　图	产生原因	防止方法
人孔中心偏斜	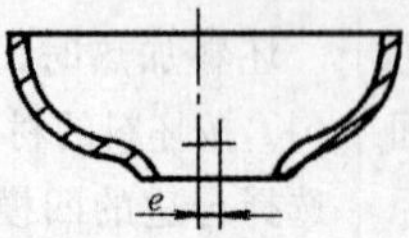	两次压制时，定位不准	尽可能一次压制，或采用定位装置

17. 何谓矫正？其分类及用途如何？

答：矫正是消除材料或制件的弯曲、扭曲、波浪形和凹凸不平等缺陷的一种加工方法。根据矫正时材料的温度可分为冷矫和热矫两种：前者是在常温下进行的，适用于变形较小、塑性较好的钢材；后者是将钢材加热到 700℃～1000℃进行的，适用于变形严重、塑性较差的钢材。根据作用外力的来源与性质可分为手工矫正、机械矫正和火焰矫正三种。

18. 常用手工矫正方法有哪些？

答：手工矫正的矫正力小，劳动强度大，效率低，所以适用于尺寸较小、塑性较好的钢材。常用手工矫正方法见表 6-22。

表 6-22　　　　　　　　　常用手工矫正方法

变形	图　示	矫正方法
	薄　板	
纵向波浪形	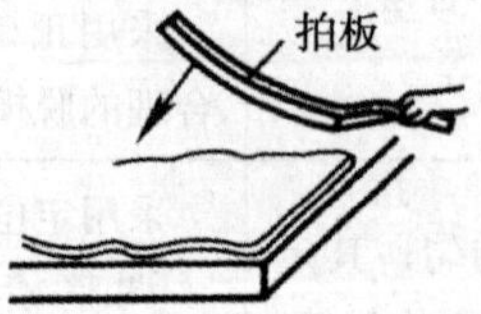	用拍板抽打，只适用于初矫；此法也适用于有色金属变形的矫正
不规则变形	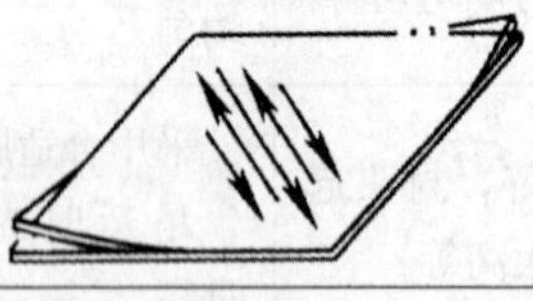	薄板发生扭曲等不规则变形（如对角翘起），则应沿另一没有翘起的对角线进行锤击，使其延伸而矫平
中间凸起		矫正时锤击板的四周，由凸起的周围开始，逐渐向四周锤击，越往边锤击的密度应越大，锤击力也越重，使薄板四周的纤维伸长。矫正薄钢板，可选用手锤或木槌；矫正合金钢板，应用木槌或紫铜锤。若薄板表面相邻处有几个凸起处，则应先在凸起的交界处轻轻锤击，使若干个凸起处合并成一个，然后再锤击四周而展平

续表1

变形	图　示	矫正方法
边缘波浪形	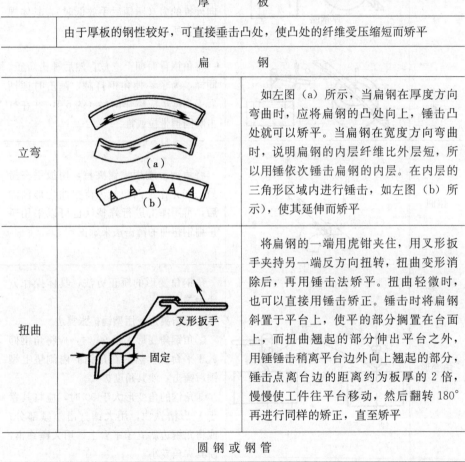	矫正时应从四周向中间逐步锤击，且锤击点的密度向中间应逐渐增加，锤击力也越重，使中间处的纤维伸长而矫平

厚　　　板		
由于厚板的钢性较好，可直接垂击凸处，使凸处的纤维受压缩短而矫平		

扁　　　钢		
立弯		如左图（a）所示，当扁钢在厚度方向弯曲时，应将扁钢的凸处向上，锤击凸处就可以矫平。当扁钢在宽度方向弯曲时，说明扁钢的内层纤维比外层短，所以用锤依次锤击扁钢的内层。在内层的三角形区域内进行锤击，如左图（b）所示），使其延伸而矫平
扭曲		将扁钢的一端用虎钳夹住，用叉形扳手夹持另一端反方向扭转，扭曲变形消除后，再用锤击法矫平。扭曲轻微时，也可以直接用锤击矫正。锤击时将扁钢斜置于平台上，使平的部分搁置在台面上，而扭曲翘起的部分伸出平台之外，用锤锤击稍离平台边外向上翘起的部分，锤击点离台边的距离约为板厚的2倍，慢慢使工件往平台移动，然后翻转180°再进行同样的矫正，直至矫平

圆　钢　或　钢　管		
弧弯变形		圆钢或钢管材料弧弯变形，矫正时，应使凸处向上，用锤锤击凸处，使其反向弯曲而矫直。对于外形要求较高的圆钢，矫正时可选用合适的摔锤置于圆钢的凸处，然后锤击摔锤的顶部

201

变形	图　　示	矫正方法
角　　钢		
外弯	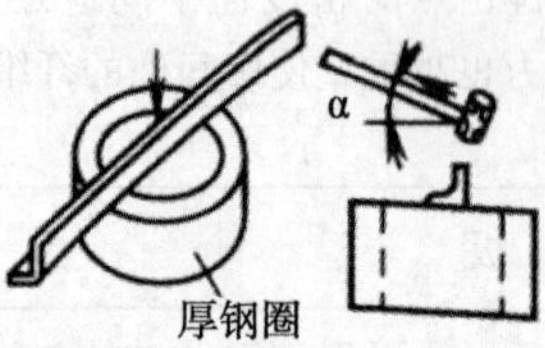 厚钢圈	角钢应平放在钢圈上，锤击时为了不致使角钢翻转，锤柄应稍微抬高或放低5°左右。在锤击的瞬间，除用力打击外，还稍带有向内拉（锤柄后手抬高时）或向外推的力（锤柄后手放低时），具体视锤击者所站立的位置而定
内弯	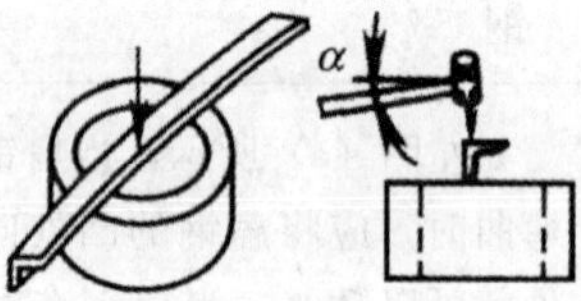	将角钢背面朝上立放，然后锤击矫正。同样，为了不使角钢打翻，锤击时锤柄后手高度也应略作调整（约5°），并在打击瞬间捎带拉或推
扭曲	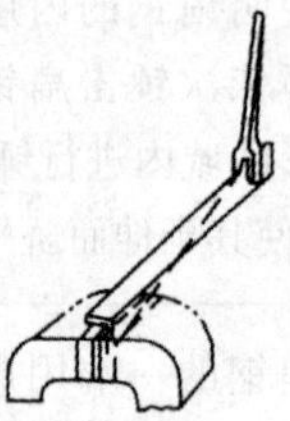	将角钢一端用虎钳夹持，用扳手夹持另一端并作反向扭转。待扭曲变形消除后，再用锤击进行修整（也可以采用矫正扁钢扭曲的锤击法来矫正）
角变形	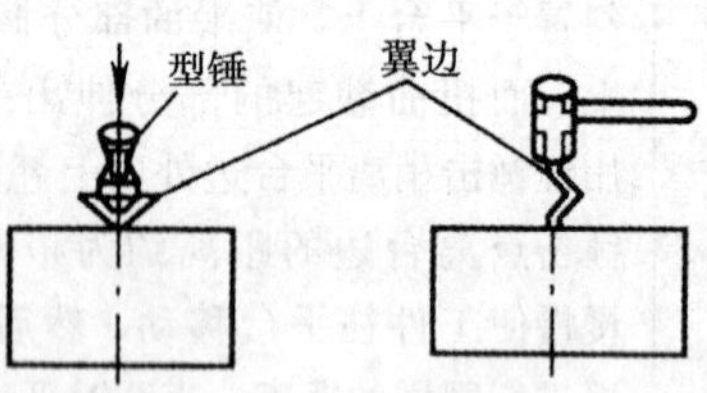 型锤　　翼边	角钢角变形的矫正方法，具体操作方法如下： 　①锤击翼边或用型锤扩张翼边。 　②角钢角变形小于90°时，应将角钢仰放于平台上，然后在角钢的内侧垫上型锤后锤击，使其角度扩大。 　③角钢的角变形大于90°时，应将其置于V形槽铁内，用大锤打击外倾部分；或将角钢边斜立于平台上，用大锤锤击，使其夹角变小
复合变形	—	角钢同时出现几种变形时，应先矫正变形较大的部位，然后矫正变形较小的部位；如角钢既有弯曲又有扭曲变形，应先矫正扭曲，再矫正弯曲

变形	图　示	矫正方法
	槽　　　钢	
弯曲	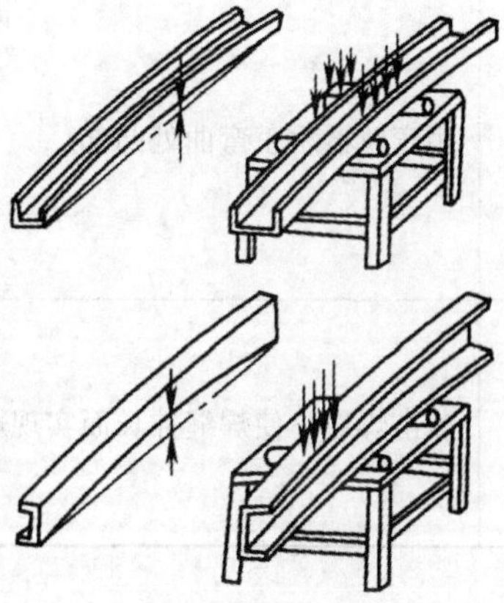	矫正槽钢立弯（腹板方向弯曲）时，可将槽钢置于用两根平行圆钢组成的简易矫正台上，并使凸部向上，用大锤锤击（锤击点应选择在腹板处）。矫正槽钢旁弯（翼板方向弯曲）时，可同样用大锤锤击翼板材
扭曲变形	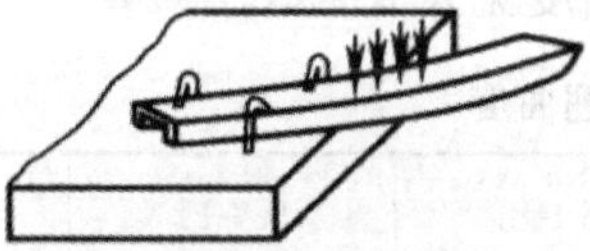	一般扭曲可用冷矫，扭曲严重时需加热矫。矫正时可将槽钢斜置在平台上，使扭曲翘起的部分伸出平台外，然后用大锤或卡子将槽钢压住，锤击伸出平台部分翘起的一边，边锤击边使槽钢向平台移动，然后再调头进行同样的锤击，直至矫直
翼板变形	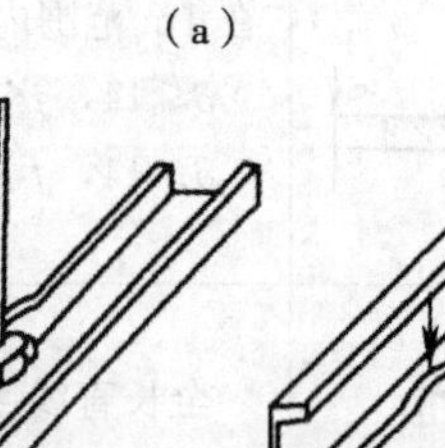 　（a） 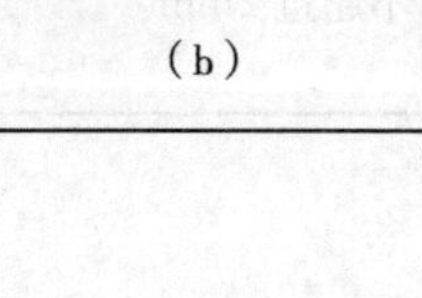 　（b） 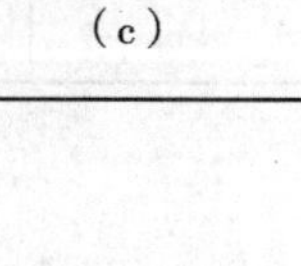　　（c）	槽钢翼板有局部变形时，可用一个锤子垂直抵住［如左图（a）所示］或横向抵住［如左图（b）所示］翼板凸起部位，用另一个锤子锤击翼板凸处。当翼板有局部凹陷时，也可将翼板平放［如左图（c）所示］锤击凸起处，直接矫平

续表4

变形	图　示	矫正方法
工字钢及罩壳		
工字钢旁弯变形矫正		用弯轨器矫正弯曲处凸部
罩壳焊后尺寸变大矫正	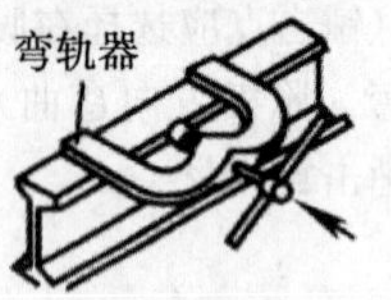 弯轨器	锤击焊缝，使焊缝伸长而实现矫正

19. 什么是矫正偏差?

答: 矫正后的工件一般应符合下列要求:

(1) 平板表面翘曲度。平板表面翘曲度见表 6-23。

表 6-23　　　　　　　　　平板表面翘曲度

平板厚度（mm）	3～5	6～8	9～11	＞12
允许翘曲度（mm/m）	≤3.0	≤2.5	≤2.0	≤1.5

(2) 钢材矫正后的允许偏差。钢材矫正后的允许偏差见表 6-24。

表 6-24　　　　　　　　　钢材矫正后的允许偏差

偏差名称		图　示	允许偏差
钢板	局部平面度	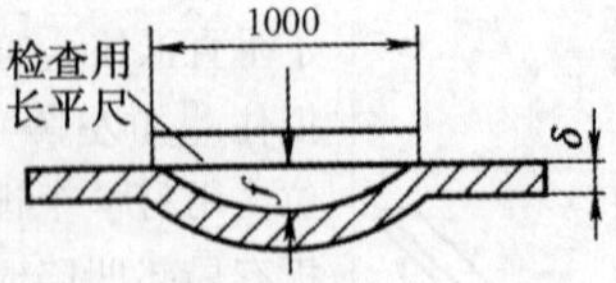 1000 检查用长平尺 δ	在 1m 范围内: $\delta \leq 14$，$f \leq 2$ $\delta > 14$，$f \leq 1$
角钢	局部波状及平面度	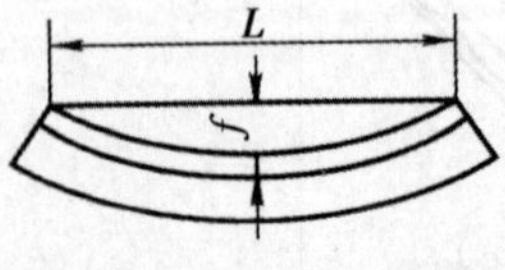 L f	全长直线度 $f < 0.001L$ 且局部波状及平面度在 1m 长度内不超过 2mm

204

续表

偏差名称		图　示	允许偏差
角钢	局部波状及平面度	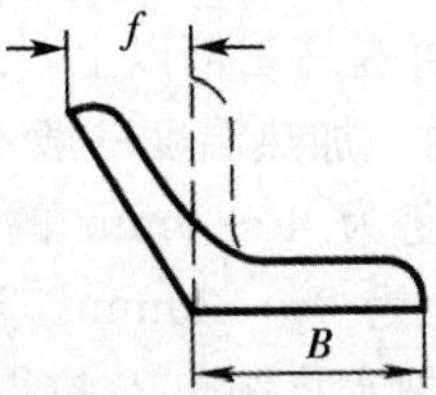	$f < 0.01B$，但不大于 1.5mm（不等边角钢按长腿宽度计算），且局部波状及平面度在 1m 长度内不超过 2mm
槽钢和工字钢	直线度	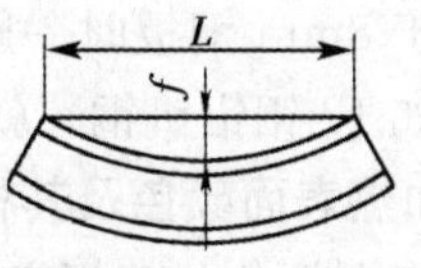	全长直线度 $f < 0.0015L$，且局部波状及平面度在 1m 长度内不超过 2mm
	歪扭	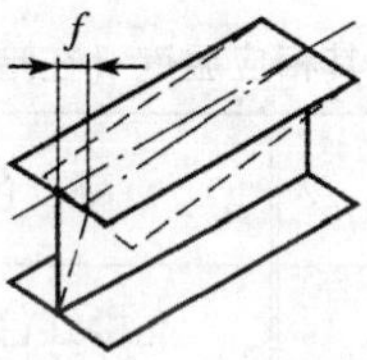	歪扭： $L < 10000mm$，$f < 3mm$ $L > 10000mm$，$f < 5mm$ 且局部波状及平面度在 1m 长度内不超过 2mm
		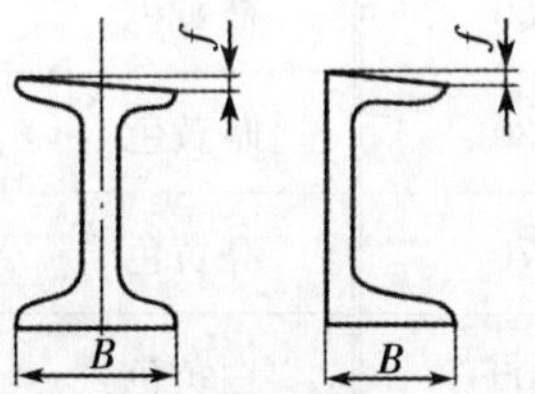	$f \leqslant 0.01B$，且局部波状及平面度在 1m 长度内不超过 2mm

20. 什么是火焰矫正？其用途如何？

答：钢材或制件的火焰矫正是利用火焰对材质局部加热时，被加热处金属由于膨胀受阻而产生压缩塑性变形，使较长的金属纤维冷却后缩短达到矫正的目的，它适用于变形严重、塑性变形好的材料。加热温度随材质不同而不同，低碳钢和普通低合金结构钢制件采用 600℃～800℃的加热温度，厚钢板和变形较小的可取 600℃～700℃。严禁在 300℃～500℃时矫正，以防脆裂。

21. 火焰加热方式有哪些？

答：火焰加热方式如下：

(1) 点状加热：变形大，加热点距小，加热点直径适当大些；板薄，加热温度低些，反之则点距大些，点径小些；板厚温度高些。适用于薄板凹凸不平、钢管弯曲等矫正。

(2) 线状加热：一般加热线宽为板厚的 0.5～2 倍，加热深度为板厚的 1/3～1/2。适用于中厚板的弯曲，T 字梁、工字梁焊后角变形等矫正。

（3）三角加热：加热高度与底部宽为型材高度的 1/5～2/3。适用于变形严重、刚性较大的构件变形的矫正。

在实际矫正工作中，常在加热后用水急冷加热区，以加速金属的收缩，它与单纯的火焰矫正法相比，功效可提高三倍以上，这种方法又称水火矫正法。当矫正厚度为 2mm 的低碳钢板时，加热温度一般不超过 600℃，此时水火之间距离 L 应小些；当矫正厚度为 4～6mm 的钢板时，加热温度应取 600℃～800℃，水火之间距离 L 为 25～30mm。当矫正具有淬硬倾向的钢板（如普通低合金钢板）时，应把水火距离 L 拉得大些。不过，水火矫正法有一定的局限性，当矫正厚度大于 8mm 钢板时一般不采用，以免产生较大的应力；对淬硬倾向较大的材料（如 12 钼铝钒钢）就不能采用。

22. 火焰矫正钢材时，钢材加热表面颜色及其相应温度如何？

答：火焰矫正钢材时，钢材表面颜色及其相应温度见表 6-25。

表 6-25　　　　　　　钢材表面颜色及其相应温度（在暗处观察）

颜　色	温度（℃）	颜　色	温度（℃）
深褐红色	550～580	亮樱红色	830～900
褐红色	580～650	橘黄色	900～1050
暗樱红色	650～730	暗黄色	1050～1150
深樱红色	730～770	亮黄色	1150～1250
樱红色	770～800	白黄色	1250～1300
浅樱红色	800～830		

23. 火焰矫正时，其点状加热的有关参数有哪些？

答：点状加热的有关参数见表 6-26。

表 6-26　　　　　　　　　点状加热有关参数

板厚（mm）	加热点直径（mm）	加热点间距（mm）	加热温度（℃）
≤3	8～10	50	300～500
>4	>10	100	500～700

24. 常见钢制件的火焰矫正方法有哪些？

答：几种常见钢制件的火焰矫正方法见表 6-27。

表 6-27 钢材或制件的火焰矫正方法

变形	图 示	矫正方法
薄 钢 板		
中间凸起	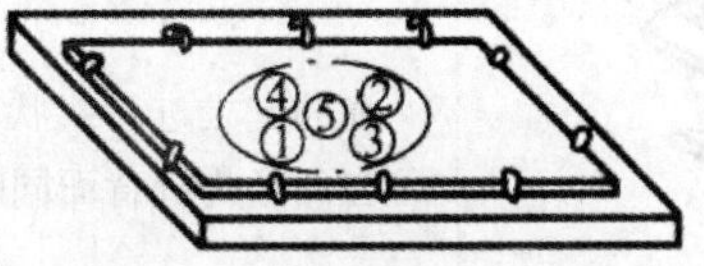 （a） 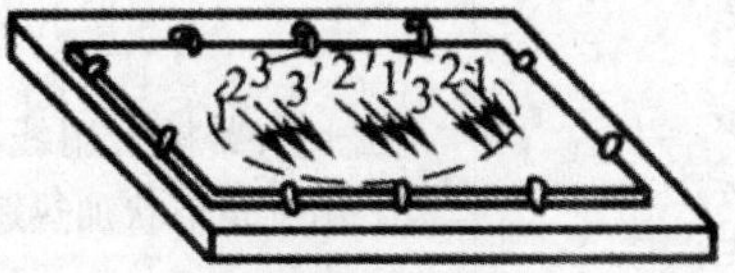 （b）	中间凸起较小，用点状加热，加热顺序如左图（a）、（b）中数字所示。中间凸起较大，用线状加热，加热顺序从两侧向中间围拢
边缘呈波浪形		波浪形变形，用线状加热，加热顺序从两侧向凸起处围拢（如左图所示）。如一次加热不能矫平则进行二次矫正
局部弯曲变形	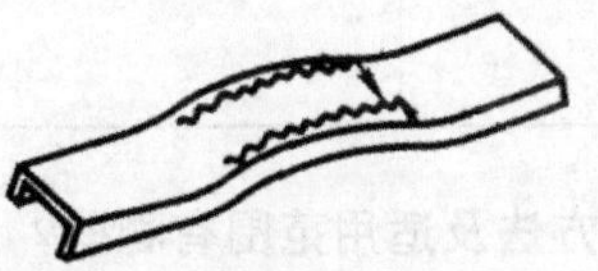	在两翼板处同时向一个方向作线状加热（如左图所示），加热宽度按变形程度大小而定
型 钢		
上拱	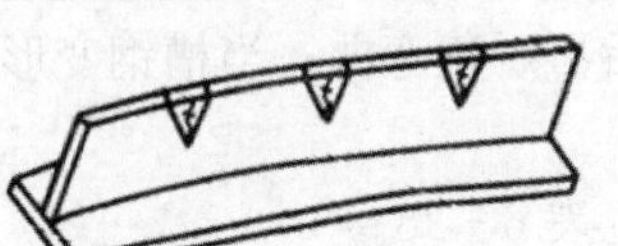	在垂直立板凸起处进行三角形状加热矫正
旁弯		在翼板凸起处进行三角形状加热矫正
钢 管		
局部弯曲		在钢管凸起处进行点状加热，加热速度要快

续表

变形	图　示	矫正方法
焊　接　梁		
角变形	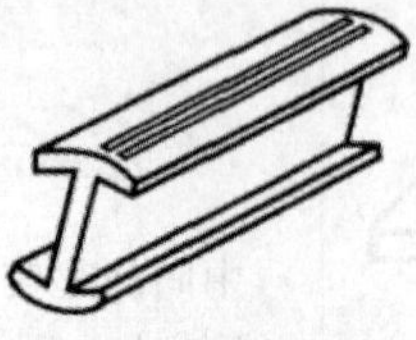	在凸起处进行线状加热，若板厚，可在两条焊缝背面同时加热矫正
上拱	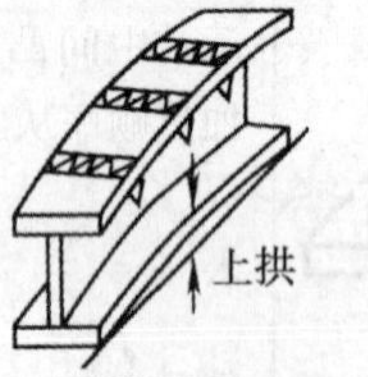	在上拱翼板上用线状加热，在腹板上用三角形状加热矫正
旁弯	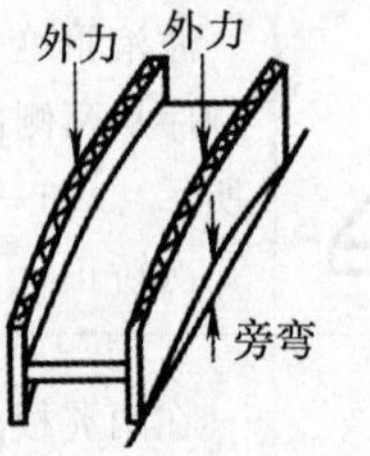	在两翼板凸起处同时进行线状加热，并附加外力矫正

25. 什么是机械矫正？机械矫正方法及适用范围有哪些？

答：钢材或制件的机械矫正是在外力作用下使材质产生过量的塑性变形，以达到平直的目的，它适用于尺寸较大、塑性较好的钢材制件。当钢材变形既有扭曲又有弯曲时，应先矫正扭曲后再矫正弯曲；当槽钢变形既有旁弯又有上拱时，应先矫正上拱后再矫正旁弯。

（1）机械矫正方法及适用范围见表 6-28。

表 6-28　　　　　钢材或制件的机械矫正方法及适用范围

矫正方法	图　示	适用范围
拉伸机		薄板、型钢的扭曲，管材、扁钢和线材的弯曲矫正
平板机		薄板弯曲及波浪形变形的矫正

续表1

矫正方法	图　示	适用范围
平板机		中厚板弯曲的矫正
压力机	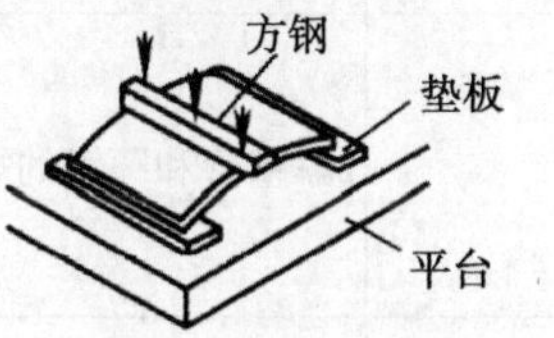 方钢　垫板　平台 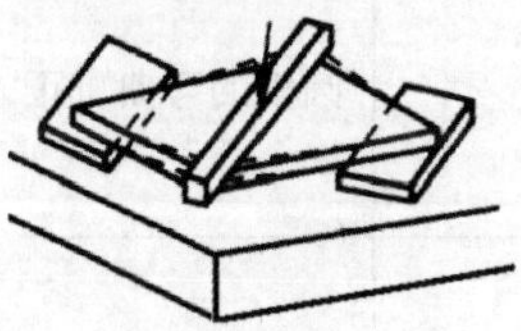	板材、管材和型钢的局部矫正
	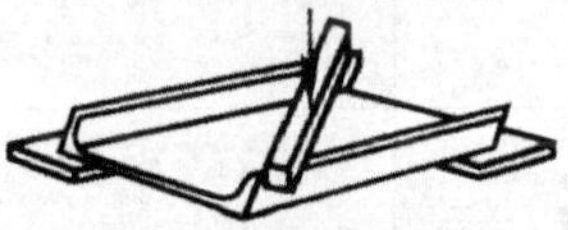	型钢扭曲的矫正
	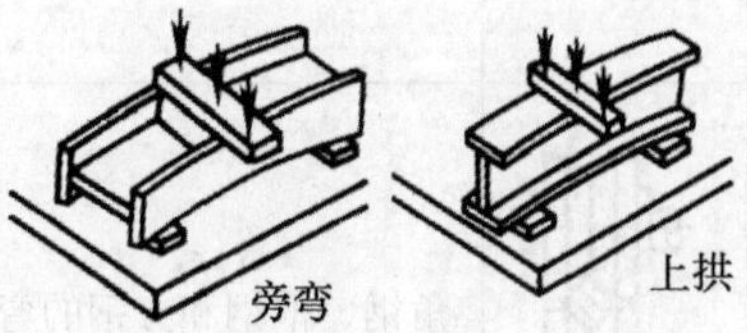 旁弯　上拱	工字钢、箱形梁的旁弯和上拱的矫正
		钢管、圆钢的弯曲矫正
卷板机	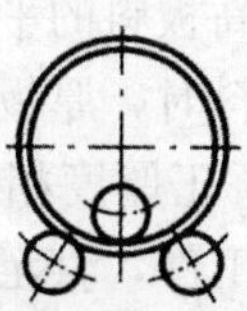	钢板拼接在焊缝处凹凸等缺陷矫正

209

续表2

矫正方法	图　示	适用范围
多辊矫正机	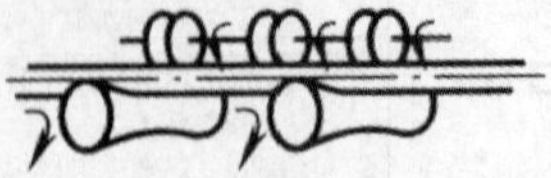	薄壁管和圆钢的矫正
	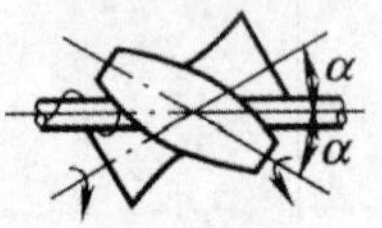	厚壁管和圆钢的矫正
撑直机	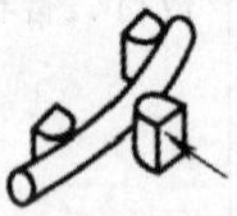	圆钢的弯曲矫正
	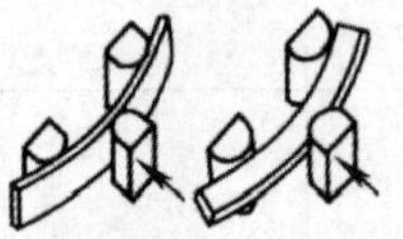	较长而窄的钢板弯曲及旁弯的矫正
	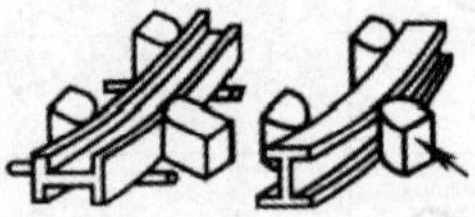	槽钢、工字钢等上拱及旁弯的矫正
型钢矫正机	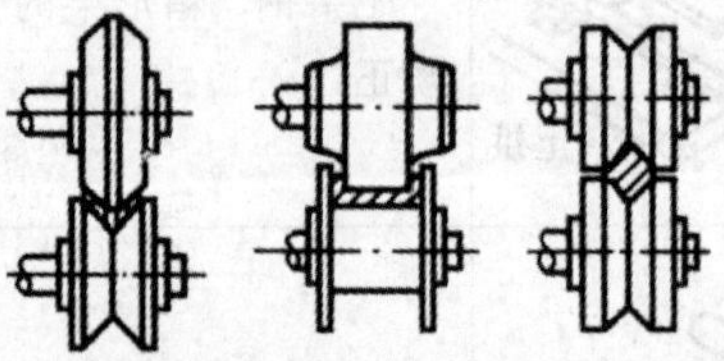	角钢、槽钢和方钢的弯曲变形矫正

（2）其他常用机械矫正法：

①用滚圆机矫正板料。用三辊滚圆机矫正板料（如图6-42所示），是通过材料反复弯曲变形而使应力均匀，从而提高板料的平正度。

②用滚板机矫正板料。用滚板机矫正板料时，厚板辊少，薄板辊多，上辊双数，下辊单数［如图6-43（a）所示］。矫正厚度相同的小块板料，可放在一块大面积的厚板上同时滚压多次，并翻转工件，直至矫平［如图6-43（b）所示］。

③用液压机矫正厚板。厚板矫正可用液压机进行。在工件凸起处施加压力，使材料内应力超过屈服极限，产生塑性变形，从而纠正原有变形。但应适

210

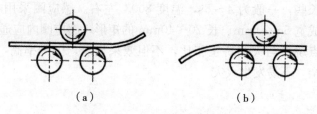

(a)   (b)

图6-42 用滚圆机矫正板料

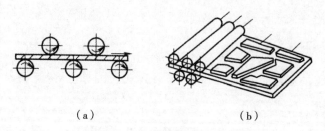

(a)   (b)

图6-43 用滚板机矫正板料

当采用矫枉过正的方法，因为在矫正时材料由塑性变形而获得平整，但在卸载后有些部分会产生弹性恢复（如图6-44所示）。

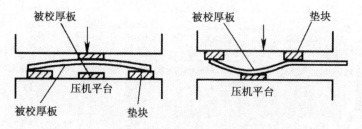

图6-44 用液压机矫正厚板

26. 什么是高频热点矫正？

答： 高频热点矫正是在火焰矫正的基础上发展起来的一种新工艺。用它可以矫正任何钢材的变形，尤其对一些尺寸较大、形状复杂的工件效果更显著。

高频热点矫正法的原理和火焰矫正相同，所不同的是热源不用火焰而是用高频感应加热。当用交流电通入高频感应圈后，感应圈随即产生交变磁场。当感应圈靠近钢材时，由于交变磁场的作用，使钢材内部产生感应电流，由于钢材电阻的热效应而发热，使温度立即升高，从而进行加热矫正。因此，用高频热点矫正时，加热位置的选择与火焰矫正相同。

加热区域的大小决定于感应圈的形状和尺寸，而感应圈的形状和尺寸又决定于工件的形状和大小。感应圈一般不宜过大，否则因加热速度减慢、加热面积增大而影响矫正的效果和质量。加热时间应根据工件变形大小而定，变形大，则时间长些，一般为 4～5s，温度 800℃左右。感应圈采用 6mm×6mm 紫铜管，制成宽 5～20mm、长 20～40mm 的矩形，感应圈内应通水冷却。

高频热点矫正与火焰矫正相比，不但效果显著，生产率高，而且操作简单，使用安全，不易发生火灾。

第七章　连　　接

1. 钣金、冷作工常用的连接方法有哪些？

　　答：金属连接的方法很多，钣金、冷作工常用的连接方法有咬缝连接、铆接、焊接、螺纹连接及胀接等。

2. 咬缝连接的特点和应用是什么？

　　答：咬缝连接就是将薄板的边缘相互折转扣合压紧的连接方法。

　　咬缝连接不需要特殊的设备，当板较薄尤其不适宜用焊接时，这种连接更能显示其优越性。

　　咬缝连接的致密性较好，连接十分可靠，所以对厚度在 1mm 以下的金属薄板结构，通常用咬缝法连接。

3. 咬缝的形式和尺寸分为哪些？

　　答：咬缝按连接方式的不同，可分为平式咬缝、立式咬缝和角式咬缝三种类型，每种形式中又分为单咬缝和双咬缝。

　　采用咬缝连接时，咬缝的宽度与制件尺寸的大小有关，一般为 5～10mm，下料时必须放出咬缝余量。咬缝的余量与用途见表 7－1。

表 7－1　　　　　　　　常见的咬缝形式、余量尺寸与用途

咬缝名称		简　图	咬缝余量尺寸	用　途
平式咬缝	平式普通单咬缝		咬缝余量为 3 倍的咬缝宽度	用于圆柱形、圆锥形和长方形管子连接。若咬缝需附着在平面或需要有气密时采用光面咬缝；若咬缝需要有较好的强度和气密性时采用双咬缝
	平式光面单咬缝			
	平式挂咬缝			
	平式双咬缝		咬缝余量为 5 倍的咬缝宽度	

咬缝名称		简　图	咬缝余量尺寸	用　途
角式咬缝	角式单咬缝	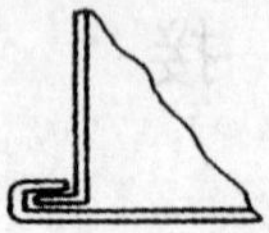	咬缝余量为 3 倍的咬缝宽度	角式咬缝在制造折角联合肘管时使用
	角式双咬缝	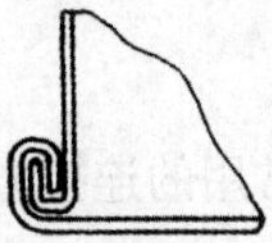		
	角式复合咬缝	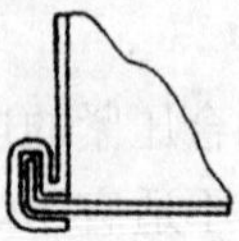	咬缝余量为 4 倍的咬缝宽度	
立式咬缝	立式单咬缝		咬缝余量为 3 倍的咬缝宽度	在连接接管、肘管和从圆过渡到另一些截面时，用作各种过渡连接
	立式双咬缝		咬缝余最为 5 倍的咬缝宽度	

4. 咬缝连接方法有哪些?

答：咬缝可用手工或机械进行。单件或少量生产时，通常采用手工咬接。

(1) 平式咬缝的手工咬接方法：

1) 普通单咬缝。普通单咬缝的顺序如图 7-1 所示。其操作方法如下：

①根据咬缝宽度划出折弯线，并按线折弯成直角，如图 7-1 (a) 所示。

②翻转后进一步折弯，留出大于板厚的间隙，如图 7-1 (b) 所示。

③将板外移略大于咬缝宽度的距离，折弯约 45°；另一板边按同上方法操作，如图 7-1 (c) 所示。

④将两板边扣合，如图 7-1 (d) 所示。

⑤将咬缝压紧，如图 7-1 (e) 所示。

2) 光面单咬缝。按以上顺序①~⑤操作，然后用压缝器或利用平台等边缘将咬缝单面压平，如图 7-1 (f) 所示。

(2) 立式咬缝的手工咬接方法：

1) 立式单咬缝。立式单咬缝操作顺序如图 7-2 所示，其操作方法如下：

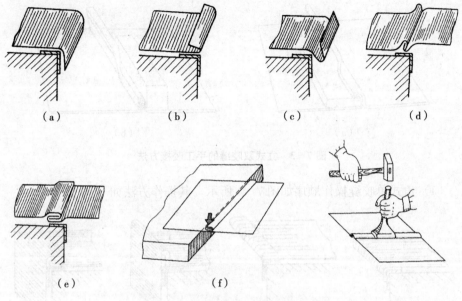

图 7-1 平式咬缝的手工咬接方法

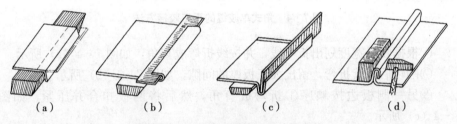

图 7-2 立式单咬缝的手工咬接方法

①根据咬缝宽度划出折弯线，并按线折弯成直角，如图 7-2 (a) 所示。

②翻转后继续折弯，并用大于板厚的垫铁嵌入其中，如图 7-2 (b) 所示。

③将板外移略大于咬缝宽度的距离并折弯成 90°，如图 7-2 (c) 所示。

④将另一侧板边，按顺序①折弯成直角，然后将两板边扣合并压紧，如图 7-2 (d) 所示。

2) 立式双咬缝。立式双咬缝操作顺序如图 7-3 所示，其操作方法如下：

①按立式单咬缝顺序①～④操作，折弯宽度为二倍的咬缝宽度，然后用垫铁折弯咬缝的上半部分，如图 7-3 (a) 所示。

②用垫铁将咬缝进一步折弯并压紧，如图 7-3 (b) 所示。

(3) 角式咬缝的手工咬接方法：

215

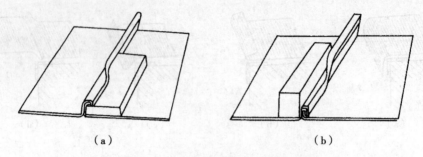

（a）　　　　　　　　　　　　（b）

图 7 - 3　立式双咬缝的手工咬接方法

1）角式单咬缝操作顺序如图 7 - 4 所示，其操作方法如下：

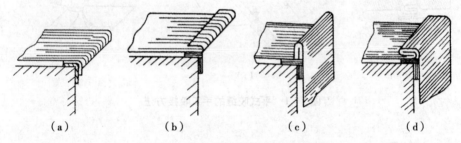

（a）　　　　（b）　　　　（c）　　　　（d）

图 7 - 4　角式单咬缝的手工咬接方法

①根据咬缝宽度划出折弯线，并按线折弯成直角，如图 7 - 4（a）所示。

②翻转后继续折弯，留出大于板厚的间隙，如图 7 - 4（b）所示。

③另一侧板边按顺序①折弯成直角，然后将两板扣合并压紧，如图 7 - 4（c）所示。

2）角式双咬缝如图 7 - 4（d）所示，按图 7 - 4 的顺序操作，再将挂扣的直边部分折弯。

3）角式复合咬缝的手工咬接方法：角式复合咬缝的手工咬接顺序如图 7 - 5 所示，其操作方法如下：

①根据咬缝宽度划出折弯线，并按线折弯成直角，如图 7 - 5（a）所示。

②翻转板料继续弯曲，并放入大于板厚的垫板，以控制折弯后的间隙，如图 7 - 5（b）所示。

③将板外移咬缝宽度的距离，折弯成直角，如图 7 - 5（c）所示。

④将折弯的板料翻转后，进一步弯曲并压平，如图 7 - 5（d）所示。

⑤利用方杠或平台边缘压下咬缝，使两板表面平齐，如图 7 - 5（e）所示。

⑥将另一侧板边折弯成直角，再插入咬缝的间隙中，并压紧，如图 7 - 5（f）所示。

216

⑦敲弯立边并压紧，如图 7-5（g）所示。

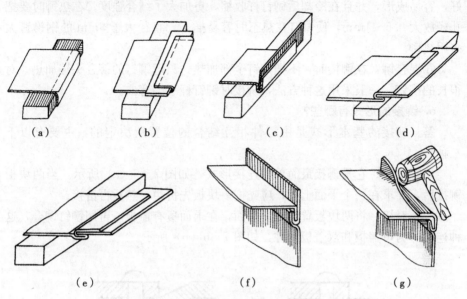

（a）　　　（b）　　　（c）　　　（d）

（e）　　　　　　（f）　　　　　　（g）

图 7-5　角式复合咬缝的手工咬接方法

5. 铆接分哪些种类？其应用如何？

答：（1）铆接的种类按其使用的要求不同分类，可分为以下两种：

①活动铆接（或称铰链铆接）：接合部位是相互转动的，如各种手用钳、剪刀、圆规、卡钳、铰链等的铆接。

②固定铆接：接合的部位是固定不动的，这种铆接按用途和要求不同，又可分为以下三种。

a. 强固铆接：用于结构需要有足够的强度、承受强大作用力的地方，如叶轮体与叶片、桥梁、车辆和起重机等。

b. 紧密铆接：用于低压容器装置，这种铆接不能承受大的压力，只能承受小的均匀压力。紧密铆接对其接缝处要求非常严密，如气筒、水箱、油罐等。这种铆接的铆钉小而排列密，铆缝中常夹有橡皮或其他填料，以防气体或液体的渗漏。

c. 强密铆接：用于能承受很大的压力、接缝非常严密的高压容器装置，即使在一定的压力下，液体或气体也保持不渗漏，如蒸汽锅炉、压缩空气罐及其他高压容器的铆接都属这一类。

（2）按铆接的方法不同分类可分为冷铆、热铆和混合铆三种：

①冷铆：铆接时，铆钉不需加热，直接镦出铆合头。因此铆钉的材料必须具有较高的延展性。直径在 8mm 以下钢制铆钉都可以用冷铆方法进行铆接。

②热铆：把铆钉全部加热到一定程度，然后再铆接。铆钉受热后延展性好，容易成形，并且在冷却后铆钉杆收缩，更加大了结合强度。在热铆时要把孔径放大 0.5～1mm，使铆钉在热态时容易插入。直径大于 8mm 的钢铆钉大多用热铆。

③混合铆：在铆接时，不把铆钉全部加热，只把铆钉的铆合头端加热。对很长的铆钉，一般采用这种方法，铆接时铆钉杆不会弯曲。

6. 铆接的形式有哪些？

答：铆接的基本形式是由零件相互结合的位置所决定的，主要有以下三种。

（1）搭接。它是铆接最简单的连接形式，如图 7-6（a）所示。当两块板铆接后，要求在一个平面上时，应先把一块板先折边，然后再搭接。

（2）对接。将两块板置于同一平面，在上面覆有盖板，再用铆钉铆合，这种连接分为单盖板和双盖板两种，如图 7-6（b）所示。

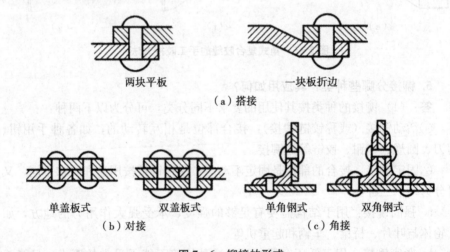

两块平板　　　　　　　　一块板折边

（a）搭接

单盖板式　　　双盖板式　　　单角钢式　　　双角钢式

（b）对接　　　　　　　（c）角接

图 7-6　铆接的形式

（3）角接。它是两块钢板互相垂直或组成一定角度的连接，在角接处覆以角钢，用铆钉铆合。按要求不同，角接处可覆以单根或两根角钢，如图 7-6（c）所示。

7. 常用铆钉的种类及用途有哪些？

答：按形状不同，铆钉可分为平头、半圆头、沉头、半圆沉头和皮带铆钉等几种。各种铆钉的形状和用途见表 7-2。按材料不同，铆钉又分为钢质、铜质、铝质等几种，钢质铆钉应具有较高的韧性和延展性。

表 7 - 2   铆钉的名称、形状与用途

图 形	铆钉名称	用 途
	平头铆钉	常用于一般无特殊要求的铁皮箱、防护罩及其结合件的铆接中
	半沉头铆钉	常用于薄板、皮革、帆布、木材、塑料等允许表面有微小凸起的铆接中
	半圆头铆钉	多用于强固接缝或强密接缝处，如钢结构的屋架、桥架、车辆、船舶及起重机连接部件的铆接
	平锥头铆钉	
	沉头铆钉	用于制品的表面要求平整、不允许有外露的铆接
	空心铆钉	用于铆接处有空心要求的地方，如电器组件的铆接或用于受剪切力不大的地方
	抽芯铆钉	分有沉头和扁圆头两种形式，具有铆接效率高、工艺简单等特点，适用于单面与盲面的薄板和型钢与型钢的连接
	击芯铆钉	

8. 如何确定铆钉直径和长度？

答：铆钉直径的大小和被铆合的板料厚度有关，其直径一般为板厚的 1.8

倍。在实际生产中，铆钉直径也可根据板料厚度参考表 7 - 3 选定。

表 7 - 3　　　　　　　　　铆钉直径的选择

板料厚度 （mm）	1.5	2.0	2.5	3.0	3.5	4.0	4.5	5.0
铆钉直径 （mm）	2.5	2.5～3.0	3.0～3.5	3.5	3.5～4.0	4.0～4.5	4.5～5.0	5.0～6.0
板料厚度 （mm）	5.5	6.0	6～8	8～10	10～12	12～16	16～24	24～30
铆钉直径 （mm）	5.0～6.0	6.0～8.0	8.0～10	10～11	11	14	17	20
板料厚度 （mm）	30～38	38～46	46～54	54～62	62～70	70～76	76～82	
铆钉直径 （mm）	23	26	29	32	35	38	41	

铆钉的长度对铆接的质量有较大的影响。铆钉的圆杆长度除铆合板料的厚度外，还有留作铆合头的部分，其长度必须足够。通常半圆头铆钉伸出部分的长度，应为铆钉直径的 1.25～1.5 倍，沉头铆钉的伸出部分应为铆钉直径的 0.8～1.2 倍。当铆合头的质量要求比较高时，伸出部分的长度应通过试铆来确定，尤其是铆合件数量比较大时，更应如此。

在实际生产中，铆钉圆杆长度，也可以用下列的计算公式来计算。因铆钉种类不同，计算公式区别如下：

半圆头铆钉：$L=S+(1.25～1.5)d$

沉头铆钉：$L=S+(0.8～1.2)d$

击芯铆钉：$L=S+(2～3)$ mm

抽芯铆钉：$L=S+(3～6)$ mm

式中　d——铆钉直径（mm）；

　　　L——铆钉圆杆长度（mm）；

　　　S——铆接件板料的总厚度（mm）。

9. 铆钉铆接时如何确定工件的通孔直径？

答：铆接时被铆合板料上（工件上）的通孔直径，对铆接质量也有较大的影响。通孔直径加工小了，铆钉插入困难，通孔直径加工大了，铆合后工件会产生松动，尤其是在铆钉杆比较长的时候，会造成铆合后铆钉杆在孔内产生弯曲的现象。合适的铆钉通孔直径，可参照表 7 - 4 中的数值进行选取。

表 7 - 4

表 7 - 4　　　　　　　　　　　铆钉通孔直径与沉孔直径

铆钉直径(mm)		2	2.5	3	3.5	4	5	6	7	8	10	11.5	13	16	19	22
通孔直径(mm)	精配	2.1	2.6	3.1	3.6	4.1	5.2	6.2	7.2	8.2	10.5	12	13.5	16.5	20	23
	中等装配	—	—	—	—	4.2	5.5	6.5	7.5	8.5	10.5	12	13.5	16.5	20	23
	粗配	2.2	2.7	3.4	3.9	4.5	5.8	6.8	7.8	8.8	11	12.5	14	17	21	24
用于沉头钢铆钉	大端直径D(mm)	4	5	6	7	8	10	11.2	12.6	14.4	16	18.5	20.5	24.5	30	35
	沉孔角度α(mm)	90							75				60			

10. 常用铆接方法有哪些?

答: 常用的铆接操作方法见表 7 - 5。

表 7 - 5　　　　　　　　　　　铆接操作方法

类　型	简　图	操作方法
半圆头铆钉的铆接	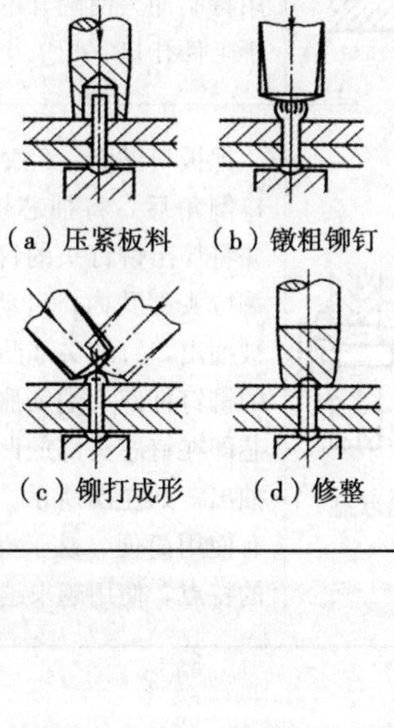 (a) 压紧板料　(b) 镦粗铆钉 (c) 铆打成形　(d) 修整	如左图所示。首先将工件彼此贴合→按图样给出的尺寸划线钻孔→孔口倒角→将铆钉插入孔内→用压紧冲头压紧板料 [如左图（a）所示] →镦出铆钉伸出部分 [如左图（b）所示] →初步铆打成形 [如左图（c）所示] →最后用罩模修整 [如左图（d）所示]。如果采用圆钢料作为铆钉,应同时将钢料两头均匀镦粗,初步铆打成形并用罩模修磨两端铆合头

续表1

类　型	简　图	操作方法
沉头铆钉的铆接	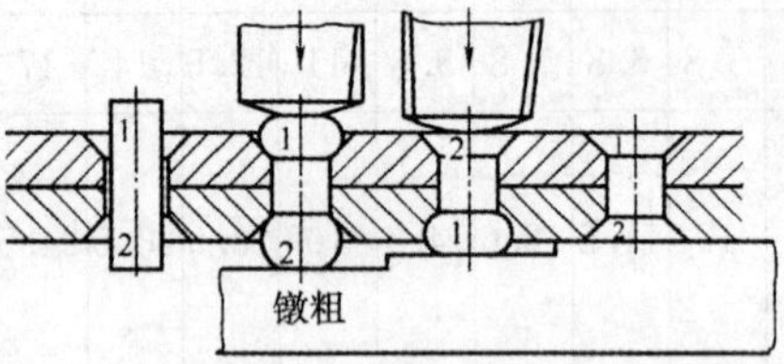 镦粗	沉头铆钉的铆接过程如左图所示，一种是用成品的沉头铆钉铆接，另一种是用圆钢按铆钉长度的确定方法，留出两端铆合头部后截断作为铆钉。使用这两种铆钉时，铆接方法相同。用截断的圆钢作为铆钉的铆接过程。前四个步骤与半圆头铆钉的铆接相同→在正中镦粗面1和面2→铆面2→铆面1→最后修平高出的部分。如果用成品铆钉（一端已有沉头），只需将铆合头一端的材料，经铆打填平沉头座即可
空心铆钉的铆接	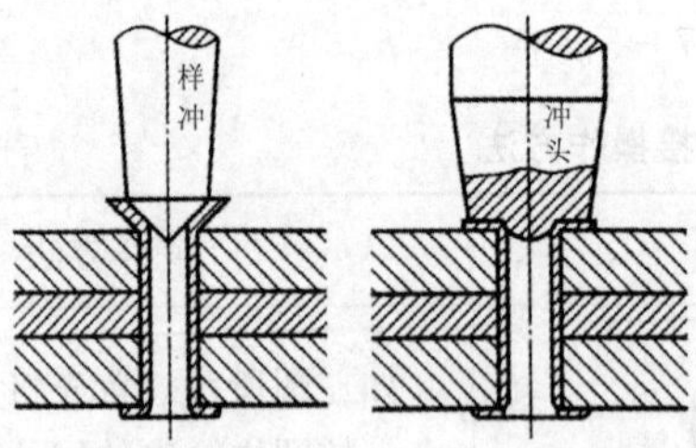 样冲　　冲头	空心铆钉的铆接如左图所示。把板料互相贴合、划线、钻孔并孔口倒角，将铆钉插入后，先用样冲（或类似的冲头）冲压一下，使铆钉孔口张开与工件孔口贴紧，再用特制冲头使翻开的铆钉孔口贴平于工件孔口
抽芯铆钉的铆接	 （a）启动拉铆枪　　（b）铆合状态	把板料贴合，经划线、钻孔、孔口倒角后，将抽芯铆钉插入孔内，并将伸出铆钉头的钉芯部分插入拉铆枪头部孔内，启动拉铆枪，钉芯被抽出，钉芯头部凸缘将伸出板料的铆钉杆部头端膨胀成铆合头，钉芯即在钉芯部的凹槽处断开而被抽出，如左图所示。这种铆钉由于有使用简便、易于操作、快速铆合的特点，使用越来越广泛

222

类 型	简 图	操作方法
击芯铆钉的铆接	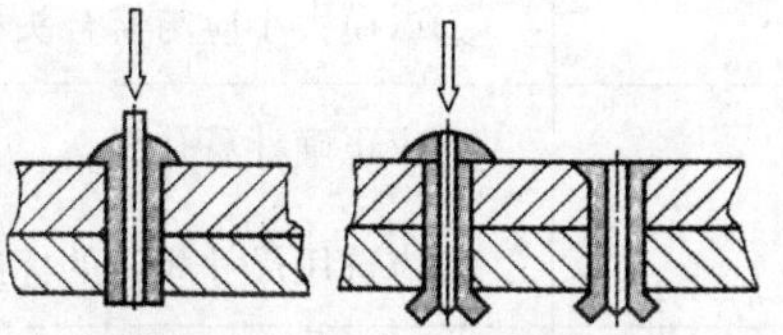 （a）锤击钉芯　　（b）铆合状态	把板料贴合，经划线、钻孔、孔口倒角后，将击芯铆钉插入铆合件孔内，用手锤敲击铆钉芯，当钉芯被敲到与铆钉头平齐时，钉芯便被击至铆钉杆的底部，铆钉伸出铆件的部分即被四面胀开，工件被铆合，如左图所示。这种铆钉使用简单、易于操作

11. 铆接废品产生的原因和防止方法有哪些？

答：铆接废品产生的原因和防止方法见表 7 - 6。

表 7 - 6　　　　　　　　　废品产生的原因和防止方法

废品形式	产生原因	防止方法
铆件错位	①铆钉孔太长	①应正确计算铆钉长度
	②铆钉孔歪斜，铆钉孔移位	②钻孔时应垂直于工件，铆钉孔对正后再铆接
	③铆合头镦粗时，冲头与罩模不垂直	③铆接时，锤击方向应垂直于工件
铆合头偏斜和不光亮或有凹痕	①罩模工作面粗糙不光	①罩模工作面应打磨光亮
	②锤击时，罩模弹出铆合头	②铆合时，不要连续锤击，锤击力应适当
	③罩模与铆钉头没有对准就锤击	③铆合时应将罩模与铆钉头对准
铆合头不完整	铆钉太短	应正确计算铆钉杆的长度
铆合头没填满	①铆钉太短	①铆钉长度应适当
	②铆钉直径太细	②铆钉直径应适当
	③铆钉孔钻大	③正确计算选用铆钉通孔的直径
铆合头没贴紧工件	①铆钉孔直径太小或铆钉直径太大	①正确计算孔径与铆钉的直径
	②孔口没有倒角	②孔口应倒角

续表

废品形式	产生原因	防止方法
工件上有凹痕	①锤击时，罩模歪斜 ②罩模孔大或深	①铆合时，罩模应垂直于工件 ②罩模大小应与铆合头相符
铆钉杆在孔内弯曲	①铆钉孔太大 ②铆钉杆直径太小	①应正确计算孔径 ②应选用尺寸相符的标准铆钉
工件之间有间隙	①工件板料不平整 ②板料没压紧	①铆接的板料应平整 ②铆钉插入孔后应用压紧冲头将板料压紧

12. 焊接方法是如何分类的?

答：根据母材是否熔化将焊接方法分成熔焊、压焊和钎焊三大类，然后再根据加热方式、工艺特点或其他特征进行下一层的分类，见表 7－7 所示。这种分类方法的最大优点是层次清楚，主次分明，是最常用的一种分类方法。

表 7－7　　　　　　　　　　　焊接方法的分类

第一层次 （根据母材是否熔化）	第二层次	第三层次	第四层次	代号	是否易于实现自动化
压力焊：利用摩擦、扩散和加压等物理作用，克服两个连接表面的不平度，除去氧化膜及其他污染物，使两个连接表面上的原子相互接近到晶格距离，从而在固态条件下实现连接的方法	闪光对焊	—	—	24	—
	电阻对焊	—	—	25	▲
	冷压焊	—	—	—	△
	超声波焊	—	—	41	▲
	爆炸焊	—	—	441	△
	锻焊	—	—	—	△
	扩散焊	—	—	45	△
	摩擦焊	—	—	42	▲

第一层次 （根据母材是否熔化）	第二层次	第三层次	第四层次	代号	是否易于实现自动化
熔化焊：利用一定的热源，使构件的被连接部位局部熔化成液体，然后再冷却结晶成一体的方法	电弧焊	熔化极电弧焊	手工电弧焊	111	△
			埋弧焊	121	▲
			熔化极气体保护焊（GMAW）	131	▲
			CO_2	135	▲
			螺柱焊	—	△
		非熔极电弧焊	钨极氩弧焊（GTAW）	141	▲
			等离子弧焊	15	▲
			氢原子焊	—	△
	气焊	氧-氢火焰	—	311	△
		氧-乙炔火焰	—	—	△
		空气-乙炔火焰	—	—	△
		氧-丙烷火焰	—	—	△
		空气-丙烷火焰	—	—	△
	铝热焊	—		—	△
	电渣焊	—		72	▲
	电子束焊	高真空电子束焊		76	▲
		低真空电子束焊			▲
		非真空电子束焊		—	▲
	激光焊	—	CO_2 激光焊	751	▲
		—	YAG 激光焊		▲
	电阻点焊	—	—	21	▲
	电阻缝焊	—	—	22	▲

第一层次 （根据母材是否熔化）	第二层次	第三层次	第四层次	代号	是否易于实现自动化
钎焊：采用熔点比母材低的材料作钎料，将焊件和钎料加热至高于钎料熔点但低于母材熔点的温度，利用毛细作用使液态钎料充满接头间隙，熔化钎料润湿母材表面，冷却后结晶形成冶金结合的方法	火焰钎焊	—	—	912	△
	感应钎焊	—	—	—	△
	炉中钎焊	空气炉钎焊	—	—	△
		气体保护炉钎焊	—	—	△
		真空炉钎焊	—	—	△
	盐浴钎焊	—	—	—	△
	超声波钎焊	—	—	—	△
	电阻钎焊	—	—	—	△
	摩擦钎焊	—	—	—	△
	金属浴钎焊				
	放热反应钎焊				
	红外线钎焊	—	—	—	△
	电子束钎焊	—	—	—	△

注：▲——易于实现自动化；△——难以实现自动化。

焊接工艺对能源的要求是能量密度大、加热速度快，以减小热影响区，避免接头过热。焊接用的能源主要有电弧、火焰、电阻热、电子束、激光束、超声波、化学能等。

电弧是应用最广泛的一种焊接热源，主要用于电弧焊、堆焊等。电渣焊或电阻焊利用电阻热进行焊接。锻焊、摩擦焊、冷压焊及扩散焊等利用机械能进行焊接，通过顶压、锤击、摩擦等手段，使工件的结合部位发生塑性流变，破坏结合面上的金属氧化膜，并在外力作用下将氧化物挤出，实现金属的连接。气焊依靠可燃气体（如乙炔、氢、天然气、丙烷、丁烷等）与氧混合燃烧产生的热量进行焊接。热剂焊利用金属与其他金属氧化物间的化学反应所产生的热量作能源，利用反应生成的金属为填充材料进行焊接，应用较多是铝热剂焊。

爆炸焊利用炸药爆炸释放的化学能及机械冲击能进行焊接。常用焊接热源的主要特性见表 7-8。

表 7-8 碳钢焊接性与含碳量的关系

焊接热源	最小加热面积（cm^2）	最大功率密度（$W \cdot cm^{-2}$）	正常温度（K）
氧-乙炔火焰	10^{-2}	2×10^3	3470
手工电弧焊电弧	10^{-3}	10^4	6000
钨极氩弧（TIG）	10^{-3}	1.5×10^4	8000
埋弧自动焊电弧	10^{-3}	2×10^4	6400
电渣焊热源	10^{-3}	10^4	2273
熔化极氩弧（MIG）	10^{-4}	$10^4 \sim 10^5$	—
CO_2 焊电弧	10^{-4}	$10^4 \sim 10^5$	—
等离子弧	10^{-5}	1.5×10^5	$18000 \sim 24000$
电子束	10^{-7}	—	—
激光束	10^{-8}	—	—

常用的焊接方法有手工电弧焊、气焊、CO_2 气体保护焊、埋弧焊、钨极氩弧焊、熔化极氩弧焊、电渣焊、电子束焊、激光焊、电阻焊、钎焊等。

13. 怎样选择焊接方法？

答：选择的焊接方法首先应能满足技术要求及质量要求，在此前提下，尽可能地选择经济效益好、劳动强度低的焊接方法。表 7-9 给出了不同金属材料适用的焊接方法，不同焊接方法所适用材料的厚度不同。

表 7-9 不同金属材料所适用的焊接方法

材料	厚度(mm)	手工电弧焊	埋弧焊	熔化极气体保护焊 喷射过渡	潜弧	脉冲喷射	短路过渡	管状焊丝气体保护焊	钨极气体保护焊	等离子弧焊	电渣焊	气电立焊	电阻焊	闪光焊	气焊	扩散焊	摩擦焊	电子束焊	激光焊	硬钎焊 火焰钎焊	炉中钎焊	感应加热钎焊	电阻加热钎焊	浸渍钎焊	红外线钎焊	扩散钎焊	软钎焊
铸铁	3~6	○													○					○	○	○				○	○
	6~19	○	○	○											○											○	○
	≥19	○	○												○											○	○

227

续表1

材料	厚度(mm)	手工电弧焊	埋弧焊	熔化极气体保护焊				管状焊丝气体保护焊	钨极气体保护焊	等离子弧焊	气电立焊	电渣焊	电阻焊	闪光焊	气焊	扩散焊	摩擦焊	电子束焊	激光焊	硬钎焊							软钎焊
				喷射过渡	潜弧	脉冲喷射	短路过渡													火焰钎焊	炉中钎焊	感应加热钎焊	电阻加热钎焊	浸渍钎焊	红外线钎焊	扩散钎焊	
碳钢	≤3	○	○	—		○	○		○				○	○	○		—	○	○	○	○	○	○	○	○	○	○
	3~6	○	○	○	○	○	○		○	○			○	○	○		○	○	○	○	○	○	○	○	○	○	○
	6~19	○	○	○	○		○	○	○	○			○	○	○		○	○	○	○	○	○	○				○
	≥19	○	○	○	○	○		○	○	○	○	○			○		○	○	○	○	○	○	○			○	
低合金钢	≤3	○	○	—		○	○		○				○	○	○		—	○	○	○	○	○	○	○	○	○	○
	3~6	○	○	○	○	○	○		○	○			○	○	○		○	○	○	○	○	○	○	○	○	○	○
	6~19	○	○	○	○		○	○	○	○			○	○	○		○	○	○	○	○	○	○				○
	≥19	○	○	○	○	○		○	○	○	○	○			○		○	○	○	○	○	○	○			○	
不锈钢	≤3	○	○		○	○	○		○	○			○	○		○	○		—	○	○	○	○	○	○		○
	3~6	○	○	○	○	○	○		○	○			○	○		○	○	○	○	○	○	○	○	○	○		○
	6~19	○	○	○	○		○	○	○	○			○	○		○	○	○	○	○	○	○	○				○
	≥19	○	○	○	○	○		○	○	○	○	○					○	○	○	○	○	○	○			○	
镍及其合金	≤3	○	—		○	○		○	○	○			○	○				—	○	○	○	○	○	○	○		○
	3~6	○	○	○	○	○	○		○	○			○	○			○	○	○	○	○	○	○	○	○	○	○
	6~19	○	○	○	○		○	○	○	○			○	○			○	○	○	○	○	○	○				○
	≥19	○	○	○	○	○		○	○	○	○	○					○	○	○	○	○	○	○			○	
铝及其合金	≤3	—	—		○	○			○	○			○	○	○			○	○	○	○	○	○	○	○		○
	3~6		○	○	○	○	○		○	○			○	○	○			○	○	○	○	○	○				○
	6~19		○	○	○		○		○	○			○	○	○			○	○	○	○	○	○				○
	≥19	—		○	○	○			○	○	○	○			○			○	○	○	○	○	○			○	

材料	厚度(mm)	手工电弧焊	埋弧焊	熔化极气体保护焊				管状焊丝气体保护焊	钨极气体保护焊	等离子弧焊	电渣焊	气电立焊	电阻焊	闪光焊	气焊	扩散焊	摩擦焊	电子束焊	激光焊	硬钎焊							软钎焊
				喷射过渡	潜弧	脉冲喷射	短路过渡													火焰钎焊	炉中钎焊	感应加热钎焊	电阻加热钎焊	浸渍钎焊	红外线钎焊	扩散钎焊	
钛及其合金	≤3			○					○	○			○	○		○		—	○	—	○				○	○	
	3～6		○	○					○	○						○		○	○							○	
	6～19		○						○	○	○	○				○		○	○								
	≥19		○						○		○	○						○									
铜及其合金	≤3	○		○					○	○					○	○		○	○	○	○	○	○		○	○	○
	3～6	○	○	○					○	○					○	○		○	○	○	○	○	○	○		○	○
	6～19								○	○						○		○	○	○	○	○					
	≥19										○	○						○									
镁及其合金	≤3			○					○	○					○	○		○	○	○	○	○	○	○			
	3～6	○	○	○					○	○					○			○	○								
	6～19		○						○	○								○	○								
	≥19								○									○									
难熔金属	≤3			○					○	○								○	○	○	○	○	○			○	
	3～6		○	○					○	○								○								○	
	6～19								○	○								○									
	≥19																										

注：○——被推荐的焊接方法。

不同焊接方法对接头类型、焊接位置的适应能力是不同的。电弧焊可焊接各种形式的接头，钎焊、电阻点焊仅适用于搭接接头。大部分电弧焊接方法均适用于平焊位置，而有些方法，如埋弧焊、射流过渡的气体保护焊不能进行空间位置的焊接。表 7-10 给出了常用焊接方法所适用的接头形式及焊接位置。

表 7 - 10　　　　　　　常用焊接方法所适用的接头形式及焊接位置

适用条件		手工电弧焊	埋弧焊	电渣焊	熔化极气体保护焊				氩弧焊	等离子焊	气电立焊	电阻点焊	缝焊	凸焊	闪光对焊	气焊	扩散焊	摩擦焊	电子束焊	激光焊	钎焊
					喷射过渡	潜弧	脉冲喷射	短路过渡													
碳钢	对接	☆	☆	☆	☆	☆	☆	☆	☆	☆	○	○	○	○	☆	☆	☆	☆	☆	☆	○
	搭接	☆	☆	★	☆	☆	☆	☆	☆	☆	○	☆	☆	☆	○	☆	☆	○	★	☆	☆
	角接	☆	☆	★	☆	☆	☆	☆	☆	☆	★	○	○	○	○	☆	☆	○	☆	☆	☆
焊接位置	平焊	☆	☆	○	☆	☆	☆	☆	☆	☆	○	—	—	—	—	☆	☆	—	☆	☆	☆
	立焊	☆	○	☆	★	—	☆	☆	☆	☆	☆	—	—	—	—	☆	—	—	○	○	—
	仰焊	☆	○	○	☆	—	☆	☆	☆	☆	○	—	—	—	—	☆	—	—	☆	☆	—
	全位置	☆	○	○	○	○	☆	☆	☆	☆	○	—	—	—	—	☆	—	—	☆	☆	☆
设备成本		低	中	高	中	中	中	中	低	高	高	高	高	高	高	低	高	高	高	高	低
焊接成本		低	低	低	中	低	中	低	中	中	低	中	中	中	中	高	低	高	中	中	中

注：☆——好，★——可用，○——一般不用。

尽管大多数焊接方法的焊接质量均可满足实用要求，但不同方法的焊接质量，特别是焊缝的外观质量仍有较大的差别。产品质量要求较高时，可选用氩弧焊、电子束焊、激光焊等。质量要求较低时，可选用手工电弧焊、CO_2 焊、气焊等。

自动化焊接方法对工人的操作技术水平要求较低，但设备成本高，管理及维护要求也高。手工电弧焊及半自动 CO_2 焊的设备成本低，维护简单，但对工人的操作技术水平要求较高。电子束焊、激光焊、扩散焊设备复杂，辅助装置多，不但要求操作人员有较高的操作水平，还应具有较高的文化层次及知识水平。选用焊接方法时应综合考虑这些因素，以取得最佳的焊接质量及经济效益。

14. 焊接接头的特点是什么？

答：焊接接头是一个化学和力学不均匀体，焊接接头的不连续性体现在四个方面：几何形状不连续；化学成分不连续；金相组织不连续；力学性能不连续。

影响焊接接头的力学性能的因素主要有焊接缺陷、接头形状的不连续性、焊接残余应力和变形等。常见的焊接缺陷的形式有焊接裂纹、熔合不良、咬边、夹渣和气孔。焊接缺陷中的未熔全和焊接裂纹，往往是接头的破坏源。接头的形状和不连续性主要是焊缝增高及连接处的截面变化造成的，此处会产生应力集中现象，同时由于焊接结构中存在着焊接残余应力和残余变形，导致接头力学性能的不均匀。在材质方面，不仅有热循环引起的组织变化，还有复杂的热塑性变形产生的材质硬化。此外，焊后热处理和矫正变形等工序，都可能影响接头的性能。

15. 焊缝的空间位置有哪些？

答：按施焊时焊缝在空间所处位置的不同，可分为平焊缝、立焊缝、横焊缝及仰焊缝四种形式，如图 7-7 所示。

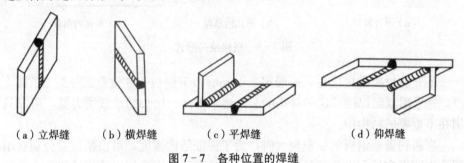

（a）立焊缝　　　（b）横焊缝　　　（c）平焊缝　　　　（d）仰焊缝

图 7-7　各种位置的焊缝

16. 焊缝有哪些基本形状及尺寸？

答：焊缝形状和尺寸通常是指焊缝的横截面而言，焊缝形状特征的基本尺寸如图 7-8 所示。c 为焊缝宽度，简称熔宽；s 为基本金属的熔透深度，简称熔深；h 为焊缝的堆敷高度，称为余高量；焊缝熔宽与熔深的比值称为焊缝形状系数 ψ，即 $\psi = c/s$；焊缝形状系数 ψ 对焊缝质量影响很大，当 ψ 选择不当时，会使焊缝内部产生气孔、夹渣、裂纹等缺陷。通常，形状系数 ψ 控制在 1.3～2 较为合适。这对溶池中气体的逸出以及防止夹渣、裂纹等均有利。

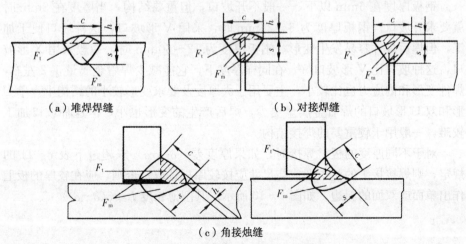

（a）堆焊焊缝　　　　　　　　（b）对接焊缝

（c）角接烛缝

图 7-8　各种焊接接头的焊缝形状

231

17. 搭接接头有哪些形式?

答: 搭接接头根据其结构形式和对强度的要求,可分为不开坡口、圆孔内塞焊、长孔内角焊三种形式(如图7-9所示)。

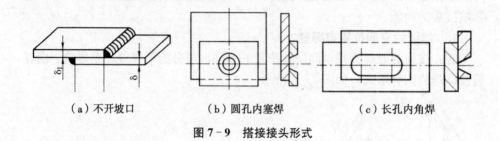

(a)不开坡口　　　　(b)圆孔内塞焊　　　　(c)长孔内角焊

图7-9　搭接接头形式

不开坡口所搭接接头,一般用于12mm以下钢板,其重叠部分为$\geq 2(\delta_1 + \delta)$,并采用双面焊接。这种接头的装配要求不高,接头的承载能力低,所以只用在不重要的结构中。

当遇到重叠钢板的面积较大时,为了保证结构强度,可根据需要分别选用圆孔内塞焊和长孔内角焊的接头形式。这种形式特别适用于被焊结构狭小处以及密闭的焊接结构。圆孔和长孔的大小和数量,应根据板厚和对结构的强度要求而定。

开坡口是为了保证焊缝根部焊透,便于清除熔渣,获得较好的焊缝成形,而且坡口能起调节基本金属和填允金属的比例作用。钝边是为了防止烧穿,钝边尺寸要保证第一层焊缝能焊透。间隙也是为了保证根部能焊透。选择坡口形式时,主要考虑的因素为:保证焊缝焊透,坡口形状容易加工,尽可能提高生产效率、节省焊条,焊后焊件变形尽可能小。

钢板厚度在6mm以下,一般不开坡口,但重要结构,当厚度在3mm时就要求开坡口。钢板厚度为6~26mm时,采用V形坡口,这种坡口便于加工,但焊后焊件容易发生变形。钢板厚度为12~60mm时,一般采用X形坡口,这种坡口比V形坡口好,在同样厚度下,它能减少焊着金属量1/2左右,焊件变形和内应力也比较小,主要用于大厚度及要求变形较小的结构中。单U形和双U形坡口的焊着金属量更少,焊后产生的变形也小,但这种坡口加工较难,一般用于较重要的焊接结构。

对于不同厚度的板材焊接时,如果厚度差($\delta_1 - \delta$)未超过下表7-11的规定,则焊接接头的基本形式与尺寸应按较厚板选取;否则,应在较厚的板上作出单面或双面的斜边,如图7-10所示。其削薄长度$L \geq 3(\delta - \delta_1)$

表 7-11   厚度差范围表

较薄板的厚度（mm）	2～5	6～8	9～11	≥12
允许厚度差	1	2	3	4

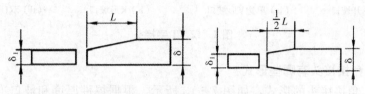

图 7-10 不同厚度板材的对接

18. 对接接头有哪些形式?

答: 对接接头是焊接结构中使用最多的一种接头形式。按照焊件厚度和坡口准备的不同，对接接头一般可分为卷边对接、不开坡口、V 形坡口、X 形坡口、单 U 形坡口和双 U 形坡口等形式（如图 7-11 所示）。

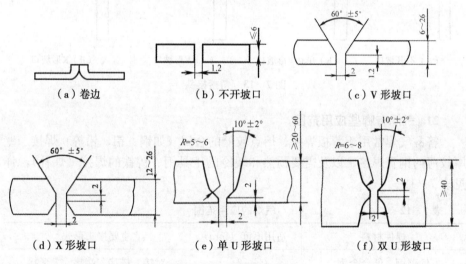

（a）卷边   （b）不开坡口   （c）V 形坡口

（d）X 形坡口   （e）单 U 形坡口   （f）双 U 形坡口

图 7-11 对接接头形式

19. T 接接头有哪些形式?

答: T 字接头的形式，如图 7-12 所示。这种接头形式应用范围比较广，在船体结构中，约 70% 的焊缝是采用这种接头形式。按照焊件厚度和坡口准备的不同，T 字接头可分为不开坡口、单边 V 形、K 形以及双 U 形四种形式。

当 T 字接头作为一般连接焊缝，并且钢板厚度在 20～30mm，可不必开坡口。若 T 字接头的焊缝，要求承受载荷时，则应按钢板厚度和对结构的强度要求，开适当的坡口，使接头焊透，以保证接头强度。

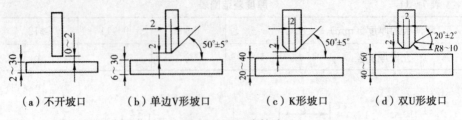

（a）不开坡口　　　（b）单边V形坡口　　　（c）K形坡口　　　（d）双U形坡口

图 7-12　T字接头

20. 角接接头有哪些形式？

答：角接接头的形式，如图 7-13 所示。根据焊件厚度和坡口准备的不同，角接接头可分为不开坡口、单边 V 形、V 形以及 K 形四种形式。

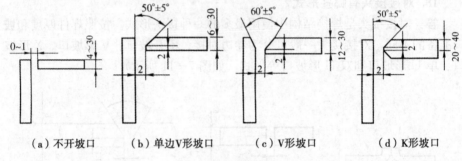

（a）不开坡口　　　（b）单边V形坡口　　　（c）V形坡口　　　（d）K形坡口

图 7-13　角接接头

21. 气焊有哪些应用范围？

答：气焊常用于薄板焊接、熔点较低的金属（如铜、铝、铅等）焊接、壁厚较薄的钢管焊接，以及需要预热和缓冷的工具钢、铸铁的焊接（焊补），详见表 7-12。

表 7-12　　　　　　　　　　　　气焊的应用范围

焊件材料	适用厚度（mm）	主要接头形式
低碳钢、低合金钢	≤2	对接、搭接、端接、T形接
铸铁	—	对接、堆焊、补焊
铝、铝合金、铜、黄铜、青铜	≤14	对接、端接、堆焊
硬质合金	—	堆焊
不锈钢	≤2	对接、端接、堆焊

22. 气焊焊接工艺的规范与选择是什么？

答：气焊焊接工艺的规范与选择见表 7-13。

表 7 - 13

参数		规范选择原则				
焊丝直径	焊件厚度（mm）	1.0～2.0	2.0～3.0	3.0～5.0	5.0～10	10～15
	焊丝直径（mm）	1.0～2.0	2.0～3.0	3.0～4.0	3.0～5.0	4.0～10
焊嘴与焊件夹角	焊嘴与焊件夹角根据焊件厚度、焊嘴大小、施焊位置来确定。焊接开始时夹角大些；接近结束时角度要小					
焊接速度	焊接速度随所用火焰强弱及操作熟练的程度而定，在保证焊件熔透的前提下，应尽量提高焊接速度					
焊嘴号码	根据焊接厚度和材料性质而定					

表 7 - 13 气焊焊接工艺的规范与选择

23. 气焊有哪些优点和缺点？

答：气焊的优点是火焰的温度比焊条电弧温度低，火焰对熔池的压力及对焊件的热输入量调节方便。焊丝和火焰各自独立，熔池的温度、形状，以及焊缝尺寸、焊缝背面成形等容易控制，同时便于观察熔池。在焊接过程中利用气体火焰对工件进行预热和缓冷，有利于焊缝成形，确保焊接质量。气焊设备简单，焊炬尺寸小，移动方便，便于无电源场合的焊接，适合焊接薄件及要求背面成形的焊接。

气焊的缺点是气焊温度低，加热缓慢，生产率不高，焊接变形较大，过热区较宽，焊接接头的显微组织较粗大，力学性能也较差。

氧-乙炔火焰的种类及各种金属材料气焊时所采用的火焰，见表 7 - 14、表 7 - 15。

表 7 - 14 氧-乙炔火焰的种类

种类	火焰形状	C_2/C_2H_2	特 点
还原焰		≈1	乙炔稍多，但不产生渗碳现象。最高温度 2930℃～3040℃
中性焰		1～1.2	氧与乙炔充分燃烧，没有氧或乙炔过剩。最高温度 3050℃～3150℃
碳化焰		<1	乙炔过剩，火焰中有游离状碳及过多的氢，焊低碳钢等，有渗碳现象。最高温度 2700℃～3000℃

续表

种类	火焰形状	C_2/C_2H_2	特　点
氧化焰		>1.2	氧过剩,火焰有氧化性,最高温度 3100℃～3300℃

注:还原焰也称"乙炔稍多的中性焰"。

表 7-15　　　　　各种金属材料气焊时所采用的火焰

焊接材料	火焰种类
低碳钢、中碳钢、不锈钢、铝及铝合金、铅、锡、灰铸铁、可锻铸铁	中性焰或乙炔稍多的中性焰
低碳钢、低合金钢、高铬钢、不锈钢、紫铜	中性焰
青铜	中性焰或氧稍多的轻微氧化焰
高碳钢、高速钢、硬质合金、蒙乃尔合金	碳化焰
纯镍、灰铸铁及可锻铸铁	碳化焰或乙炔稍多的中性焰
黄铜、锰铜、镀锌铁皮	氧化焰

24. 横焊位置用气焊是如何操作的?

　　答:焊缝倾角为 0°～5°、焊缝转角为 70°～90°的对接焊缝,或焊缝倾角为 0°～5°、焊缝转角为 30°～55°的角焊缝的焊接位置称为横焊位置,如图 7-14 所示。平板横对接焊由于金属熔池下淌,焊缝上边容易形成焊瘤或未熔等缺陷。横焊操作要点如下:

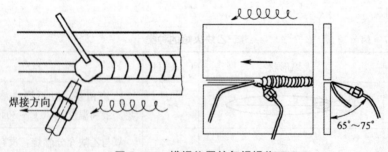

图 7-14　横焊位置的气焊操作

　　(1)选用较小的火焰能率(比立焊的稍小些)。适当控制熔池温度,既保证熔透,又不能使熔池金属因受热过度而下坠。

　　(2)操作时,焊炬向上倾斜,并与焊件保持 65°～75°,利用火焰的吹力来托住熔池金属,防止下淌,焊丝要始终浸在熔池中,并不断把熔化金属向上边

236

推去，焊丝做来回半圆形或斜环形摆动，并在摆动的过程中被焊接火焰加热熔化，以避免熔化金属堆积在熔池下面而形成咬边、焊瘤等缺陷。在焊接薄件时，焊嘴一般不做摆动；焊接较厚件时，焊嘴可做小的环行摆动。

（3）为防止火焰烧手，可将焊丝前端 50～100mm 处加热弯成＜90°（一般为 45°～60°），手持的一端宜垂直向下，见图 7 - 14 所示。

25. 立焊位置用气焊是如何操作的?

答：焊缝倾角在 80°～90°、焊缝转角在 0°～180° 的焊接位置称为立焊位置，焊缝处于立面上的竖直位置。立焊时熔池金属更容易下淌，焊缝成形困难，不易得到平整的焊缝。立焊的操作要点如下：

（1）立焊时，焊接火焰应向上倾斜，与焊件成 60° 夹角，并应少加焊丝，采用比平焊小 15% 左右的火焰能率进行焊接。焊接过程中，在液体金属即将下淌时，应立即把火焰向上提起，待熔池温度降低后，再继续进行焊接。一般为了避免熔池温度过高，可以把火焰较多地集中在焊丝上，同时增加焊接速度来保证焊接过程的正常进行。

（2）要严格控制熔池温度，不能使熔池面积过大，深度也不能过深，以防止熔池金属下淌。熔池应始终保持扁圆或椭圆形，不要形成尖形。焊炬沿焊接方向向上倾斜，借助火焰的气流吹力托住熔池金属，防止下淌。

（3）为方便操作，将焊丝弯成 120°～140° 以便于手持焊丝正确施焊。焊接时，焊炬不做横向摆动，只做单一上下跳动，给熔池一个加快冷却的机会，保证熔池受热适当，焊丝应在火焰气流范围内做环形运动，将熔滴有节奏地添加到熔池中。

（4）立焊 2mm 以下厚度的薄板，应加快焊速，使液体金属不等下淌就会凝固。不要使焊接火焰做上下的纵向摆动，可做小的横向摆动，以疏散熔池中间的热量，并把中间的液体金属带到两侧，以获得较好的成形。

（5）焊接 2～4mm 厚的工件可以不开坡口。为了保证熔透，应使火焰能率适当大些。焊接时，在起焊点应充分预热，形成熔池，并在熔池上熔化出一个直径相当于工件厚度的小孔，然后用火焰在小孔边缘加热熔化焊丝，填充圆孔下边的熔池，一面向上扩孔，一面填充焊丝完成焊接。

（6）焊接 5mm 以上厚度的工件应开坡口，最好也能先烧一个小孔，将钝边熔化掉，以便焊透。

平板的立焊一般采用自下而上的左焊法，焊炬、焊丝的相对位置如图 7 - 15 所示。

26. 仰焊位置用气焊是如何操作的?

答：焊缝倾角在 0°～15°、焊缝转角在 165°～180° 的对接焊缝，焊缝倾角在 0°～15°、焊缝转角在 115°～180° 的角焊缝的焊接位置称为仰焊位置。焊接火焰在工件下方，焊工需仰视工件方能进行焊接，平板对接仰焊操作如图 7 -

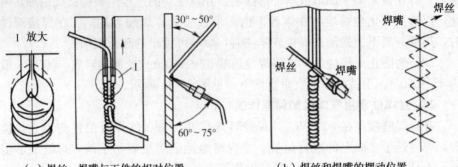

（a）焊丝、焊嘴与工件的相对位置 （b）焊丝和焊嘴的摆动位置

图 7-15 横焊位置气焊操作

16 所示。

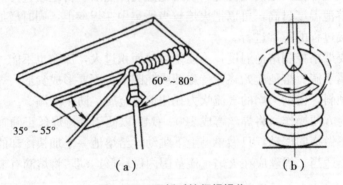

图 7-16 平板对接仰焊操作

　　仰焊由于熔池向下，熔化金属下坠，甚至滴落，劳动条件差，生产效率低，所以难以形成满意的熔池及理想的焊缝形状和焊接质量。仰焊一般用于焊接某些固定的焊件。仰焊操作要点如下：

　　（1）选择较小的火焰能率，所用焊炬的焊嘴较平焊时小一号。严格控制熔池温度、形状和大小，保持液态金属始终处于黏团状态。应采用较小直径的焊丝，以薄层堆敷上去。

　　（2）仰焊带坡口或较厚的焊件时，必须采取多层焊，防止因单层焊熔滴过大而下坠。

　　（3）对接接头仰焊时，焊嘴与焊件表面成 $60°\sim80°$，焊丝与焊件夹角 $35°\sim55°$。在焊接过程中焊嘴应不断做扁圆形横向摆动，焊丝做"之"字形运动，并始终浸在熔池中［如图 7-16（b）所示］，以疏散熔池的热量，让液体金属尽快凝固，可获得良好的焊缝成形。

　　（4）仰焊可采用左焊法，也可用右焊法。左焊法便于控制熔池和送入焊丝，操作方便，采用较多；右焊法焊丝的末端与火焰气流的压力能防止熔化金属下淌，使得焊缝成形较好。

（5）仰焊时应特别注意操作姿势，防止飞溅金属微粒和金属熔滴烫伤面部及身体，并应选择较轻便的焊炬和细软的橡胶管，以减轻焊工的劳动强度。

27. 平焊位置用气焊是如何操作的？

答：如图 7-17 所示为水平旋转的钢板平对接焊。焊缝倾角在 0°～5°、焊缝转角在 0°～10°的焊接位置称为平焊位置，在平焊位置进行的焊接即为平焊。水平放置的钢板平对接焊是气焊焊接操作的基础。平焊的操作要点如下：

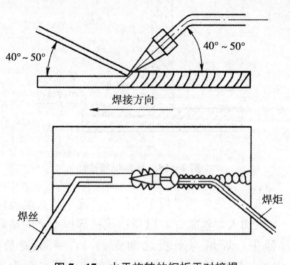

图 7-17　水平旋转的钢板平对接焊

（1）采用左焊法，焊炬的倾角 40°～50°，焊丝的倾角也是 40°～50°。

（2）焊接时，当焊接处加热至红色时，尚不能加入焊丝，必须待焊接处熔化并形成熔池时，才可加入焊丝。当焊丝端部黏在池边沿上时，不要用力拔焊丝，可用火焰加热黏住的地方，让焊丝自然脱离。如熔池凝固后还想继续施焊，应将原熔池周围重新加热，待熔化后再加入焊丝继续焊接。

（3）焊接过程中若出现烧穿现象，应迅速提起火焰或加快焊速，减小焊炬倾角，多加焊丝，待穿孔填满后再以较快的速度向前施焊。

（4）如发现熔池过小或不能形成熔池，焊丝熔滴不能与焊件熔合，而仅仅敷在焊件表面，表明热量不够，这是由于焊炬移动过快造成的。此时应降低焊接速度，增加焊炬倾角，待形成正常熔池后，再向前焊接。

（5）如果熔池不清晰且有气泡，出现火花、飞溅等现象，说明火焰性质不适合，应及时调节成中性焰后再施焊。

（6）如发现熔池内的液体金属被吹出，说明气体流量过大或焰芯离熔池太近，此时应立即调整火焰能率或使焰芯与熔池保持正确距离。

（7）焊接时除开头和收尾另有规范外，应保持均匀的焊接速度，不可忽快忽慢。对于较长的焊缝，一般应先做定位焊，再从中间开始向两边交替施焊。

28. 平角焊位置用气焊是如何操作的?

答: 平角焊焊缝倾角为 0°，将互相成一定角度（多为 90°）的两焊件焊接在一起的焊接方法称为平角焊。平角焊时，由于熔池金属的下淌，往往在立板处产生咬边和焊脚两边尺寸不等两种缺陷，如图 7-18 所示。平角焊操作要点如下:

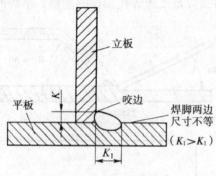

图 7-18 平角焊接缺陷

（1）起焊前预热，应先加热平板至暗红色再逐渐将火焰转向立板，待起焊处形成熔池后，方可加入焊丝施焊，以免造成根部焊不透的缺陷。

（2）焊接过程中，焊炬与平板之间保持 45°～50°夹角，与立板保持 20°～30°夹角，焊丝与焊炬夹角约为 100°，焊丝与立板夹角为 15°～20°，如图 7-19 所示。焊接过程中焊丝应始终浸入熔池，以防火焰对熔化金属加热过度，避免熔池金属下淌。操作时，焊炬做螺旋式摆动前进，可使焊脚尺寸相等。同时，应注意观察熔池，及时调节倾角和焊丝填充量，防止咬边。

（3）接近收尾时，应减小焊炬与平面之间的夹角，提高焊接速度，并适当增加焊丝填充量。收尾时，适当提高焊炬，并不断填充焊丝，熔池填满后，方可撤离焊炬。

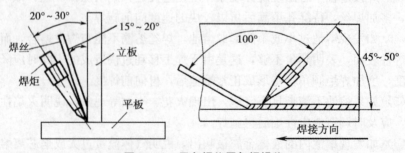

图 7-19 平角焊位置气焊操作

240

29. 气焊有哪些基本操作方法？

答：气焊基本操作方法如下：

（1）焊炬的操作方法。焊炬的操作方法见表7-16。

表 7-16   焊炬的操作方法

操作方法	说　　明
焊炬的握法	一般操作者多用左手拿焊丝，右手握住焊炬的手柄，将大拇指放在乙炔开关位置，由拇指向伸直方向推动乙炔开关，将食指拨动氧气开关，有时也可用拇指来协助打开氧气开关，这样可以随时调节气体的流量
火焰的点燃	先逆时针方向微开氧气开关放出氧气，再逆时针方向旋转乙炔开关放出乙炔，然后将焊嘴靠近火源点火，点火后应立即调整火焰，使火焰达到正常形状。开始练习时，可能出现连续的放炮声，原因是乙炔不纯，应放出不纯的乙炔，然后重新点火；有时会出现不易点燃的现象，多是因为氧气量过大，应重新微关氧气开关。点火时，拿火源的手不要正对焊嘴，也不要将焊嘴指向他人，以防烧伤
火焰的调节	开始点燃的火焰多为碳化焰，如要调成中性焰，则要逐渐增加氧气的供给量，直至火焰的内焰与外焰没有明显的界线时，即为中性焰。如果再继续增加氧气或减少乙炔，就得到氧化焰；若增加乙炔或减少氧气，即可得到碳化焰
火焰的熄灭	焊接工作结束或中途停止时，必须熄灭火焰。正确的熄灭方法是：先顺时针方向旋转乙炔阀门，直至关闭乙炔，再顺时针方向旋转氧气阀门关闭氧气，以避免出现黑烟和火焰倒袭。关闭阀门，不漏气即可，不要关得太紧，以防止磨损过快，降低焊炬的使用寿命
火焰的异常现象及消除方法	点火和焊接中如发生火焰异常现象，应立即找出原因，并采取有效措施加以排除，具体现象及消除方法见表7-17

表 7-17   火焰的异常现象及消除方法

异常现象	产生原因	消除方法
火焰熄灭或火焰强度不够	①乙炔管道内有水 ②回火保险器性能不良 ③压力调节器性能不良	①清理乙炔橡胶管，排除积水 ②把回火保险器的水位调整好 ③更换压力调节器

续表

异常现象	产生原因	消除方法
点火时有爆声	①混合气体未完全排除 ②乙炔压力过低 ③气体流量不足 ④焊嘴孔径扩大、变形 ⑤焊嘴堵塞	①排除焊炬内的空气 ②检查乙炔发生器 ③排除橡胶管中的水 ④更换焊嘴 ⑤清理焊嘴及射吸管积炭
脱水	乙炔压力过高	调整乙炔压力
焊接中产生爆声	①焊嘴过热，黏附脏物 ②气体压力未调好 ③焊嘴碰触焊缝	①熄灭后仅开氧气进行水冷，清理焊嘴 ②检查乙炔和氧气的压力是否恰当 ③使焊嘴与焊缝保持适当距离
氧气倒流	①焊嘴被堵塞 ②焊炬损坏无射吸力	①清理焊嘴 ②更换或修理焊炬
回火（有"嘘、嘘"声，焊炬把手发烫）	①焊嘴孔道污物堵塞 ②焊嘴孔道扩大、变形 ③焊嘴过热 ④乙炔供应不足 ⑤射吸力降低 ⑥焊嘴离工件太近	①关闭氧气，如果回火严重时，还要拔开乙炔胶管 ②关闭乙炔 ③水冷焊炬 ④检查乙炔系统 ⑤检查焊炬 ⑥使焊嘴与焊缝熔池保持适当距离

(2) 焊炬和焊丝的摆动。焊炬和焊丝的摆动方式与焊件厚度、金属性质、焊件所处的空间位置及焊缝尺寸等有关。焊炬和焊丝的摆动应包括三个方向的动作：

第一个动作：沿焊接方向移动，不间断地熔化焊件和焊丝，形成焊缝。

第二个动作：焊炬沿焊缝做横向摆动，使焊缝边缘得到火焰的加热，并很好地熔透，同时借助火焰气体的冲击力把液体金属搅拌均匀，使熔渣浮起从而获得良好的焊缝成形，同时，还可避免焊缝金属过热或烧穿。

第三个动作：焊丝在垂直于焊缝的方向送进并做上下移动。如在熔池中发现有氧化物和气体时，可用焊丝不断地搅动金属熔池，使氧化物浮出或排出气体。

平焊时常见的焊炬和焊丝的摆动方法如图 7-20 所示。

(3) 焊接方向。气焊时，按照焊炬和焊丝的移动方向，可分为右向焊法和左向焊法两种，如图 7-21 所示。

①右向焊法：如图 7-21 (a) 所示，焊炬指向焊缝，焊接过程从左向右，

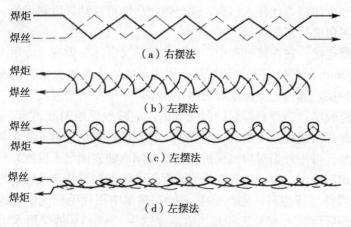

图 7 – 20　焊炬和焊丝的摆动方法

焊炬在焊丝面前移动。焊炬火焰直接指向熔池，并遮盖整个熔池，使周围空气与熔池隔离，所以能防止焊缝金属的氧化和减少产生气孔的可能性，同时还能使焊好的焊缝缓慢地冷却，改善了焊缝组织。由于焰芯距熔池较近，火焰受焊缝的阻挡，火焰的热量较集中，热量的利用率也较高，使熔深增加，并提高生产效率。所以右向焊法适合焊接厚度较大以及熔点和热导率较高的焊件。右向焊法不易掌握，故一般较少采用。

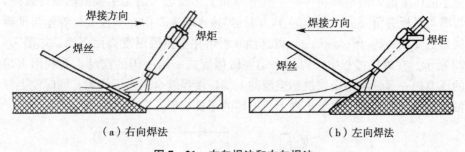

图 7 – 21　右向焊法和右向焊法

②左向焊法：如图 7 – 21（b）所示，焊炬指向焊件未焊部分，焊接过程自右向左，而且焊炬是跟着焊丝走。由于左向焊法火焰指向焊件未焊部分，对金属有预热作用，因此，焊接薄板时生产效率很高，这种方法操作简便，容易掌握，是普遍应用的方法。左向焊法的缺点是焊缝易氧化，冷却较快，热量利用率低，故适用于薄板的焊接。

（4）焊缝的起头、连接和收尾：

①焊缝的起头：由于刚开始焊接，焊件起头的温度低，焊炬的倾斜角应大些，对焊件进行预热并使火焰往复移动，保证起焊处加热均匀，一边加热一边观察熔池的形成，待焊件表面开始发红时将焊丝端部置于火焰中进行预热，一

且形成熔池立即将焊丝伸入熔池，焊丝熔化后即可移动焊炬和焊丝，并相应减少焊炬倾斜角进行正常焊接。

②焊缝连接：在焊接过程中，因中途停顿又继续施焊时，应用火焰把连接部位 5～10mm 的焊缝重新加热熔化，形成新的熔池再加少量焊丝或不加焊丝重新开始焊接，连接处应保证焊透和焊缝整体平整及圆滑过渡。

③焊缝收尾：当焊到焊缝的收尾处时，应减少焊炬的倾斜角，防止烧穿，同时要增加焊接速度并多添加一些焊丝，直到填满为止。为了防止氧气和氮气等进入熔池，可用外焰对熔池保护一定的时间（如表面已不发红）后再移开。

（5）焊后处理。焊后残存在焊缝及附近的熔剂和焊渣要及时清理干净，否则会腐蚀焊件。清理时，先在 60℃～80℃ 热水中用硬毛刷洗刷焊接接头，重要构件洗刷后再放入 60℃～80℃、质量分数为 2％～3％ 的铬酐水溶液中浸泡 5～10min，然后再用硬毛刷仔细洗刷，最后用热水冲洗干净。清理后若焊接接头表面无白色附着物即可认为合格，或用质量分数为 2％硝酸银溶液滴在焊接接头上，若没有产生白色沉淀物，即说明清洗干净。

铸造合金补焊后为消除内应力，可进行 300℃～350℃ 退火处理。

30. 如何用气焊焊接 T 形接头和搭接接头？

答：T 形接头和搭接接头的气焊操作形式如下：

（1）T 形接头和搭接接头平焊操作：它近似对接接头的横焊，主要特点是由于液体下流，而造成角焊缝上薄下厚和上部咬边。因为平板散热条件较好，焊嘴与平板夹角要大一些（60°），而且焊接火焰主要指在平板上。焊丝与平板夹角更要大一些（70°～75°），以遮挡立板熔化金属因温度高而下淌，如图 7-22 所示。在焊接过程中，焊接火焰要做螺旋式一闪一闪的摆动，并利用火焰的压力把一部分液体金属挑到熔池的上部，使焊缝金属上下均匀，同时使上部液体金属早些凝固，避免出现上薄下厚的不良成形。

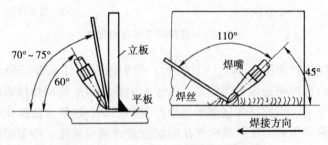

图 7-22　焊嘴和焊丝与工件的相对位置

（2）T 形接头和搭接接头立焊操作：这种接头除按平焊掌握焊嘴和焊丝与工件的夹角外，还兼有立焊的特点。焊嘴与水平成 15°～30°夹角，火焰往上斜，焊嘴和焊丝还要做横向摆动，以疏散熔池中部的热量和液体金属，避免中部高、两边薄的不良成形。T形接头和搭接接头的立焊如图 7 - 23 所示。

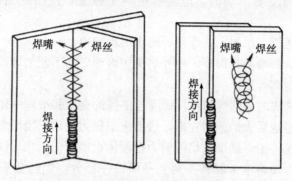

图 7 - 23　T形接头和搭接接头的立焊

（3）T形接头的立角焊操作：如图 7 - 24 所示为 T 形接头的立角焊操作示意图，自下而上焊接操作要点如下：

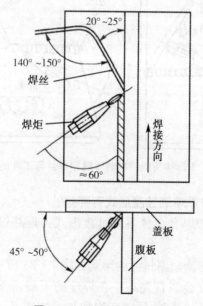

图 7 - 24　T 形接头的立角焊

①起焊时用火焰交替加热起焊处的腹板和盖板，待形成熔池开始添加焊丝，抬起焊炬，让起焊点的熔池凝固之后才可以向前施焊。

②焊接过程中，焊炬向上倾斜，与焊件成 60°左右的夹角并与盖板成 45°～50°角，焊丝与焊件成 20°～25°角。为方便执持焊丝，可将焊丝弯折成 140°～150°。

③焊接过程中，焊炬和焊丝做交叉的横向摆动，避免产生中间高两侧低的

焊缝。

④熔池金属将要下淌时，应将焊炬向上挑起，待熔池温度降低后继续焊接。

⑤在熔池两侧多添加一些焊丝，防止出现咬边。

⑥收尾时，稍微抬起焊炬，用外焰保护熔池，并不断加焊丝，直至收尾处熔池填满方可撤离焊炬。

（4）T形接头的侧仰焊操作：焊嘴与工件的夹角和平焊一样，但焊接火焰向上斜，形成熔池后火焰偏向立面，借助火焰压力托住三角形焊缝熔池。焊嘴沿焊缝方向一扎一抬，借助火焰喷射力把液体金属引向三角形顶角中去，焊嘴还要上下摆动，使熔池金属被挤到上平面去一部分，焊丝端头应放在熔池上部，并向上平面拨引液体金属，所以焊接火焰总的运动就成了平行熔池的螺旋式运动。焊嘴和焊丝与工件的相对位置如图 7-25 所示。

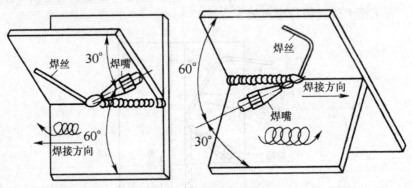

图 7-25　T形接头侧仰焊时焊嘴和焊丝与工件的相对位置

31. CO₂ 气体保护焊熔滴过渡形式有哪些？

答：CO_2 气体保护焊有 3 种溶滴过渡形式：短路过渡、滴状过渡及射流过渡。

（1）短路过渡。熔滴短路过渡的形式如图 7-26 所示。在较小焊接电流和较低电弧电压下，熔化金属首先集中在焊丝的下端，并开始形成熔滴［如图 7-26（a）所示］。然后熔滴的颈部变细加长［如图 7-26（b）所示］，这时颈部的电流密度增大，促使熔滴的颈部继续向下伸延。当熔滴与熔池接触时发生短路［如图 7-26（c）所示］时，电弧熄灭，这时短路电流迅速上升，随着短路电流的增加，在电磁压缩力和熔池表面张力的作用下，使熔滴的颈部变得更细。当短路电流增大到一定数值后，部分缩颈金属迅速汽化，缩颈即爆断，熔滴全部进入熔池。同时，电流电压很快回复到引燃电压，于是电弧又重新点燃，焊丝末端又重新形成熔滴［如图 7-26（d）所示］，重复下一个周期的过程。短路过渡时，在其他条件不变的情况下，熔滴质量和过渡周期主要取决于电弧长度。随着电弧长度（电弧电压）的增加，熔滴质量和过渡周期增大。如果电弧长度不变，增加电流，则过渡频率增高，熔滴变细。

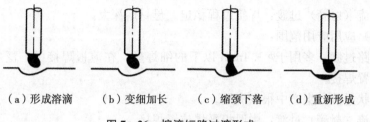

（a）形成溶滴　　（b）变细加长　　（c）缩颈下落　　（d）重新形成

图 7-26　熔滴短路过渡形式

（2）滴状过渡。当电弧长度超过一定值时，熔滴依靠表面张力的作用，可以保持在焊丝端部上自由长大。当促使熔滴下落的力大于表画张力时，熔滴就离开焊丝落到熔池中，而不发生短路，如图 7-27 所示。这种过渡形式又可分为大滴状过渡和细滴状过渡。细滴状过渡的熔滴尺寸和过渡参数主要取决于焊接电流，而电压的影响则相对减小。

（3）射流（射滴）过渡。射滴过渡和射流过渡形式如图 7-28 所示。射滴过渡时，过渡熔滴的直径与焊丝直径相近，并沿焊丝轴线方向过渡到熔池中，这时的电弧呈钟罩形，焊丝端部熔滴大部分或全部被弧根所笼罩。射流过渡在一定条件下形成，其焊丝端部的液态金属呈"铅笔尖"状，细小的熔滴从焊丝尖端一个接一个地向熔池过渡。射流过渡的速度极快，脱离焊丝端部的熔滴加速度可达到重力加速度的几十倍。射滴过渡和射流过渡形式具有电弧稳定，没有飞溅，电弧熔深大，焊缝成形好，生产效率高等优点，因此适用粗丝气体保护焊。如果获得射流（射滴）过渡以后继续增加电流到某一值时，则熔滴作高速螺旋运动，叫做旋转喷射过渡。

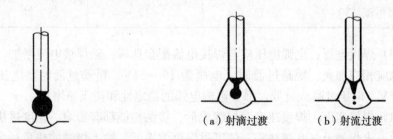

（a）射滴过渡　　　（b）射流过渡

图 7-27　熔滴滴状过渡　　　　图 7-28　熔滴射滴过渡与射流过渡

32. CO_2 气体保护焊 3 种熔滴过渡形式的特点及应用范围有哪些？

答：（1）特点：

短路过渡：电弧燃烧、熄灭和熔滴过渡过程稳定，飞溅小，焊缝质量较高。

滴状过渡：焊接电弧长，熔滴过渡轴向性差，飞溅严重，工艺过程不稳定。

射流（射滴）过渡：焊接过程稳定，母材熔深大。

（2）应用应用范围：

短路过渡：多用于ϕ1.4mm以下的细焊丝，在薄板焊接中广泛应用，适合全位置焊接。

滴状过渡：生产中很少应用。

射流（射滴）过渡：中厚板平焊位置焊接。

33. 如何选用 CO_2 气体保护焊焊接参数？

答：CO_2 气体保护焊的主要焊接参数有：焊接电流、电弧电压、焊接速度、焊丝直径、焊丝伸出长度和气体流量等。焊工应根据施焊时的实际情况、飞溅的大小及焊缝的外观成形，来分板判断所选定的焊接参数是否正确，并加以适当的调整。

（1）短路电流：短路过渡采用细焊丝，常用焊丝直径为 0.6～1.2mm，随着焊丝直径增大，飞溅颗粒都相应增大。

（2）焊接电流：CO_2 气体保护焊时，如果焊接电流过小，则熔滴粗大，熔深浅，电弧稳定性差；若焊接电流过大，则焊接过程不稳定，熔深来不及过渡，致使焊丝插入熔池，并形成大颗粒的飞溅。CO_2 气体保护焊采用短路过渡形式时，焊接参数的选用见表 7－18。

表 7－18 焊接参数的选用

焊丝直径（mm）	0.8	1.2	1.6
焊接电流（A）	100～110	120～135	140～180
电弧电压（V）	18	19	20

（3）焊接电压：电弧电压应与焊接电流配合选择。随焊接电流增加，电弧电压也应相应加大。短路过渡时，电压为 16～24V。粗滴过渡时，电压应为 25～45V。电压过高或过低，都会影响电弧的稳定性和使飞溅增加。

（4）焊接速度：焊接速度对焊缝成形、接头性能都有影响。速度过快会引起咬边、未焊透及气孔等缺陷。速度过慢则效率低，输入焊缝的热量过多，接头晶粒粗大，变形大，焊缝成形差。一般半自动焊速度为 15～40m/h。

（5）焊丝直径：焊丝直径分细丝和粗丝两大类。半自动 CO_2 气体保护焊多用直径 0.4～1.6mm 的细丝；自动 CO_2 气体保护焊多用直径 1.6～5mm 的粗丝。焊丝直径大小根据焊件的厚度和施焊位置进行选择，见表 7－19。

表 7-19 焊丝直径大小的选择

焊丝直径（mm）	熔滴过渡形式	可焊板厚（mm）	焊缝位置
0.5～0.8	短路过渡	0.4～3.2	全位置
	射滴过渡	2.5～4	水 平
1.0～1.4	短路过渡	2～8	全位置
	射滴过渡	2～12	水 平
1.6	短路过渡	3～12	全位置
	射滴过渡	>8	水 平
2.0～5.0	射滴过渡	>10	水 平

（6）焊丝伸出长度：焊丝伸出长度应为焊丝直径的 10～20 倍。伸出长度过大，焊丝会成段熔断，飞溅严重，气体保护效果差；过小，不但易造成飞溅物堵塞喷嘴，影响保护效果，还会影响焊工视线。

（7）气体流量及纯度：气体流量小，电弧不稳定，焊缝表面成深褐色，并有密集网状小孔；气体流量过大，会产生不规则湍流，焊缝表面呈浅褐色，局部出现气孔；适中的气体流量，电弧燃烧稳定，保护效果好，焊缝表面无氧化色。通常焊接电流在 200A 以下时，气体流量选用 10～15L/min；焊接电流大于 200A 时，气体流量选用 15～25L/min；CO_2 气体保护焊气体纯度不得低于 99.5%。

对接接头半自动、自动 CO_2 气体保护焊焊接参数的选用见表 7-20。

表 7-20 对接接头半自动、自动 CO_2 气体保护焊焊接参数的选用

焊件厚度（mm）	坡口形式	焊接位置	有无垫板	焊丝直径（mm）	坡口或坡口面角度（°）	根部间隙（mm）	钝边（mm）	根部半径（mm）	焊接电流	电弧电压	气体流量（L/min）	自动焊焊接速度（m/h）	极性
1.0～2.0	I	平	无	0.5～1.2	—	0～0.5	—	—	35～120	17～21	6～12	18～35	直流反接
			有	0.5～1.2	—	0～1.0	—	—	40～150	18～23	6～12	18～30	
		立	无	0.5～0.8	—	0～0.5	—	—	35～100	16～19	8～15	—	
			有	0.5～1.0	—	0～1.0	—	—	35～100	16～19	8～15	—	
2.0～4.5	I		无	0.8～1.2	—	0～2.0	—	—	100～230	20～26	10～15	20～30	
			有	0.8～1.6	—	0～2.5	—	—	120～260	21～27	10～15	20～30	
			无	0.8～1.0	—	0～1.5	—	—	70～120	17～20	10～15	—	
			有	0.8～1.0	—	0～2.0	—	—	70～120	17～20	10～15	—	

焊件厚度(mm)	坡口形式	焊接位置	有无垫板	焊丝直径(mm)	坡口或坡口面角度(°)	根部间隙(mm)	钝边(mm)	根部半径(mm)	焊接电流	电弧电压	气体流量(L/min)	自动焊焊接速度(m/h)	极性
10~12	I	平	无	1.2~1.6	—	1.0~2.0	—	—	200~400	23~40	15~20	20~42	
			有	1.2~1.6	—	1.0~3.0	—	—	250~420	26~41	15~25	18~35	
5~60	I	平	无	1.6	—	1.0~2.0	—	—	350~450	32~43	20~45	20~42	
	Y	平	无	1.2~1.6	45~60	0~2.0	0~5.0	—	200~450	23~43	15~25	20~42	
			有	1.2~1.6	30~50	4.0~7.0	0~3.0	—	250~450	26~43	20~45	18~35	
		立	无	0.8~1.2	45~60	0~2.0	0~5.0	—	100~150	17~21	10~15	—	直
			有	0.8~1.2	35~50	4.0~7.0	0~3.0	—	100~150	17~21	10~15	—	
		横	无	1.2~1.6	40~50	0~2.0	0~5.0	—	200~400	23~40	15~25	—	流
			有	1.2~1.6	30~50	4.0~7.0	0~3.0	—	250~400	26~40	20~45	—	
		平	无	1.2~1.6	45~60	0~2.0	0~5.0	—	200~450	23~43	15~25	20~42	反
			有	1.2~1.6	35~60	2~6.0	0~3.0	—	250~450	26~43	20~45	18~35	
		立	无	0.8~1.2	45~60	0~2.0	0~5.0	—	100~150	17~21	10~15	—	接
			有	0.8~1.2	35~60	3.0~7.0	0~2.0	—	100~150	17~21	10~15	—	
10~100	K	平	无	1.2~1.6	40~60	0~2.0	0~3.0	—	200~450	23~43	15~25	20~42	
		立	无	0.8~1.2	45~60	0~2.0	0~3.0	—	100~150	17~21	10~15	—	
		横	无	1.2~1.6	45~60	0~2.0	0~5.0	—	200~400	23~40	15~25	—	
20~60	双V	平	无	1.2~1.6	45~60	0~2.0	0~3.0	—	200~450	23~43	20~25	20~42	
		立	无	1.0~1.2	45~60	0~2.0	0~3.0	—	100~150	19~21	10~15	—	
40~100	U	平	无	1.2~1.6	10~12	0~2.0	2.0~5.0	8.0~10	200~450	23~43	20~25	20~42	
	双U	平	无	1.2~1.6	10~12	0~2.0	2.0~5.0	8.0~10	200~450	23~43	20~25	20~42	

34. CO_2 气体保护焊焊枪操作的基本要领有哪些?

答:(1)焊枪开关的操作:所有准备工作完成以后,焊工按合适的姿势准备操作。首先按下焊枪开关,此时整个焊机开始动作,即送气、送丝和供电,接着就可以引弧,开始焊接。焊接结束时,释放焊枪开关,随后就停丝、停电和停气。

(2)喷嘴与焊件间的距离:距离过大时保护不良,容易在焊缝中产生气孔。喷嘴高度与产生气孔的关系见表7-21。从表7-21中可知,当喷嘴高度超过30mm时,焊缝中将产生气孔。但喷嘴高度过小时,喷嘴易黏附飞溅物并且妨碍焊工的视线,使焊工操作时难以观察焊缝。因此操作时,如焊接电流加大,为减少飞溅物的黏附,应适当提高喷嘴高度。不同焊接电流时喷嘴高度的选用见表 7 - 22。

表 7 - 21　　　　　　　　喷嘴高度与产生气孔的关系

喷嘴高度 (mm)	气体流量 (L/min)	外部气孔	内部气孔	喷嘴高度 (mm)	气体流量 (L/min)	外部气孔	内部气孔
10	20	无	无	40	20	少量	较多
20		无	无	50		较多	很多
30		微量	少量	—		—	—

表 7 - 22　　　　　　　　不同焊接电流时喷嘴高度的选用

焊丝直径 (mm)	焊接电流 (A)	气体流量 (L/min)	喷嘴高度 (mm)	焊丝直径 (mm)	焊接电流 (A)	气体流量 (L/min)	喷嘴高度 (mm)
1.2	100	15~20	10~15	1.6	300	20	20
	200	20	15		350	20	20
	300	20	20~25		400	20~25	20~25

　　(3) 焊枪的指向位置:根据焊枪在施焊过程中的指向位置,CO_2 气体保护焊有两种操作方法:焊枪自右向左移动时,称为左焊法;焊枪自左向右移动时,称为右焊法。

　　左焊法操作时焊工易观察焊接方向,熔池在电弧力的作用下,熔化金属被吹向前方,使电弧不能直接作用在母材上,因此熔深较浅,焊道平坦且变宽,飞溅较大,但保护效果好。

　　右焊法操作时,熔池被电弧力吹向后方,因此电弧能直接作用到母材上,熔深较大,焊道变得窄而高,飞溅略小。

　　左焊法和右焊法时焊枪角度的选择如图 7 - 29 所示。左焊法和右焊法在各种焊接接头上的应用见表 7 - 23。

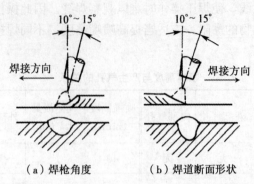

（a）焊枪角度　　　　（b）焊道断面形状

图 7‑29　左焊法和右焊法时焊枪角度的选择

表 7‑23　　　　　　左焊法和右焊法在各种焊接接头上的应用

接头形状	左焊法	右焊法
薄板焊接 （板厚 0.8～4.5mm）	①可得到稳定的背面成形 ②焊缝余高小、变宽③b大时作摆动能容易焊接线	①易烧穿，不易得到稳定的背面焊道 ②焊道高而窄 ③b大时不易焊接
中厚板的双面成形焊接	①可得到稳定的背面成形 ②b大时作摆动，根部能焊好	①易烧穿 ②不易得到稳定的背面焊道 ③b大时立即烧穿
平角焊缝，焊脚尺寸在 8mm 以下	①因容易看到焊接线，能准确地瞄准焊缝 ②周围易敷着细小的飞溅	①不易看到焊接线，但能看到余高；余高易呈圆弧状 ②基本上无飞溅 ③根部熔深大
船形焊焊脚尺寸在 10mm 以上	①余高呈凹形 ②熔化金属向焊枪前流动，焊趾部位易产生咬边	①余高平滑 ②不易产生咬边 ③根部熔深大

续表

接头形状	左 焊 法	右 焊 法
Y形坡口对接焊	①根部熔深浅（易发生未焊透） ②焊枪摆动时易产生咬边	①容易看到余高 ②熔化金属不往前跑 ③焊缝宽度、余高容易控制
I形、Y形坡口横焊 b≥0	①容易看清焊接线 ②b 大时也能防止烧穿，焊道整齐	①电弧熔深大，易烧穿，飞溅少 ②焊道成形不良，窄而高 ③熔宽及余高不易控制 ④易生成焊瘤
高速度焊接 （平、立、横焊等）	可利用焊枪倾角的大小来防止飞溅	①容易产生咬边 ②易产生沟状连续咬边 ③焊道窄而高

（4）焊枪的倾角。焊枪倾角的大小，对焊缝外表成形及缺陷影响很大。平板对接焊时，焊枪对垂直轴的倾角应为 $10°\sim15°$，见图 7 - 29 所示。平角焊时，当使用 250A 以下的小电流焊接，要求焊脚尺寸为 5mm 以下，此时焊枪与垂直板的倾角为 $40°\sim50°$，并指向尖角处 [如图 7 - 30（a）所示]。当使用 250A 以上的大电流焊接时，要求焊脚尺寸为 5mm 以上，此时焊枪与垂直板的倾角应为 $35°\sim45°$，并指向水平板上距尖角 $1\sim2$mm 处 [如图 7 - 30（b）所示]。准确掌握焊枪倾角的大小，能保持良好的焊缝成形，否则，容易在焊缝表面产生缺陷。例如，当焊枪的指向偏向于垂直板时，垂直板上将会产生咬边，而水平板上易形成焊瘤（如图 7 - 31 所示）。

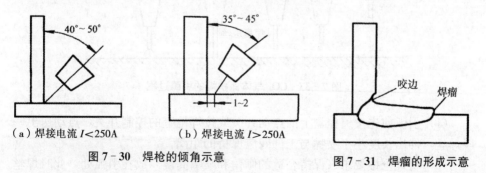

（a）焊接电流 $I<250A$ 　　（b）焊接电流 $I>250A$

图 7 - 30　焊枪的倾角示意　　　　图 7 - 31　焊瘤的形成示意

（5）焊枪的移动方向及操作姿势。为了焊出外表均匀美观的焊道，焊枪移动时应严格保持既定的焊枪倾角和喷嘴高度（如图 7 - 32）。同时还要注意焊枪的移动速度要保持均匀，移动过程中焊枪应始终对准坡口的中心线。半自动CO_2气体保护焊时，因焊枪上接有焊接电缆、控制电缆、气管、水管和送丝软管等，所以焊枪的重量较大，焊工操作时很容易疲劳，时间一长就难以掌握焊枪，影响焊接质量。为此，焊工操作时，应尽量利用肩部、脚部等身体可利用的部位，以减轻手臂的负荷。

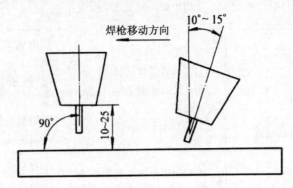

图 7 - 32　焊枪移动方向示意

35. CO_2 气体保护焊是如何引弧的？

答：CO_2气体保护焊通常采用短路接触法引弧。由于平特性弧焊电源的空载电压低，又是光焊丝，在引弧时，电弧稳定燃烧点不易建立，使引弧变得比较困难，往往造成焊丝成段地爆断，所以引弧前要把焊丝伸出长度调好。如果焊丝端部有粗大的球形头，应用钳子剪掉。引弧前要选好适当的引弧位置，起弧后要灵活掌握焊接速度，以避免焊缝始段出现熔化不良和使焊缝堆得过高的现象。CO_2气体保护焊的引弧过程如图 7 - 33 所示，具体操作步骤如下：

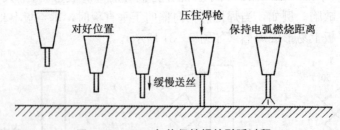

图 7 - 33　CO_2 气体保护焊的引弧过程

（1）引弧前先按遥控盒上的点动开关或按焊枪上的控制开关，点动送出一段焊丝，伸出长度小于喷嘴与工件间应保持的距离。

（2）将焊枪按要求（保持合适的倾角和喷嘴高度）放在引弧处，此时焊丝端部与工件未接触。喷嘴高度由焊接电流决定。若操作不熟练时，最好双手持枪。

（3）按焊枪上的控制开关，焊机自动提前送气，延时接通电源，保持高电压。当焊丝碰撞工件短路后，自动引燃电弧。短路时，焊枪有自动顶起的倾向，引弧时要稍用力下压焊枪，防止因焊枪抬高，电弧太长而熄火。

36. CO_2 气体保护焊焊枪的摆动形式及应用有哪些？

答： 为控制焊缝的宽度和保证熔合质景，CO_2 气体保护焊施焊时也要像焊条电弧焊那样，焊枪要做横向摆动。通常，为了减小热输入、热影响区，减小变形，不应采用大的横向摆动来获得宽焊缝，应采用多层多道焊来焊接厚板。焊枪的主要摆动形式及应用范围见表 7-24。

表 7-24　　　　　　　　　焊枪的摆动形式及应用范围

摆动形式	应用范围及要点
⟵	薄板及中厚板打底焊道
⟷⟷⟷⟷	薄板概况有间隙，坡口有钢垫板时
⋀⋁⋀⋁⋀⋁	坡口小时及中厚板打底焊道，在坡口两侧需停留 0.5s 左右
⋀⋁⋀⋁⋀⋁	厚板焊接时的第二层以后横向摆动，在坡口两侧需停留 0.5s 左右
ℓℓℓℓℓ	多层焊时的第一层
⟨⟨⟨⟨⟨⟨⟨	坡口大时，在坡口两侧需停留 0.5s 左右

37. CO_2 气体保护焊时，是怎样收弧的？

答： CO_2 气体保护焊机有弧坑控制电路，焊枪在收弧处停止前时，同时接通此电路，焊接电流与电弧电压自动变小，待熔池填满时断电。如果焊机没有弧坑控制电路，或因焊接电流小没有使用弧坑控制电路时，在收弧处焊枪停止前时，并在熔池未凝固时，反复断弧、引弧几次，直至弧坑填满为止。操作时动作要快，如果熔池已凝固才引弧，则可能产生未熔合及气孔等缺陷；收弧时应在弧坑处稍作停留，然后慢慢抬起焊枪，这样就可以使熔滴金属填满弧坑，并使熔池金属在未凝固前仍受到气体的保护。若收弧过快，容易在弧坑处产生裂纹和气孔。

38. CO_2 气体保护焊时，焊缝的始端、弧坑及接头应如何处理？

答： 无论是短焊缝还是长焊缝，都有引弧、收弧（产生弧坑）和接头连接的问题。实际操作过程中，这些地方又往往是最容易出现缺陷之处，所以应给予特殊处理。

(1) 焊缝始端处理。焊接开始时，焊件温度较低，因此焊缝熔深就较浅，严重时会引起母材和焊缝金属熔合不良。为此，必须采取相应的工艺措施：

①使用引弧板：在焊件始端加焊一块引弧板，在引弧板上引弧后再向焊件方向施焊，将引弧时容易出现缺陷的部位留在引弧板上［如图 7 - 34（a）所示］。这种方法常用于重要焊件的焊接。

②倒退焊接法：在始焊点倒退焊接 15～20mm，然后快速返回按预定方向施焊［如图 7 - 34（b）所示］。这种方法适用性较广。

③环焊缝的始端处理：环焊缝的始端与收弧端更重叠，为了保证重叠处焊缝熔透均匀和表面圆滑，在始焊处应以较快的速度焊一条窄焊缝，最后在重叠时再形成所需要的焊缝尺寸，始焊处的窄焊道长 15～20mm［如图 7 - 34（c）所示］。

（a）使用引弧板法　　　　（b）倒退焊接法　　　　（c）环焊缝的始端处理

图 7 - 34　焊缝始端处理示意

(2) 弧坑处理。焊缝末尾的弧坑处残留的凹坑，由于熔化金属厚度不足，容易产生裂纹和缩孔等缺陷。根据施焊时所用焊接电流的大小，CO_2 气体保护焊时可能产生两种类型的弧坑（如图 7 - 35 所示）。其中图 7 - 35（a）所示为小焊接电流、短路过渡时的弧坑形状，弧坑比较平坦；图 7 - 35（b）所示为大焊接电流、喷射过渡时的弧坑形状，弧坑较大且凹坑较深，这种弧坑危害较大，往往需要加以处理。处理弧坑的措施有两种：一种是使用带有弧坑处理装置的焊机，收弧时，弧坑处的焊接电流会自动地减少到正常焊接电流的 $60\%～70\%$，同时电弧电压也相应降低到匹配的合适值，将弧坑填平；另一种是使用无弧坑处理装置的焊机，这时采用多次断续引弧填充弧坑的方式，直至填平为止（如图 7 - 36 所示）。此外，在可采用引弧板的情况下，也可以在收弧处加引出板，将弧坑引出焊件。

(3) 焊缝连接。长焊缝是由短焊缝连接而成的，连接处接头的好坏将对焊缝质量的影响较大。接头的处理如图 7 - 37 所示。直线焊道连接的方式是：在弧坑前方 10～20mm 处引弧，然后将电弧引向弧坑，到达弧坑中心时，待熔化金属与原焊缝相连后，再将电弧引向前方，进行正常操作［如图 7 - 37（a）所示］。摆动焊道连接的方式是：在弧坑前方 10～20mm 处引弧，然后以直线方式将电弧引向接头处，从接头中心开始摆动，在向前移动的同时，逐渐加大

256

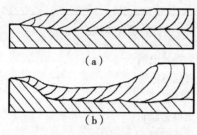

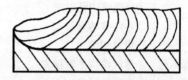

图 7-35 弧坑处理示意   图 7-36 断续引弧填充弧坑的方式

摆幅，转入正常焊接［如图 7-37（b）所示］。

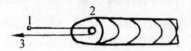

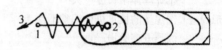

（a）直线焊道连接时   （b）摆动焊道连接时

图 7-37 焊道连接接头的处理

39. CO_2 气体保护焊常见缺陷及原因是什么？

答：CO_2 气体保护焊常见缺陷、原因及预防措施见表 7-25。

表 7-25 CO_2 气体保护焊常见缺陷、原因及预防措施

缺陷名称	产生原因	防止措施
气孔	①焊丝或焊件有油、锈和水 ②CO_2 气体纯度不良 ③气体减压阀冻结，不能供气 ④喷嘴被飞溅物堵塞 ⑤输气管路堵塞 ⑥有风	①仔细脱脂、除锈和水 ②更换气体或采取脱水措施 ③串接预热器 ④清除附着在喷嘴内壁的飞溅物 ⑤检查气路有无堵塞和弯折处 ⑥采用挡风措施
裂纹	①焊丝或焊件有油、锈和漆 ②焊缝中 C、S 含量高，Mn 含量低 ③多层焊第一道焊缝过薄 ④熔深过大	①仔细脱脂、除锈和漆 ②调整焊丝、焊件 ③增加焊道厚度 ④调整焊接参数
飞溅	①电感量过大或过小 ②电弧电压太高 ③导电嘴磨损严重 ④送丝不均匀 ⑤焊丝与焊件表面清理不良	①仔细调整 ②调节电弧电压 ③更换新导电嘴 ④检查送丝轮和送丝软管 ⑤仔细清理

续表

缺陷名称	产生原因	防止措施
电弧不稳	①导电嘴内孔过大 ②导电嘴磨损过大 ③焊丝纠结 ④送丝轮构槽磨耗太大 ⑤送丝轮压紧力不合适 ⑥焊机输出电压不稳定 ⑦送丝软管阻力大	①更换导电嘴 ②更换导电嘴 ③仔细解开 ④更换送丝轮 ⑤重新调整 ⑥检查整流元件和电缆接头 ⑦矫正弯曲，清理弹簧软管
蛇形焊道	①焊丝伸出长度过大 ②焊丝的校正机构调整不良 ③导电嘴磨损严重	①减少焊丝伸出长度 ②重新调整 ③更换新导电嘴

CO_2 气体保护焊的突出缺陷是飞溅较大，严重的飞溅不但恶化了工作环境，而且使焊件表面黏附大量飞溅物和堵塞喷嘴。当飞溅物颗粒较大时，黏附在焊件表面很难去除，对于焊后表面要求高的焊件十分不利。另一方面，喷嘴堵塞将破坏 CO_2 气体的保护效果。为了消除飞溅的影响，操作时可以使用飞溅防黏剂和焊接喷嘴防堵剂。飞溅防黏剂的型号为 S-1，这是一种水质溶液，焊前涂抹在接缝两侧 100~150mm 范围内。焊接时，大多数飞溅物都黏不上，能自动滚落下去，个别飞溅物虽残留在焊件上，但很容易被清除。S-1飞溅防黏剂对焊缝金属的性能影响不大，焊后焊缝金属的化学成分和力学性能均能符合技术条件的要求。

喷嘴防堵剂的型号为 P-3，呈膏状，焊前涂在喷嘴内壁和导电嘴端面。焊接开始后，在电弧高温作用下，膏状物气化，只剩下极薄的保护层。焊接一段时间后，在喷嘴内壁堆积的飞溅物形成一个渣壳，当渣壳达到一定厚度时，在重力作用下会自动脱落，喷嘴又恢复原状。每涂一次防堵剂可连续使用 4h。

40. 氩弧焊的分类有哪些？其应用如何？

答：(1) 分类。氩弧焊的分类如下：

$$
氩弧焊
\begin{cases}
钨极氩弧焊
\begin{cases}
自动钨极氩弧焊 \\
手工钨极氩弧焊
\end{cases}
加焊丝和不加焊丝 \\
熔化极氩弧焊
\begin{cases}
自动熔化极氩弧焊 \\
半自动熔化极氩弧焊
\end{cases}
\end{cases}
$$

与钨极氩弧焊相比，熔化极氩弧焊有如下特点。

①适合厚件的焊接。钨极氩弧焊的焊接电流，受钨极直径的限制，焊件在 6mm 以上时，需开坡口，并要采用多层焊；而熔化极氩弧焊可提高焊接电流，

如对铝合金的焊接，当焊接电流为 450~470A 时，熔深可达 15~20mm。

②熔滴呈射流过渡（或称喷射）。熔化极氩弧焊喷射过渡时，具有熔深大、飞溅小、电弧稳定及焊缝成形好等特点。适于中、厚板的平焊和搭接焊。

③容易实现机械化、自动化；生产效率高。

（2）应用范围。氩弧焊几乎可用于所有钢材、有色金属及合金的焊接。通常，多用于焊接铝、镁、钛及其合金以及低合金钢、耐热钢等。对于熔点低和易蒸发的金属（如铅、锡、锌等）焊接较困难。熔化极氩弧焊常用于中、厚板的焊接，焊接速度快，生产效率要比钨极氩弧焊高几倍。氩弧焊也可用于定位点焊、补焊，反面不加衬垫的打底焊等。氩弧焊的应用范围见表 7－26。

表 7－26　　　　　　　　　　氩弧焊的应用范围

焊件材料	适用厚度（mm）	焊接方法	氩气纯度（%）	电源种类
铝及铝合金	0.5~4	钨极手工及自动	99.9	交流或直流反接
	>6	熔化极自动及半自动	99.9	直流反接
镁及镁合金	0.5~5	钨极手工及自动	99.9	交流或直流反接
	>6	熔化极自动及半自动	99.9	直流反接
钛及钛合金	0.5~3	钨极手工及自动	99.98	直流正接
	>6	熔化极自动及半自动	99.98	直流反接
铜及铜合金	0.5~5	钨极手工及自动	99.97	直流正接或交流
	>6	熔化极自动及半自动	99.97	直流反接
不锈钢及耐热钢	0.5~3	钨极手工及自动	99.97	直流正接或交流
	>6	熔化极自动及半自动	99.97	直流反接

注：钨极氩弧焊用陡降外特性的电源；熔化极氩弧焊用平或上升外特性电源。

41. 如何选择氩弧焊的电弧电压、焊接电流及焊接速度？

答：（1）电弧电压：电弧电压增加或减小，焊缝宽度将稍有增大或减小，而熔深稍有下降或稍为增加。当电弧电压太高时，由于气体保护不好，会使焊缝金属氧化和产生未焊透缺陷。所以钨极氩弧焊时，在保证不产生短路的情况下，应尽量采用短弧焊接，这样气体保护效果好，热量集中，电弧稳定，焊透均匀，焊件变形也小。

（2）焊接电流：随着焊接电流增加或减小，熔深和熔宽将相应增大或减小，而余高则相应减小或增大。当焊接电流太大时，不仅容易产生烧穿、焊缝下陷和咬边等缺陷，而且还会导致钨极烧损，引起电弧不稳及钨夹渣等缺陷；反之，焊接电流太小时，由于电弧不稳和偏吹，会产生未焊透、钨夹渣和气孔等缺陷。

（3）焊接速度。当焊枪不动时，氩气保护效果如图 7－38（a）所示。随着焊接速度增加，氩气保护气流遇到空气的阻力，使保护气体偏到一边，正常的焊接速度氩气保护情况如图7-38（b）所示，此时，氩气对焊接区域仍保持有效的保护。当焊接速度过快时，氩气流严重偏移一侧，使钨极端头、电弧柱及熔池的一部分暴露在空气中，此时，氩气保护情况如图7-38（c）所示，这使氩气保护作用破坏，焊接过程无法进行。因此，钨极氩弧焊采用较快的焊接速度时，必须采用相应的措施来改善氩气的保护效果，如加大氩气流量或将焊枪后倾一定角度，以保持氩气良好的保护效果。通常，在室外焊接都需要采取必要的防风措施。

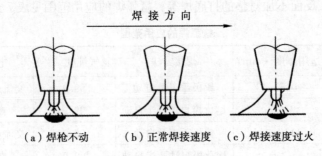

$$焊\ 接\ 方\ 向 \longrightarrow$$

（a）焊枪不动　　（b）正常焊接速度　　（c）焊接速度过火

图7-38　氩气的保护效果

42. 氩弧焊时如何选用喷嘴直径和氩气流量？

答：（1）喷嘴直径：喷嘴直径的大小直接影响保护区的范围。如果喷嘴直径过大，不仅浪费氩气，而且会影响焊工视线，妨碍操作，影响焊接质量；反之，喷嘴直径过小，则保护不良，使焊缝质量下降，喷嘴本身也容易被烧坏。一般喷嘴直径为5～14mm，喷嘴的大小可按经验公式确定，即：

$$D=(2.5\sim3.5)\,d$$

式中　D——为喷嘴直径（mm）；

$\quad\quad d$——为钨极直径（mm）。

喷嘴距离工件越近，则保护效果越好；反之，保护效果越差。但过近会造成焊工操作不便，一般喷嘴至工件距离为10mm左右。

（2）氩气流量：气体流量越大，保护层抵抗流动空气影响的能力越强，但流量过大，易使空气卷入，应选择恰当的气体流量。氩气纯度越高，保护效果越好。氩气流量可以按照经验公式来确定，即：

$$Q=KD$$

式中　Q——氩气流量（L/min）；

$\quad\quad D$——喷嘴直径（mm）；

$\quad\quad K$——系数（$K=0.8\sim1.2$）；使用大喷嘴时K取上限，使用小喷嘴时取下限。

43. 氩弧焊时如何选用钨极？其特点如何？

答：钨极的选用及特点见表 7 - 27。

表 7 - 27   钨极的选用及特点

钨极种类	牌　号	特　　点
纯钨	W1，W2	熔点和沸点都较高，其缺点是要求有较高的工作电压。长时间工作时，会出现钨极熔化现象
铈钨极	WCe20	纯钨中加入一定量的氧化铈，其优点是引弧电压低，电弧弧柱压缩程度好，寿命长，放射性剂量低
钍钨极	WTh7，WTh10，WTh15，WTh30	由于加入了一定量的氧化钍，使纯钨的缺点得以克服，但有微量放射线

44. 氩弧焊时如何选用钨极直径与钨极端部形状？

答：(1) 钨极直径的选择主要是根据焊件的厚度和焊接电流的大小来决定。当钨极直径选定后，如果采用不同电源极性时，钨极的许用电流也要作相应的改变。采用不同电源极性和不同直径钍钨极的许用电流范围见表 7 - 28。

表 7 - 28   不同电源极性和不同直径钍钨极的许用电流范围

电极直径（mm）	许用电流范围（A）		
	交　流	直流正接	直流反接
1.0	15～80	—	20～60
1.6	70～150	10～20	60～120
2.4	150～250	15～30	100～180
3.2	250～400	25～40	160～250
4.0	400～500	40～55	200～320
5.0	500～750	55～80	290～390
6.4	750～1000	80～125	340～525

(2) 钨极端部形状对电弧稳定性和焊缝的成形有很大影响，端部形状主要有锥台形、圆锥形、半球形和平面形，如图 7 - 39 所示，各自的适用范围见表 7 - 29，一般选用锥形平端的效果比较理想。

表 7-29   钨极端部形状的适用范围

钨极端部形状	适用范围	电弧稳定性	焊缝成形
平面形	—	不好	一般
半球形	交流	一般	焊缝不易平直
圆锥形	直流正接，小电流	好	焊道不均匀
锥台形	直流正接，大电流，脉冲 TIG 焊	好	良好

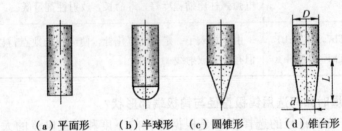

（a）平面形　　（b）半球形　　（c）圆锥形　　（d）锥台形

图 7-39　钨极端头形状

45. 氩弧焊的基本操作方法有哪些?

答：氩弧焊的基本操作方法见表 7-30。

表 7-30   氩弧焊的基本操作方法

形式	操作方法
引弧	手工钨极氩弧焊的引弧方法有以下两种： ①高频或脉冲引弧法：首先提前送气 3～4s，并使钨极和焊件之间保持 5～8mm 距离，然后接通控制开关，再在高频高压或高压电脉冲的作用下，使氩气电离而引燃电弧。这种引弧方法的优点是能在焊接位置直接引弧，能保证钨极端部完好，钨极损耗小，焊缝质量高。它是一种常用的引弧方法，特别是焊接有色金属时更为广泛用 ②接触引弧法：当使用无引弧器的简易氩弧焊机时，可采用钨极直接与引弧板接触进行引弧。由于接触的瞬间会产生很大的短路电流，钨极端部很容易被烧损，因此一般不宜采用这种方法，但因其焊接设备简单，故在氩弧焊打底、薄板焊接等方面仍得到应用

形式	操作方法
定位焊	为了固定焊件的位置，防止或减小焊件的变形，焊前一般要对焊件进行定位焊。定位焊点的大小、间距以及是否需要填加焊丝，这要根据焊件厚度、材料性质以及焊件刚性来确定。对于薄壁焊件和容易变形、容易开裂以及刚性很小的焊件，定位焊点的间距要短些。在保证焊透的前提下，定位焊点应尽量小而薄，不宜堆得太高，并要注意点焊结束时，焊枪应在原处停留一段时间，以防焊点被氧化
运弧	手工钨极氩弧焊时，在不妨碍操作的情况下，应尽可能采用短弧焊，一般弧长为4～7mm。喷嘴和焊件表面间距不应超过10mm。焊枪应尽量垂直或与焊件表面保持70°～85°夹角，焊丝置于熔池前面或侧面，并与焊件表面呈15°～20°夹角（如图7－40所示）。焊接方向一般由右向左，环缝由下向上。焊枪的运动形式有以下几种： ①焊枪等速运行：此法电弧比较稳定，焊后焊缝平直均匀，质量稳定，因此，是常用的操作方法 ②焊枪断续运行：该方法是为了增加熔透深度，焊接时将焊枪停留一段时间，当达到一定的熔深后填加焊丝，然后继续向前移动。此法主要适宜于中厚板的焊接 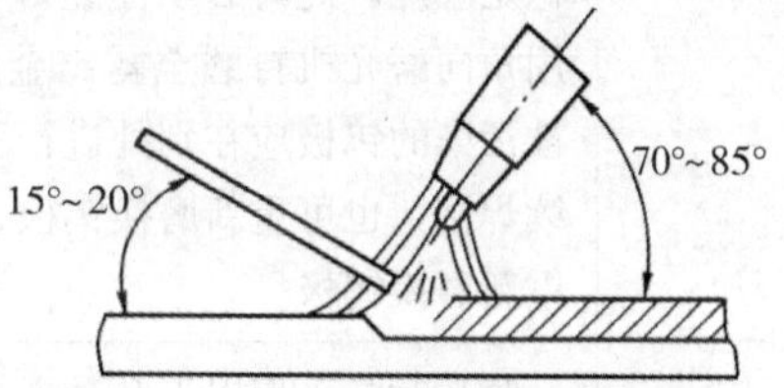 图7－40　手工钨极氩弧焊时焊枪、焊丝和焊件间的夹角 ③焊枪横向摆动：焊接时，焊枪枪沿着焊缝横向作摆动。此法主要用于开坡口的厚板及盖面层焊缝，通过横向摆动来保证焊缝两边缘良好地熔合 ④焊枪纵向摆动：焊接时，焊枪沿着焊缝纵向往复摆动。此法主要用在小电流焊接薄板时，可防止焊穿和保证焊缝良好成形
填丝	焊丝填入熔池的方法一般有以下几种： ①间歇填丝法：当送入电弧区的填充焊丝在熔池边缘熔化后，立即将填充焊丝移出熔池，然后再将焊丝重复送入电弧区。以左手拇指、食指、中指捏紧焊丝，焊丝末端应始终处于氩气保护区内。填丝动作要轻，不得扰动氩气保护层，防止空气侵入。这种方法一般适用于平焊和环缝的焊接 ②连续填丝法：将填充焊丝末端紧靠熔池的前缘连续送入。采用这种方法时，送丝速度必须与焊接速度相适应。连续填丝时，要求焊丝比较平直，用左手拇指、食指、中指配合动作送丝，无名指和小指夹住焊丝控制方向。此法特别适用于焊接搭接和角接焊缝 ③靠丝法：焊丝紧靠坡口，焊枪运动时，既熔化坡口又熔化焊丝。此法适用于小直径管子的氩弧焊打底

形式	操作方法
填丝	④焊丝跟着焊枪作横向摆动：此法适用于焊缝要求较宽的部位 ⑤反面填丝法：该方法又叫内填丝法，焊枪在外，填丝在里面，适用于管子仰焊部位的氩弧焊打底，对坡口间隙、焊丝直径和操作技术要求较高 无论采用哪一种填丝方法，焊丝都不能离开氩气保护区，以免高温焊丝末端被氧化，而且焊丝不能与钨极接触发生短路或直接送入电弧柱内，否则，钨极将被烧损或焊丝在弧柱内发生飞溅，破坏电弧的稳定燃烧和氩气保护气氛，造成夹钨等缺陷。为了填丝方便、焊工视野宽和防止喷嘴烧损，钨极应伸出喷嘴端面，伸出长度一般是：焊铝、铜时钨极伸出长度为2～3mm，管道打底焊时为5～7mm。钨极端头与熔池表面距离2～4mm，若距离小，焊丝易碰到钨极。在焊接过程中，由于操作不慎，钨极与焊件或焊丝相碰时，熔池会立即被破坏而形成一阵烟雾，从而造成焊缝表面的污染和夹钨现象，并破坏了电弧的稳定燃烧。此时必须停止焊接，进行处理。处理的方法是将焊件的被污染处，用角向磨光机打磨至露出金属光泽，才能重新进行焊接。当采用交流电源时，被污染的钨极应在别处进行引弧燃烧清理，直至熔池清晰而无黑色时，方可继续焊接，也可重新磨换钨极；而当采用直流电源焊接时，发生上述情况，必须重新磨换钨极
收弧	收弧时常采用以下几种方法： ①增加焊速法：当焊接快要结束时，焊枪前移速度逐渐加快，同时逐渐减少焊丝送进量，直至焊件不熔化为止。此法简单易行，效果良好 ②焊缝增高法：与上法正好相反，焊接快要结束时，焊接速度减慢，焊枪向后倾角加大，焊丝送进量增加，当弧坑填满后再熄弧 ③电流衰减法：在新型的氩弧焊机中，大部分都有电流自动衰减装置，焊接结束时，只要闭合控制开关，焊接电流就会逐渐减小，从而熔池也就逐渐缩小，达到与增加焊速法相似的效果 ④应用收弧板法：将收弧熔池引到与焊件相连的收弧板上去，焊完后再将收弧板割掉。此法适用于平板的焊接

46. 氩弧焊各种位置的焊接操作方法有哪些？

答：弧氩焊各种位置的焊接操作如下：

（1）平焊：平焊时要求运弧尽量走直线，焊丝送进要求规律，不能时快时慢，钨极与焊件的位置要准确，焊枪角度要适当。几种常见接头形式平焊时，焊枪、焊丝和焊件间的夹角如图7-41所示。

（2）横焊：横焊虽然比较容易掌握，但要注意掌握好焊枪的水平角度和垂直角度，焊丝也要控制好水平和垂直角度。如果焊枪角度掌握不好或送丝速度跟不上，很可能产生上部咬边、下部成形不良等缺陷。

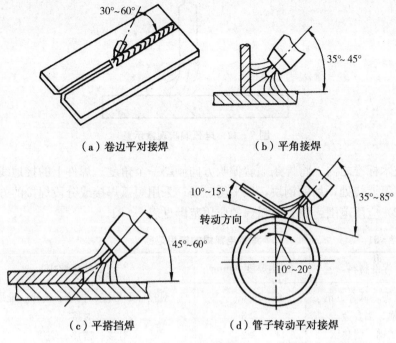

（a）卷边平对接焊　　　　　　（b）平角接焊

（c）平搭挡焊　　　　　　（d）管子转动平对接焊

图 7-41　几种常见接头形式平焊时焊枪、焊丝和焊件间的夹角

（3）立焊：立焊比平焊难度要大，主要是焊枪角度和电弧长短在垂直位置上不易控制。立焊时以小规范为佳，电弧不宜拉得过长，焊枪下垂角度不能太小，否则会引起咬边、焊缝中间堆得过高等缺陷。焊丝送进方向以操作者顺手为原则，其端部不能离开保护区。

（4）仰焊：仰焊的难度最大，对有色金属的焊接更加突出。焊枪角度与平焊相似，仅位置相反。焊接时电流应小些，焊接速度要快，这样才能获得良好的成形。

为使氩气有效地保护焊接区，熄弧后须继续送气 3～5s，避免钨极和焊缝表面氧化。

47. 焊条电弧焊的特点是什么？其应用范围有哪些？

答：（1）焊条电弧焊的特点：设备简单，操作方便、灵活，可达性好，能进行全位置焊接，适合焊接多种金属。电弧偏吹是焊条电弧焊时的一种常见现象。电弧偏吹即弧柱轴线偏离焊条轴线的现象，如图 7-42 所示。

电弧偏吹的种类：由于弧柱受到气流的干扰或焊条药皮偏心所引起的偏吹；采用直流焊机，焊接角焊缝时引起的偏吹；由于某一磁性物质改变磁力线的分布而引起的偏吹。

克服偏吹的措施：尽量避免在有气流影响下焊接；焊条药皮的偏心度应控

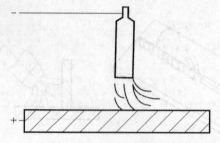

图 7 - 42　电弧偏吹现象示意

制在技术标准之内；将焊条顺着偏吹方向倾斜一个角度；焊件上的接地线尽量靠近电弧燃烧处；加磁钢块，以平衡磁场；采用短弧焊接或分段焊接的方法。

（2）应用范围：焊条电弧焊的应用范围见表 7 - 31。

表 7 - 31　　　　　　　　　　焊条电弧焊的应用范围

焊件材料	适用厚度（mm）	主要接头形式
低碳钢、低合金钢	2～60	对接、T形接、搭接、端接、堆焊
铝、铝合金	≥3	对接
不锈钢、耐热钢	≥2	对接、搭接、端接
紫铜、青铜	≥2	对接、堆焊、端接
铸铁	—	对接、堆焊、补焊
硬质合金	—	对接、堆焊

48. 焊条电弧焊时运条方法有哪些？其特点及应用如何？

答：电弧引燃后，焊条要做三个基本方向的运动，才能使焊缝成形良好。这三个方向的运动是：朝熔池方向逐渐送进，沿焊接方向逐渐移动，作横向摆动。

焊条朝熔池方向逐渐送进，主要是为了维持所要求的电弧长度。为此，焊条的送进速度应该与焊条熔化速度相适应；焊条沿焊接方向移动，主要是使熔池金属形成焊缝。焊条的移动速度，对焊缝质量影响很大。若移动速度太慢，则熔化金属堆积过多，加大了焊缝的断面，并且使焊件加热温度过高，使焊缝组织发生变化，薄件则容易烧穿；移动速度太快，则电弧来不及熔化足够的焊条和基本金属，造成焊缝断面太小以及形成未焊透等缺陷。所以，焊条沿着焊接方向移动的速度，应根据电流大小、焊条直径、焊件厚度、装配间隙及坡口形式等来选取。

焊条横向摆动主要是为了获得一定宽度的焊缝，其摆动范围与所要求的焊缝宽度、焊条直径有关。摆动范围越大，所得焊缝越宽。运条方法应根据接头形式、间隙、焊缝位置、焊条直径与性能、焊接电流强度及焊工技术水平等确定。常用的运条方法有直线形运条法、直线往复运条法、锯齿形运条法、月牙形运条法、三角形运条法、圆圈形运条法、"8"字形运条法等，具体见表7-32。

表7-32   运条方法及应用

名　称		图　示	特点及应用
直线运条法	普通直线运条		焊接时要保持一定弧长，并沿焊接方向作不摆动的直线前进 由于焊条不作横向摆动，电弧较稳定，所以能获得较大的熔深，但焊缝的宽度较窄，一般不超过焊条直径的1.5倍。此法仅适用于板厚3～5mm的不开坡口的对接平焊、多层焊的第一层焊道或多层多道焊
	往复运条	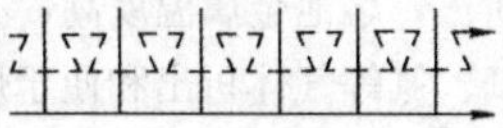	焊条末端沿焊缝的纵向作来回直线形摆动 焊接速度快，焊缝窄，散热快。此法适用于薄板和接头间隙较大的多层焊的第一层焊道
	小波浪运条		适用于焊接填补薄板焊缝和不加宽的焊缝
锯齿形运条法		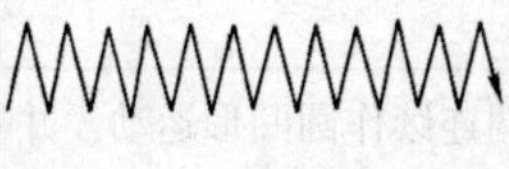	焊条末端作锯齿形连续摆动及向前移动，并在两边稍停片刻，以获得较好的焊缝成形 锯齿形运条法操作容易，所以在生产中应用较广，大多数用于较厚钢板的焊接。其适用范围有：平焊、仰焊、立焊的对接接头和立焊的角接接头
月牙形运条法		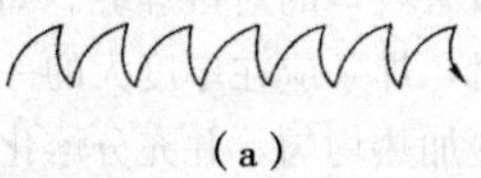 （a） 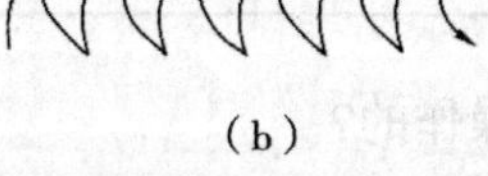 （b）	使焊条末端沿着焊接方向作月牙形的左右摆动，摆动速度要根据焊缝的位置、接头形式、焊缝宽度和电流强度来决定。同时，还要注意在两边作片刻停留，使焊缝边缘有足够的溶深，并防止产生咬边现象 左图（a）：余高较高，金属熔化良好，有较长的保温时间，易使气体析出和熔渣浮到焊缝表面上来，对提高焊缝质量有好处，适用于平焊、立焊和焊缝的加强焊 左图（b）：余高较高，金属熔化良好，有较长的保温时间，易使气体析出和熔渣浮到焊缝表面上来，对提高焊缝质量有好处，主要在仰焊等情况下使用

名 称		图 示	特点及应用
三角形运条法	斜三角形	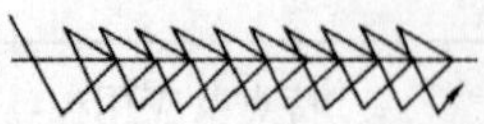	焊条末端作连续的三角形运动，并不断向前移动。能够借焊条的摇动来控制熔化金属，促使焊缝成形良好。适用于焊接平、仰位置的 T 字接头的焊缝和有坡口的横焊焊缝
	正三角形	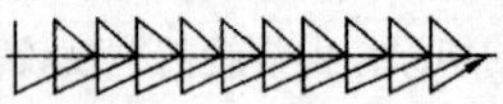	焊条末端作连续的三角形运动，并不断向前移动。一次能焊出较厚的焊缝断面，焊缝不易产生夹渣等缺陷，有利于提高生产效率。只适用于开坡口的对接接头和 T 字接头焊缝的立焊
圆圈形运条法	正圆圈		焊条末端连续作圆圈形运动，并不断前移。熔池存在时间长，熔池金属温度高，有利于溶解在熔池中的氧、氮等气体析出和便于熔渣上浮。只适用于焊接较厚焊件的平焊缝
	斜圆圈	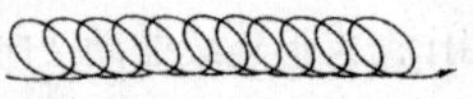	焊条末端连续作圆圈形运动，并不断前移。有利于控制熔化金属不受重力的影响而产生下淌。适用于平、仰位置的 T 字接头焊缝和对接接头的横焊缝
	椭圆圈		焊条末端连续作圆圈形运动，并不断前移。适用于对接、角接焊缝的多层加强焊
	半圆圈	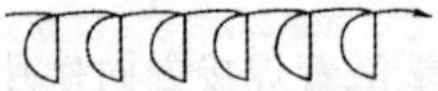	焊条末端连续作圆圈形运动，并不断前移。适用于平焊和横焊位置
"8"字形运条法	单"8"字形	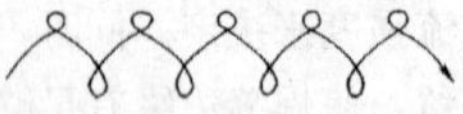	焊条末端连续作"8"字形运动，并不断前移。适用于厚板有坡口的对接焊缝。如焊两个厚度不同的焊件时，焊条应在厚度大的一侧多停留一会儿，以保证加热均匀，并充分熔化，使焊缝成形良好
	双"8"字形	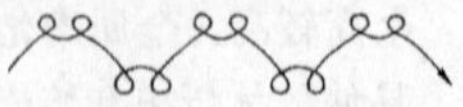	

49. 焊条电弧焊时，其接头是如何焊接操作的？

答：由于焊缝接头处温度不同和几何形状的变化，使焊链接头处最容易出现未焊透、焊瘤和密集气孔等缺陷。当接头处外形出现高低不平时，将引起应力集中，故接头技术是焊接操作技术中的重要环节。焊缝接头方式可分四种（如图 7-43 所示）。

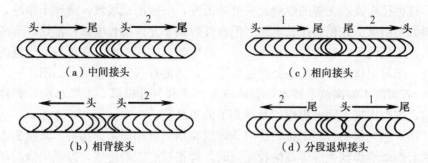

图 7 - 43　焊缝接头的方式

（a）中间接头　　（c）相向接头
（b）相背接头　　（d）分段退焊接头

如何使焊缝接头均匀连接，避免产生过高、脱节、宽窄不一致的缺陷，这就要求焊工在焊缝接头时选用恰当的方式，其接头类型及操作如下：

（1）中间接头：这种接头方式是使用最多的一种。在弧坑前约 10mm 处引弧，电弧可比正常焊接时略长些（低氢型焊条电弧不可拉长，否则容易产生气孔），然后将电弧后移到原弧坑的 2/3 处，填满弧坑后即向前进入正常焊接〔如图 7 - 44（a）所示〕。采用这种接头法必须注意后移量：若电弧后移太多，则可能造成接头过高；若电弧后移太少，会造成接头脱节、弧坑未填满。此接头法适用于焊接多层焊的表层接头。

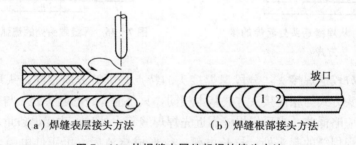

（a）焊缝表层接头方法　　（b）焊缝根部接头方法

图 7 - 44　从焊缝末尾处起焊的接头方法

在多层焊的根部焊接时，为了保证根部接头处能焊透，常采用的接头方法是：当电弧引燃后将电弧移到如图 7 - 44（b）中 1 的位置，这样电弧一半的热量将一部分弧坑重新熔化，电弧另一半热量将弧坑前方的坡口熔化，从而形成一个新的熔池，此法有利于根部接头处的焊透。

当弧坑存在缺陷时，在电弧引燃后应将电弧移至如图 7 - 44（b）中 2 的位置进行接头。这样，由于整个弧坑重新熔化，有利于消除弧坑中存在的缺陷。用此法接头时，焊缝虽然较高些，但对保证质量有利。在接头时，更换焊条愈快愈好，因为在熔池尚未冷却时进行接头，不仅能保证接头质量，而且可使焊缝外表美观。

（2）相背接头：相背接头是两条方向不同的焊缝，在起焊处相连接的接头。这种接头要求先焊的焊缝起头处略低些，一般削成缓坡，清理干净后，再在斜坡上引弧。先稍微拉长电弧（但碱性焊条不允许拉长电弧）预热，形成熔池后，压低电弧，在交界处稍顶一下，将电弧引向起头处，并覆盖前焊缝的端头处，即可上铁水，待起头处焊缝焊平后，再沿焊接方向移动（如图7－45所示）。若温度不够高就上铁水，会形成未焊透和气孔缺陷。上铁水后，如停步不前，则会出现塌腰或焊瘤以及熔滴下淌等缺陷。

（3）相向接头：相向接头是两条焊缝在结尾处相连接的接头。其接头方式要求后焊焊缝焊到先焊焊缝的收尾处时，焊接速度应略慢些，以便填满前焊缝的弧坑，然后以较快的焊接速度再略向前焊一些熄弧（如图7－46所示）。对于先焊焊缝由于处于平焊，焊波较低，一般不再加工，关键在于后焊焊缝靠近平焊时的运条方法。当间隙正常时，采用连弧法，使先焊焊缝尾部温度急升，此时，对准尾部压低电弧，听见"噗"的一声，即可向前移动焊条，并用反复断弧收尾法收弧。

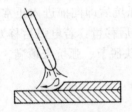

图7－45 从焊缝端头处起焊的接头方式

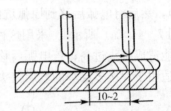

图7－46 焊缝端头处的熄弧方式

（4）分段退焊接头：分段退焊接头的特点是焊波方向相同，头尾温差较大。其接头方式与相向接头方式基本相同，只是前焊缝的起头处，与第二种情况一样，应略低些。当后焊焊缝靠近先焊焊缝起头处时，改变焊条角度，使焊条指向先焊焊缝的起头处，拉长电弧，待形成熔池后，再压低电弧，往回移动，最后返回原来熔池处收弧。接头连接的平整与否，不但要看焊工的操作技术，而且还要看接头处温度的高低。温度越高，接得越平整。所以中间接头要求电弧中断时间要短，换焊条动作要快。多层焊时，层间接头要错开，以提高焊缝的致密性。

50. 你知道钎焊焊接工艺吗？

答：钎焊焊接工艺如下：

（1）**材料钎焊性：**

①低合金结构钢焊件在调质热处理后钎焊，宜用熔点低的钎料，以免焊件软化。

②高碳钢焊件，如果钎焊后需进行热处理，宜用铜钎料（固相线1083℃，而一般渗碳或淬火温度很少大于940℃），也可用固相线比热处理温度高的黄

铜钎料。钎焊和热处理两工序同时进行。

③可锻铸铁、球墨铸铁比灰铸铁更容易钎焊。可锻铸铁中碳、硅含量少，石墨呈团絮状。铸铁钎焊前，允许清除待焊面上的石墨。

④不锈钢钎焊时，应考虑焊件的工作温度（低于230℃用铜钎料不能用铜锌、铜磷钎料，以防止开裂；低于70℃用银钎料；低于600℃用铜镍钎料、锰基钎料；低于900℃用镍基钎料）。

⑤铜及铜合金（除磷脱氧铜、无氧铜外），不能在氢气中钎焊；黄铜（含锌25％～40％）不应在氨气中钎焊，以免产生裂纹；含铅小于3％的铅黄铜、磷青铜钎焊前，应加热消除应力，并避免产生应力集中；白铜（含镍大于20％）易产生应力裂纹，除进行消应力处理外，焊前预热、冷却应均匀缓慢，可用不含磷的银钎料；含铅大于5％的铅黄铜，不能硬钎焊；铝青铜（含铝不大于8％），可用低熔点高银钎料钎焊；铍青铜（含镍大于30％的白铜），不能用铜磷钎料钎焊。

⑥铝及铝合金，一般均可钎焊，但应注意几点：含镁较高的防锈铝LF5、LF6其润湿性差；熔点较高的高强度硬铝如LC4、LY12极易过烧，难钎焊；铸造铝合金，因气孔多，不能钎焊。

⑦锡和铜硬钎焊时，将产生低熔点的脆性共晶。

⑧钎焊不锈钢、镍基合金时，也可能产生应力裂纹。

⑨钢及钛、镍、高温合金等材料的钎焊时，可先覆铝（浸熔于铝中），然后和铝硬钎焊（用铝基钎料），但钎焊时间要短，防止产生脆性物。

（2）影响润湿性的因素：

①钎料和母材成分：当液态钎料与母材在液态下不发生作用时，它们之间的润湿性则差。

②钎焊温度：钎焊温度增高，有利于提高钎料对母材的润湿性，但温度过高，会发生钎料流失现象。

③金属表面的氧化物：金属表面上氧化物的存在，会妨碍钎料的原子与母材接触，使液态钎料团聚成球状，这是一种不润湿现象。

④母材表面的状态：钎料在粗糙表面的润湿性比在光滑表面要好，因为纵槽交错的沟槽，对液体钎料起着特殊的毛细作用，促进了钎料沿钎焊表面的流动。

（3）钎料与钎剂的工艺性：

①钎料的工艺性：

a. 钎料的熔点：应低于钎焊金属的熔点，在高温下工作的零件，钎料的熔点应高于工作温度。

b. 钎料的润湿能力：熔融的钎料应能很好地润湿金属，并容易在金属表面漫流。

c. 扩散和溶解的能力：钎料要有和母材相互扩散和溶解的能力，以获得牢固的接头。

d. 钎料的成分：钎料中不应含有对母材有害的成分（如用铜磷合金钎焊钢就不合适）或容易形成气孔的成分。

e. 钎料物理性质：尽可能与母材相似。

f. 抗氧化性：钎料金属应不易被氧化，或形成氧化物后容易除去。

g. 经济性：钎料成分中一般不应选用稀有和昂贵的原材料。

②钎剂。钎焊时钎剂起着如下所述的重要作用：

a. 减小钎料的表面张力，改善钎料对钎焊金属的润湿性。

b. 净化钎焊金属表面。

c. 溶解液态钎料表面的氧化物。

d. 在钎焊过程中保护母材和熔融的钎料不被氧化。

e. 钎剂作为电解液，使钎料的润湿性得到显著改善。

由于钎剂应具有上述作用，对钎剂要求如下：

——钎剂的熔化温度应低于钎料的熔化温度，钎剂的蒸发温度则比钎料的熔化温度高。

——钎剂应能很好地溶解氧化物，或与氧化物形成易熔化合物。

——在钎焊温度下，钎剂应有良好的流动性，使其容易均匀地在钎焊表面流动，但流动不宜过大，以免流失。

——钎剂最易溶解氧化物和其他化合物的温度，应比钎料的熔化温度稍低些。

——钎剂及其分解物不应与钎焊金属和钎料发生有害的化学作用。

——钎剂应形成一层均匀的覆盖层，以防止钎焊金属的继续氧化。

——钎剂及其分解物的密度尽可能小，以便于浮在钎缝表面，不致形成夹杂物。

——钎剂的残渣有腐蚀作用（松香除外），因此，钎焊后钎剂的残渣应容易除去。

——钎剂对金属不应有腐蚀作用，在钎焊过程中不应放出有害气体。

（4）钎料和钎剂的应用。

①钎料的应用：

a. 钎料通常制成丝状、箔状及粉末状等，也可制成双金属钎料片。一般根据零件形状、生产量的多少而定。

b. 除火焰钎焊和电弧钎焊外，钎料和钎剂要放在接头里面或尽可能靠近接头。

c. 如果必要，在装配和加热时，应备有放钎料的槽或其他衬托，如图7-47所示。

②钎剂的应用：

a. 粉末状钎剂常用调和剂制成膏状，涂刷或挤敷在连接的接缝部位。

b. 钎焊小焊件时，钎剂可用眼药滴管或注射器针管挤敷；大焊件则采用喷涂、刷涂或浸沾方法。

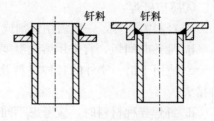

图 7-47　钎料的放置示意

51. 不同钎焊方法有哪些主要特点？

答：不同钎焊方法的主要特点如下：

（1）热源及其性质：

烙铁钎焊：温度低。

火焰钎焊：设备简单，通用性好，生产率低，要求操作技能高。

电阻钎焊：加热快，生产率高，操作技术容易掌握。

感应钎焊：加热快，生产率高，可局部加热，零件变形小，接头洁净，受零件大小限制。

浸沾钎焊：加热快，生产率高，当设备能力大时，可同时焊多件。

炉中钎焊：炉内气可控。炉温控制准确，焊件整体加热，变形小，可同时焊多件、多缝，适于大量生产，成本低。焊件尺寸受炉大小限制。

（2）特点：

①烙铁钎焊：

a. 适用于钎焊温度低于300℃的软钎焊（用锡-铅或锡基钎料）；

b. 钎焊薄、小件，需用钎剂。

②火焰钎焊：

a. 适用于钎焊某些受焊件形式、尺寸及设备等限制，不能用真石方法钎焊的焊件；

b. 可用火焰自动钎焊；

c. 可焊钢、不锈钢、硬质合金、铸铁、铜、银、铝等及其合金；

d. 常用钎料有铜锌、铜磷、银基、铝基及锌铝钎料。

③电阻钎焊：

a. 可在焊件上接通低电压，在焊件上产生电阻热，也可用碳电极通电，产生电阻热，间接加热焊件；

b. 钎焊接头面积小于 $380mm^2$ 时，经济效果好；

c. 特别适用于某些不宜整体加热的焊件；

d. 最宜焊铜，使用铜磷钎料可不用钎剂；也可焊铜合金、银、钢、硬质合金等；

e. 使用的钎料有铜锌、铜磷、银基。常用于钎焊刀具、导线端头等。

④感应钎焊：

a. 钎料需预置，一般需用钎剂或用保护气体真空钎焊；

b. 加热时间短，宜采用熔化温度范围小的钎料；

c. 适用于铝、镁外的各种材料及异种材料钎焊，特别是焊接形状对称的管接头；

d. 钎焊异种材料时，应考虑不同磁性及线胀系数的影响；

e. 常用的钎料有银基、铜基。

⑤浸沾钎焊：

a. 在熔融钎料槽内浸沾钎焊。软钎焊用于钎焊铜、铜合金，特别适用于钎缝多的复杂焊件，如换热器、电枢导线等；硬钎焊主要用于焊小件。缺点是钎料消耗量大；

b. 在熔盐槽中钎焊，焊件需预置钎料和钎剂，浸入熔盐中，在熔盐中钎焊；

c. 所有熔盐不仅起到钎剂的作用，而且能在钎焊同时向焊件渗碳、渗氮；

d. 适于焊铜、钢、铝及铝合金。使用铜基、银基、铝基钎料。

⑥炉中钎焊：

a. 在空气中钎焊。软钎料钎焊钢、铜合金。铝基钎料钎焊铝合金，虽用钎剂，焊件氧化仍很严重，故较少应用；

b. 在还原气体如氢、分解氨的保护气体中，不需焊剂，可用铜基、银基钎料钎焊钢、不锈钢、无氧铜等；

c. 在惰性气体如氩的保护气氛中，不用钎剂，可用含锂的银基钎料钎焊钢、不锈钢，银铜钎料焊铜镍（或少用钎剂），以银基钎料焊钢，铜基钎料焊不锈钢；使用钎剂时，可用镍基钎料焊不锈钢、高温合金、钛合金；

d. 在真空炉中钎焊，不需钎剂，以铜基、镍基钎料焊不锈钢、高温合金（尤以钛、铝含量高的高温合金为宜）；用银铜钎料焊铜合金、镍合金、银合金、钛合金；用铝基钎料焊铝合金、钛合金。

52. 螺纹连接的种类与装配要求有哪些？

答：普通螺纹连接的种类及其形式如图 7-48 所示。

用于螺纹连接的螺母种类很多，常用的有：六角螺母、带槽六角螺母、方螺母、圆螺母、蝶形螺母等，如图 7-49 所示。

螺纹连接的装配要求如下：

（1）螺栓不应有歪斜或弯曲现象，螺母应与被连接件接触良好。

（2）被连接件平面要有一定的紧固力，受力均匀，连接牢固。

（3）拧紧力矩或预紧力的大小要根据装配要求确定，一般紧固螺纹连接无预紧力要求，可由装配者按经验控制。一般预紧力要求不严的紧固螺纹拧紧力矩值可参照表 7-33，涂密封胶的螺塞可参照表 7-34 所列拧紧力矩值。

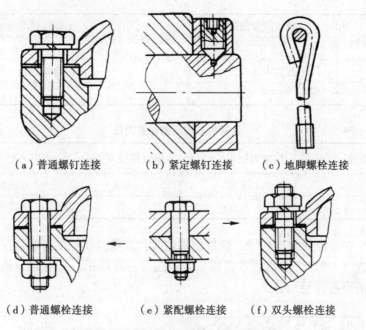

（a）普通螺钉连接　　　（b）紧定螺钉连接　　　（c）地脚螺栓连接

（d）普通螺栓连接　　　（e）紧配螺栓连接　　　（f）双头螺栓连接

图 7 - 48　普通螺纹连接的种类及形式

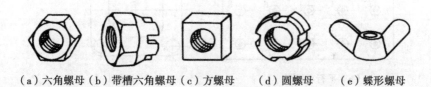

（a）六角螺母（b）带槽六角螺母（c）方螺母　　（d）圆螺母　　（e）蝶形螺母

图 7 - 49　螺母的种类

表 7 - 33　　　　　　　　　　　　一般螺纹拧紧力矩

螺纹直径 d（mm）	螺纹强度级别				螺纹直径 d（mm）	螺纹强度级别			
	4.6	5.6	6.8	10.9		4.6	5.6	6.8	10.9
	许用拧紧力矩（N·m）					许用拧紧力矩（N·m）			
6	3.5	4.6	5.2	11.6	22	190	256	290	640
8	8.4	11.2	12.6	28.1	24	240	325	366	810
10	16.7	22.3	25	56	27	360	480	540	1190
12	29	39	44	97	30	480	650	730	1620
14	46	62	70	150	36	850	1130	1270	2820
16	72	96	109	240	42	1350	1810	2030	4520
18	110	133	149	330	48	230	2710	3050	6770

螺纹直径	螺纹强度级别				螺纹直径	螺纹强度级别			
d（mm）	4.6	5.6	6.8	10.9	d（mm）	4.6	5.6	6.8	10.9
	许用拧紧力矩（N·m）					许用拧紧力矩（N·m）			
20	140	188	212	470	—	—	—	—	—

表 7-34　　　　　　　　　　涂密封胶的螺塞拧紧力矩

螺纹直径 d（in）	拧紧力矩（N·m）	螺纹直径 d（in）	拧紧力矩（N·m）
3/8	15±2	3/4	26±4
1/2	23±3	1	45±4

（4）在多点螺纹连接中，应根据被连接件形状及螺栓的分布情况，按一定顺序逐次（一般 2～3 次，拧紧螺母，如图 7-50 所示。如有定位销，拧紧要从定位销附近开始）。

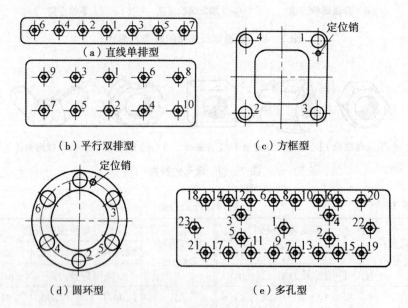

图 7-50　螺纹连接拧紧顺序

53. 螺钉和螺母的装配要求有哪些？

答：（1）螺钉或螺母与零件接触的表面要光洁、平整，否则将会影响连接的可靠性。

（2）拧紧成组的螺母或螺钉时，要按一定的顺序进行，并做到分几次逐步拧紧，否则会使被连接件产生松紧不均匀和不规则的变形。例如拧紧长方形分布的成组螺母时，应从中间的螺母开始，依次向两边对称地扩展；在拧紧方形或圆形分布的成组螺母时，必须对称地进行。

（3）当用螺钉固定时，所装零件或部件上的螺栓孔与机体上的螺孔不相重合，有时孔距有误差或角度有误差。当误差不太大时，用丝锥回攻借正，不得将螺钉强行拧入，否则将损坏螺钉或螺孔，影响装配质量。用丝锥回攻时，应先拧紧两个或两个以上螺钉，使所装配零件或部件不会偏移，若装配时有精度要求，则应进行测量，达到要求后，再用丝锥依次回攻螺孔。如果误差较大无法用丝锥回攻时，若零件允许修整，则可将零件或部件在铣床上用立铣刀将螺栓孔铣成腰形孔，但事先必须作好距离和方向的标记，以免铣错。

54. 双头螺栓的装配要求有哪些？

答：（1）双头螺栓与机体螺纹的连接必须紧固，在装拆螺母过程中，螺栓不能有任何松动现象，否则容易损坏螺孔。

（2）双头螺栓的轴心线必须与机体表面垂直，通常用90°角尺检验或目测判断，当稍有偏差时，可采用锤击螺栓校正或用丝锥回攻来校正螺孔；若偏差较大时，则不得强行校正，以免影响连接的可靠性。装入双头螺栓时，必须加润滑油，以免拧入时产生螺纹拉毛现象，同时可以防锈，为以后拆卸更换时提供方便。双头螺栓的装拆可参照如图7-51所示的几种方法：

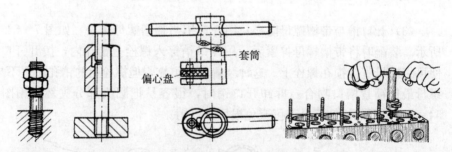

（a）双螺母装拆法（b）长螺母装拆法（c）用偏心盘旋紧套筒装拆法（d）用偏心盘旋紧套筒装拆法

图7-51　双头螺栓装拆方法

图7-54（a）所示为双螺母装拆法。先将两个螺母相互锁紧在双头螺栓上，拧紧时可扳动上面一个螺母；拆卸时则须扳动下面一个螺母。如图7-54（b）所示为长螺母装拆法，使用时先将长螺母旋在双头螺栓上，然后拧紧顶端止动螺钉，装拆时只要扳动长螺母，即可使双头螺栓旋紧。装配后应先将止动螺钉回松，然后再旋出长螺母。如图7-54（c）、（d）所示，为用带有偏心盘的旋紧套筒装配双头螺栓。偏心盘的圆周上有滚花，当套筒套入双头螺栓后，依旋紧方向转动手柄，偏心盘即可楔紧双头螺栓的外圆，而将它旋入螺孔中。回松时，将手柄倒转，偏心盘即自行松开，套筒便可方便地取出。

55. 螺纹连接的防松装置有哪些？

答： 作紧固用的螺纹连接，一般都具有自锁性，但当工作中有振动或冲击时，必须采用防松装置，以防止螺钉和螺母回松。常见的防松装置如下：

(1) 紧定螺钉防松。用紧定螺钉防松，如图 7-52 所示。装上紧定螺钉，拧紧紧定螺钉即可防止螺纹回松。为了防止紧定螺钉损坏轴上螺纹，装配时需在螺钉前端装入塑料或铜质保护块，避免紧定螺钉与螺纹直接接触。

(2) 锁紧螺母防松。用锁紧螺母防松，如图 7-53 所示。装配时先将主螺母拧紧至预定位置，然后再拧紧副螺母锁紧，依靠两螺母之间产生的摩擦力来达到防松的目的。

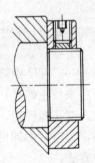

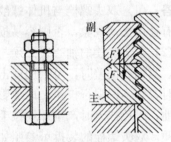

图 7-52　紧定螺钉防松　　　　　　图 7-53　锁紧螺母防松

(3) 开口销与带槽螺母防松。用开口销与带槽螺母防松，如图 7-54（a）所示。装配时将带槽螺母拧紧后，用开口销穿入螺栓上销孔内，拨开开口处，便可将螺母直接锁在螺栓上。这种装置防松可靠，但螺栓上的销孔位置不易与螺母最佳锁紧槽口吻合。拆卸开口销时，很容易把圆头部分夹坏，用图 7-54（b）所示的拆卸工具就可避免损坏开口销。

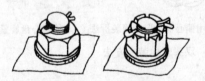

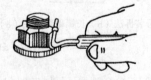

（a）用开口销与带槽螺母防松　　　　（b）拆卸开口销工具

图 7-54　锁紧螺母与开口销与带槽螺母防松

(4) 弹簧垫圈防松。用弹簧垫圈防松，如图 7-55 所示。装配时将弹簧垫圈放在螺母下，当拧紧螺母时，垫圈受压，由于垫圈的弹性作用把螺母顶住，从而在螺纹间产生附加摩擦力。同时弹簧垫圈斜口的尖端抵住螺母和支承面，也有利于防止回

图 7-55　弹簧垫圈防松

松。这种装置容易刮伤螺母和支承面，因此不宜多次拆装。

（5）止动垫圈防松。圆螺母止动垫圈防松装置，如图7-56（a）所示。在装配时先把垫圈的内翅插入螺杆的槽内，然后拧紧螺母，再把外翅弯入圆螺母槽内。如图7-56（b）所示的带耳止动垫圈可以防止六角螺母回松。当拧紧螺母后，将垫圈的耳边弯折，使其与零件及螺母的侧面贴紧，以防止螺母回松。

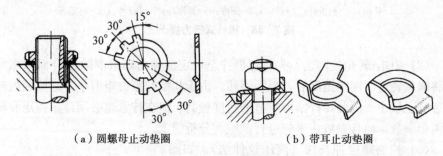

（a）圆螺母止动垫圈　　　　　　　（b）带耳止动垫圈

图7-56　止动垫圈防松

（6）串联钢丝防松。用串联钢丝防松，如图7-57所示。对成对或成组的螺钉或螺母，可用钢丝穿过螺钉头部的小孔，利用钢丝的牵制作用来防止回松。它适用于布置紧凑的成组螺纹连接。装配时须用钢丝钳或尖嘴钳拉紧钢丝，钢丝穿绕的方向必须与螺纹旋紧的方向相同。如图7-57（b）中用虚线所示的钢丝穿绕方向是错误的，因为螺母并未被牵制住，仍有回松的余地。

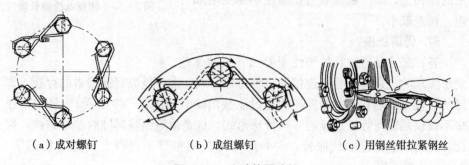

（a）成对螺钉　　　　　（b）成组螺钉　　　　　（c）用钢丝钳拉紧钢丝

图7-57　止动垫圈防松

56. 预紧力螺纹连接装配方法有哪些?

答:（1）力矩控制法：用定力矩扳手（手动、电动、气动、液压）控制，即拧紧螺母达到一定拧紧力矩后，可指示出拧紧力矩的数值或到达预先设定的拧紧力矩时发出信号或自行终止拧紧。如图7-58所示为手动指针式扭力扳手，在工作时，扳手杆5和刻度板一起向旋转的方向弯曲，因此指针尖6就在刻度板上指出拧紧力矩的大小。力矩控制法的缺点是接触面的摩擦因数及材料弹性系数对力矩值有较大影响，误差大。优点是使用方便，力矩值便于校正。

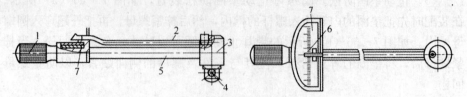

1-手柄；2-长指针；3-柱体；4-钢球；5-弹性杆；6-指针尖；7-刻度板

图 7-58　指针式扭力扳于

（2）力矩-转角控制法：先将螺母拧至一定起始力矩（消除结合面间隙），再将螺母转过一固定角度后，扳手停转。由于起始拧紧力矩值小，摩擦因数对其影响也较小。因此，拧紧力矩值的精度较高。但在拧紧时必须计量力矩和转角两个参数，而且参数需事先进行试验和分析确定。

（3）控制螺栓伸长法（液压拉伸法）：如图7-59所示，螺母拧紧前，螺栓的原始长度为 L_1，按规定的拧紧力矩拧紧后，螺栓的长度为 L_2，测定 L_1 和 L_2，根据螺栓的伸长量，可以确定拧紧力矩是否准确。

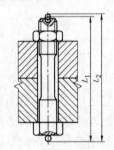

图 7-59　测量螺栓伸长量

这种方法常用于大型螺栓，螺栓材料一般采用中碳钢或合金钢。用液压拉伸器使螺栓达到规定的伸长量，以控制预紧力，螺栓不承受附加力矩，误差较小。

57. 何谓胀接？

答： 胀接是通过管的塑性变形和管板的弹性变形实现的，是管与管板连接的一种特殊形式。由于缝隙腐蚀因素的存在，焊接的管板与换热管间的缝隙还需通过胀接消除（如图7-60所示）。所以，胀接不仅仅是管与管板连接的一种特殊形式，也是消除缝隙腐蚀的基本措施，因此，焊接不能完全取代胀接，并且胀接部位的根部不得存在间隙［如图7-60（a）、（b）所示］。

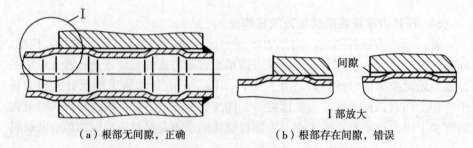

（a）根部无间隙，正确　　　　　（b）根部存在间隙，错误

　图 7-60　胀接部位的根部间隙

58. 胀接结构的形式及胀接类型有哪些?

答: (1) 胀接结构的形式:胀接结构的形式见表 7-35。

表 7-35   胀接结构的形式

形式	胀前简图	胀后简图	应用场合
光孔胀接	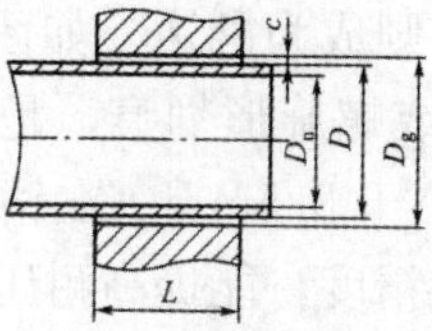	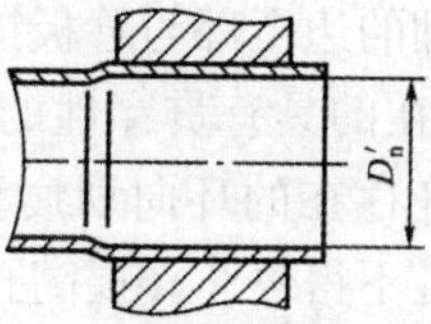	$L \leqslant 20$ $P \leqslant 0.6\text{MPa}$ $T < 300℃$
孔壁开槽胀接	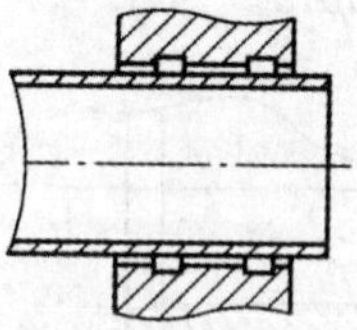	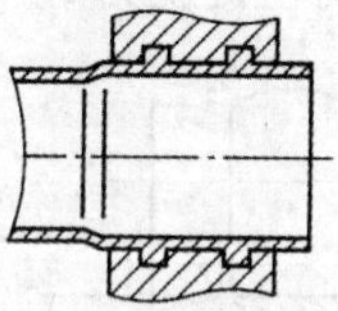	$L \leqslant 20$ $P \leqslant 4\text{MPa}$ $T < 300℃$
翻边胀接	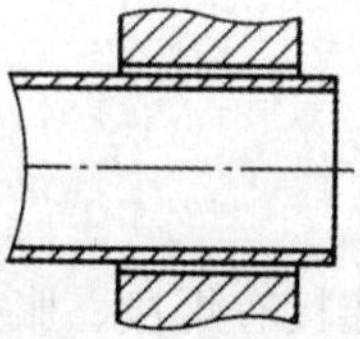	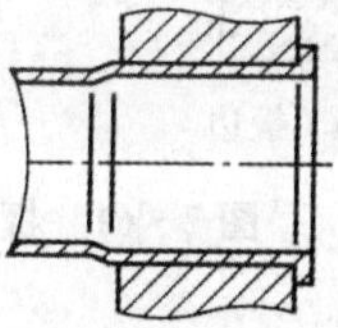 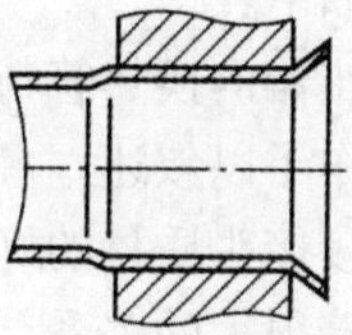	低压锅炉常用
胀接加端面焊接	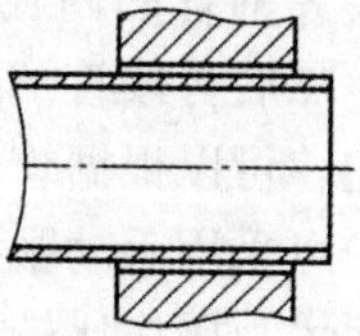	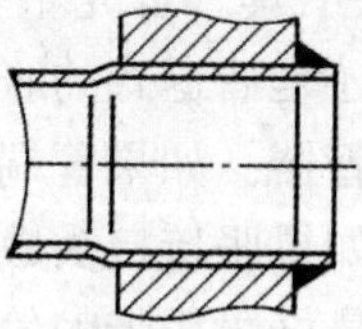	高温高压
双重胀接	见图 7-60 (a)		适用于管板厚度较大的换热器的换热管的胀接

(2) 胀接类型:根据管端的处理状况,分为光孔胀接和扳边胀接。

①光孔胀接:拉脱力和耐压力随胀接长度的增加而增加,当管壁开槽后,拉脱力的承受由孔壁转向了孔壁槽。这时增加胀接长度,对拉脱力的增加无明

显影响。

②扳边胀接：胀接结束后，将管端扳成锥形（如图 7‑61 所示），以提高接头的接胀接强度，增加胀接接头的拉脱力和密封性，性能的提高与扳边角度的增大呈正相关。连接强度一般比光孔胀接提高 50%。扳边胀接的角度一般为 12°～15°。扳边的位置要达到锥形的根部，并深入到管板的 1～2mm，以保证扳边的效果。当将所翻的边全部与管板接触，则成为翻边［如图 7‑61（b）所示］。管板孔壁表面存在的具有贯穿性的纵向或螺旋形划痕，是严重降低耐压能力的主要因素。允许存在的环向划痕深度小于 0.5mm。在钻孔结束，钻头退出时应缓慢进行，且不得停车。提高孔壁的精度，能提高耐压力，但有降低拉脱力的趋势。一般孔的粗糙度为 $R_a12.5～6.5\mu m$。

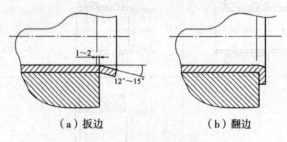

（a）扳边　　　　　　　　（b）翻边

图 7‑61　扳边与翻边

59. 胀接的方法是如何操作的？

答：胀接方法的操作如下：

（1）胀管的操作。换热器的换热管与管板的连接有焊接、胀接、胀焊结合等方式。下面就胀管的操作予以叙述。

①胀管前的准备：胀接接头质量的好坏以及胀接工作的顺利与否，与胀管前的准备工作是否完善有着很大的关系。

a. 选择胀管器和其他工具。首先根据胀接接头钢管的内径和胀接长度，来确定胀管是采用前进式还是后退式的胀管方法，然后再按管子内径的大小和翻边与否，选定合适的胀管器。如果管端需要翻边，可以根据管子直径和管子壁厚，选择合适的压脚。如果胀接接头数量不多，可采用手动胀接，即用扳手扳动胀杆进行。胀接扳手最好采用带棘轮的倒顺扳手，操作比较方便。当接头数量较多时，则应考虑使用机械胀接，以减轻劳动强度和提高效率。

b. 管子端部退火。在胀接过程中，要求管子产生较大的塑性变形，而使管孔壁仅产生弹性变形，同时管端在扳边或拔头时不要产生裂纹，因此要求管子端部硬度必须低于管孔壁的硬度（碳钢管的硬度应比管板孔壁低 30HB）。当胀接管子的硬度高于管板的硬度，或管子硬度大于 170HB 时，应进行低温退火处理，以降低其硬度，提高塑性。

退火温度，对碳钢管取 600℃～650℃；对合金钢管取 650℃～700℃。管子的退火长度，一般取管板的厚度再加 100mm。退火时，将管子的另一端堵住，以防止因空气对流而影响加热。在加热过程中，还应该经常转动管子，使整个圆周受热均匀，避免局部过热。保温时间为 10～15min。将取出后的管子埋在温热的干沙或石棉中以及硅藻土等保温材料中进行缓冷，待冷却到 50℃～60℃后取出空冷。

必须注意的是，退火温度不能超过其上限，以免降低管子金属的抗拉强度，影响胀接接头的强度。另外加热用的燃料，不能采用含硫量较高的烟煤，以避免硫使管子金属产生脆性。

c. 检查和清理管孔及管端。管子与管孔壁之间不能有杂物存在，否则胀接后不但影响胀接强度，而且也很难保证接头的严密性，因此在胀接前，必须对管孔及管端加以清理。

清除管孔上的尘土、水分、油污及铁锈时，可先用纱头（回丝）或废布将尘土、水分及油污擦净，然后再用钢玉砂布（铁砂布）沿管子圆周方向清擦，直至全部现出金属光泽为止，同时不允许有锈斑和纵向贯穿的刻痕（刀痕），以及两端延伸到孔壁外的环向螺旋形刻痕存在。另外，管孔边缘的锐边和毛刺也应刮除。如果管子数量较多，可用机械法抛磨。

检查管端内外表面，若有凹陷、较深的锈斑和深的纵向刻痕、裂缝等缺陷时，应予报废。对于合格的管子，端部外表面用细锉刀进行修磨（修磨长度约为管板的厚度再加 30～40mm），直至全部现出金属光泽为止（如管子数量较多，也可采用专用的抛磨装置进行）。管子经修磨后，尺寸应在允许偏差范围内。

②管子初胀（定位）：为了保证产品装配后的尺寸符合要求，胀管时，不能对每个接头一次就全部胀好，而需要分两次进行，先初胀定位，然后进行复胀。为避免管子和管孔光亮的表面再次被氧化，必须尽可能地缩短从清理后到开始初胀的间隔时间。若表面上有油污时，可用丙酮等清洗。将清理好的管子，按规定的伸出长度和正确的方位（指 U 形管）塞进管孔。用已经涂好黄油或 2# 机油的胀管器将管端扩大，当管子不再在管孔内晃动后，用小锤轻轻敲击管端，如果不再发出由于间隙所造成的"嚓嚓"声时，说明管壁与孔壁已紧密接触；并无间隙存在，然后再适当胀大 0.2～0.3mm，这样可避免胀管用的润滑剂渗透到间隙中去而影响接头质量。

这时管子虽已达到定位和紧固的目的，但还没有完全胀好。

③复胀和扳边（胀紧和扩喇叭口）：管子经初胀后，各处尺寸基本固定，然后进行复胀。当初胀结束后，仍需防止接合面再次被氧化，故初胀与复胀的间隔时间也应尽可能缩短。复胀就是将已经初胀的管接头再次进行胀紧，达到规定的胀接率，若管端还需扳边的，就可采用前进式扳边胀管器进行，这样使

胀紧和扳边工作同时完成，将管端扩成需要的喇叭形。

④胀紧程度的控制：为了得到良好的胀接接头，在胀接时管子的扩胀量必须控制在一定的范围内。当扩胀量不足（欠胀）时，就不能保证接头的胀接强度和密封性；若扩胀量过量（过胀），就是指管孔的四周过分地胀大而失去弹性，不能对管子产生足够的径向压力，因此密封性和胀接强度均相应降低，所以欠胀或过胀都不能保证质量。

经验证明：在胀管时，扩胀程度起初增加时，接头的强度和密封性都随着它的增加而增加，但到了一定的极限后，随着扩胀程度的增加接头强度和密封性反而下降，得到相反的结果，因此有一个最佳扩胀程度（也称胀接率），如果超过此值，接头质量不但不会提高，反而会下降，这种现象即通常所说的过胀。

另外，管子的扩胀程度，可以凭操作者的手感，或者听到胀管器运转时发出的声音以及观察管子的变形情况，来确定是否达到要求。因为当胀接率符合要求时，手臂的用力程度是一定的。还有因管孔受胀后周围发生弹性变形和轻微的塑性变形时，管板平面、孔的周围便会出现氧化层裂纹及剥落的现象，这时说明扩胀程度已达到要求，当然这需要凭经验才能判断出。

（2）管接头的胀接顺序。管子的胀接顺序妥当与否，直接关系到能否保证管板的几何形状以及所在的位置是否达到公差要求，同时还关系到胀接其中一个接头时，对邻近的胀接接头影响其松动程度的大小。

①集箱和汽包（圆弧形管板）的胀接顺序：在集箱或汽包上进行胀管时，应当采取反阶式胀管的顺序，如图7-62（a）、（b）所示，因为它的本体就是圆弧形管板，并且在轴向的方向较长，在胀接过程中，管板受到胀接而引起扩张伸长，如果渐次胀接，集箱或汽包将变成单侧伸长，由于自由膨胀的结果，使本体产生挠曲，因而改变了它的几何形状和位置。如因管子的牵制，使其得不到自由膨胀，则每个管子胀接接头只产生附加应力，影响接头质量，若采取反阶式顺序胀接，逐段定位，这样便能使每个接头的附加应力趋于均匀。

②平面管板的胀接顺序：

a. 产生变形的原因与后果：平面管板多数用于管箱或U形管系与平管板的连接，如果两头均为管板的管箱，若胀接顺序不当，就会产生变形。

当胀接第一块管板时，由于管子在胀接过程中能自由地向另一端伸长，故不会引起管板的变形。而开始胀第二块（另一端）管板时，如胀接顺序不正确，将引起管板较大的变形。产生变形的原因是由于初胀的一些管子已将两管板的距离固定，如其他管子渐次胀接，则管子的轴向伸长受到管板的阻碍，因此每根管子顶推管板使之变形。

可能引起的变形有管板变成蝶形或弯曲以及管板倾斜（与管子不垂直），管板的变形又将引起管板与密封面密封失效，管板的变形还将妨碍管系顺利装进壳体。

b. 正确的胀管顺序：平面管板正确的胀管顺序如图 7 - 62（c）所示，在胀接编号为 1～6 号管子的过程中，必须保证两管板的距离、管板与管子相互垂直。胀接 7～64 号管子时，为了增加管板的刚性，应首先胀接单数排管子，然后再胀接双数排管子（胀接顺序是从左至右，最好也采取反阶式顺序，以使每个接头上的附加应力均匀）。如图 7 - 62（c）所示的顺序已适当地考虑到防止邻近的胀接接头发生松动的因素。

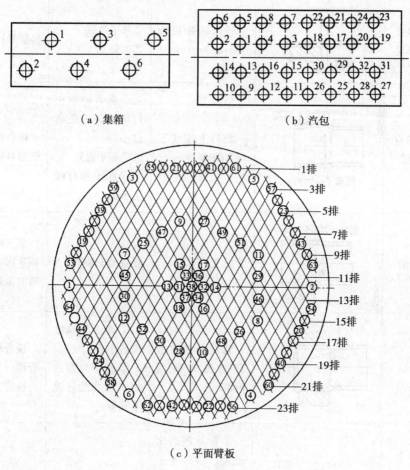

（a）集箱　　　　　　　　　　　（b）汽包

（c）平面臂板

图 7 - 62　胀管的顺序

60. 胀接缺陷有哪些?

答：由于胀管过程中的操作或工具的使用等原因产生缺陷，大多数可凭经验作出判断，然后采取适当措施予以补救，具体见表 7 - 36。

表 7 - 36　　　　　　　　　胀管缺陷原因与补救措施

缺陷名称	简　图	现　象	产生原因	补救措施
未胀牢	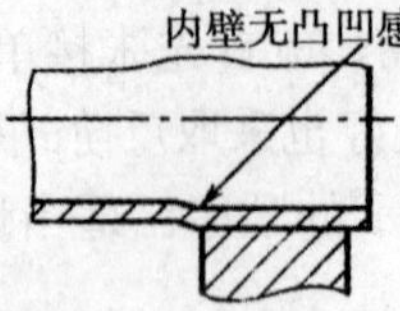 内壁无凸凹感	手摸管内壁无凸凹感觉	欠胀	补胀
胀接长度不足	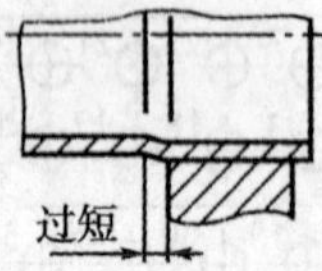 过短	管末端胀接长度不足 3~7mm	①胀子过短 ②欠胀	换胀子补胀
胀口有间隙	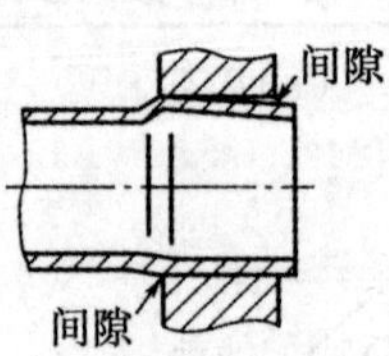 间隙　间隙	胀口上端或下端有间隙	①胀管器取出过早或装入距离过小 ②胀子过短 ③胀子和杆锥度不适	换合格胀管器补胀
胀偏	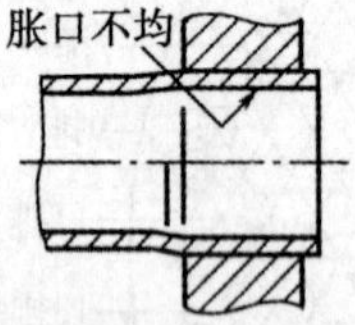 胀口不均	管口大小不均	胀管器安装不正	装正胀管器重胀，严重时重胀
切口	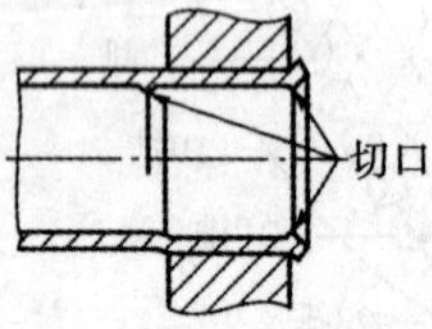 切口	管内壁过渡带有棱角式挤压痕沟	①胀子下端锥度过小 ②胀子与翻边滚子结合处过渡不圆滑	换合格胀管器 换管重胀
过胀	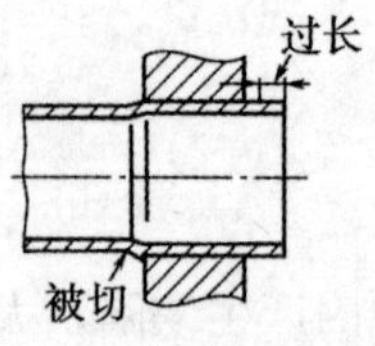 过长　被切	①管下端凸出过大 ②管端伸长量过大 ③管内壁起皮 ④管板后壁管外表面被切	胀接率过大	换管重胀

缺陷名称	简　图	现　象	产生原因	补救措施
翻边开裂	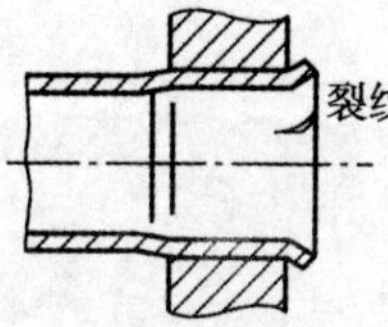	管翻边部位有裂纹或裂开	①管端未退火 ②管端伸出过长	管端退火，换管重胀

参考文献

[1] 高忠民. 钣金工基本技术. 北京：金盾出版社，2010

[2] 钣金冲压工艺手册编委会. 钣金冲压工艺手册［M］. 北京：国防工业出版社，1985

[3] 周宇辉. 钣金工简明实用手册. 北京：江苏科学技术出版社，2008

[4] 翟洪绪. 实用钣金展开计算法. 北京：化学工业出版社，2000

[5] 孙宁. 钣金工使用技术手册. 南京：江苏科学技术出版社，2006

[6] 梁绍华. 钣金工放样技术基础. 第二版. 北京：机械工业出版社，2010

[7] 章飞. 钣金工展开与加工工艺［M］. 北京：机械工业出版社，1993

[8] 黄鸿根. 新编实用钣金展开 300 例. 福州：福建科学技术出版社，2006

[9] 刘光启. 钣金工速查速算手册. 北京：化学工业出版社，2010

[10] 苏仁，马德成. 实用钣金工手册［M］. 北京：航空工业出版社，1995

[11] 夏巨堪. 实用钣金工. 北京：机械工业出版社，2005

[12] 李占文. 钣金工操作技术. 北京：化学工业出版社，2007

图书在版编目（CIP）数据

钣金工技能问答 / 张能武，任志俊主编. -- 长沙 :湖南科学技术
出版社，2014.6
   （青年技工问答丛书7）
   ISBN 978-7-5357-8118-5

   Ⅰ. ①钣… Ⅱ. ①张… ②任… Ⅲ. ①钣金工－问题
解答 Ⅳ. ①TG38-44
   中国版本图书馆CIP数据核字(2014)第073211号

青年技工问答丛书7
钣金工技能问答
主　　编：张能武　任志俊
责任编辑：杨　林　龚绍石
出版发行：湖南科学技术出版社
社　　址：长沙市湘雅路276号
　　　　　http://www.hnstp.com
湖南科学技术出版社天猫旗舰店网址：
　　　　　http://hnkjcbs.tmall.com
印　　刷：长沙市雅捷印务有限公司
　　　　　（印装质量问题请直接与本厂联系）
厂　　址：湖南省长沙市金盆岭路5号
邮　　编：410007
出版日期：2014年6月第1版第1次
开　　本：710mm×1020mm　1/16
印　　张：19
字　　数：353000
书　　号：ISBN 978-7-5357-8118-5
定　　价：39.00元
（版权所有·翻印必究）